Lothar Träger
Chemie in der Kosmetik heute

Lothar Träger

Chemie in der Kosmetik heute

4., neubearbeitete und erweiterte Auflage

HEALTH AND BEAUTY
BUSINESS MEDIA

Die Deutsche Bibliothek – CIP-Einheitsaufnahme

Träger, Lothar:
Chemie in der Kosmetik heute / von Lothar Träger. –
4., neubearbeitete und erweiterte Auflage –
Karlsruhe: Health and Beauty, 2000

Druck: Druckerei Wesel, Baden-Baden

ISBN 3-9807405-0-1

Vorwort zur 4. Auflage

Für das vorliegende Buch wurde der Text der vorherigen Auflage einer gründlichen Durchsicht unterzogen und vor allem im Kapitel „Wirkstoffe in kosmetischen Zubereitungen“, aber auch in vielen weiteren Abschnitten ergänzt. Anordnung und Bewertung der einzelnen Kapitel folgen aber weiterhin dem Aufbau der früheren Auflagen. So blieben die Themengruppen im wesentlichen unverändert und wurden lediglich durch Fakten ergänzt, die in den letzten fünf Jahren erarbeitet wurden.

Ich hoffe, dass sich das Buch weiterhin im Unterricht angehender Kosmetikerinnen als nützlich erweist und dem schon früher formulierten Ansatz gerecht wird, Grundwissen und Informationen zur Chemie in der Kosmetik für eine sachkundige Beratung durch die Kosmetikerin zu liefern, die in der täglichen Praxis „vor Ort“ erwartet wird.

Frühjahr 2000 L. Träger

Aus dem Vorwort zur 3. Auflage

Neue Erkenntnisse über Kosmetika und kosmetische Hilfsstoffe haben es notwendig gemacht, das bisherige Manuskript völlig zu überarbeiten. Dabei wurden im Kapitel „Grundbegriffe der Chemie“ einige neue Schwerpunkte gesetzt, und weitere Kapitel sind zum Teil erheblich erweitert worden. In einigen Abschnitten sind die Ausführungen zur Chemie in der Kosmetik so vertieft worden, dass eine anspruchsvollere Betrachtung von Struktur und Funktion der Inhaltsstoffe kosmetischer Zubereitungen möglich wird. Im Zusammenhang mit der Wirkungsweise handelsüblicher Pflegeprodukte sind aus Platzgründen nur die Zubereitungen weniger Hersteller beschrieben worden. Um einen auch für den Unterricht noch vertretbaren Rahmen zu gewährleisten, konnten allerdings einige Produktgruppen nicht mehr in den Text aufgenommen werden, wie Deodorantien, Puder, Lippenstifte und andere dekorative Kosmetika sowie Zahn- und Haarpflegemittel. Die einzelnen Abschnitte wurden durch „Fragen zur Selbstkontrolle“ ergänzt, deren Beantwortung am Schluss des Buches erfolgt. Ferner werden die wichtigsten Fachausdrücke, die den Einstieg in die Chemie der Kosmetik erleichtern sollen, im Anhang erläutert.

Dieses Buch soll in erster Linie während der Ausbildung zur staatlich geprüften Kosmetikerin den Unterricht im Fach Chemie begleiten. Es wendet sich aber auch an Apothekenhelferinnen, denen auf diese Weise Informationen zur sachkundigen Beratung zugänglich gemacht werden. Ebenso werden bei der Ausbildung pharmazeutisch-technischer Assistentinnen einige im vorliegenden Buch zusammengefasste Themen behandelt. Ziel dieses Buches ist es, die wissenschaftliche Grundlage für eine kompetente Beratung zu liefern, bei der die Beurteilung der chemischen Zusammensetzung, Stabilität und Wirkungsweise der Kosmetika im Vordergrund steht.

Der vgs-Verlagsgesellschaft Köln bin ich für die Abdruckerlaubnis der Abb. 6.11 zu Dank verpflichtet. Sehr herzlich möchte ich der Verlagsgesellschaft R. Glöss & Co., Hamburg, für die großzügige Genehmigung zum Abdruck von zwei Abbildungen aus dem H & R Lexikon Duftbausteine danken (Seiten 185 und 212). Mein besonderer Dank gilt Herrn Dr. M. Meyberg (Beiersdorf AG, Hamburg) und Frau Dr. Michaela Arens-Corell (Sebapharma GmbH, Boppard). Sie haben mich durch die Überlassung von Datenblättern und Übersichtsmaterial bei der Abfasssung und Aktualisierung des vorliegenden Buches in großzügiger Weise unterstützt. Herrn Wernfried Ihln (Beiersdorf AG) möchte ich für wertvolle Hinweise zur Chemie kosmetischer Grundstoffe danken.

Frühjahr 1995 L. Träger

Aus dem Vorwort zur 1. Auflage

Die „Chemie in der Kosmetik“ soll eine Einführung in die Chemie und Rohstoffkunde für die Kosmetikerin sein. Zunächst werden die Eigenschaften der chemischen Bindungen und die wichtigsten Grundbegriffe der Chemie erläutert. Danach werden die Verbindungsklassen beschrieben, die in Kosmetika vorkommen. Im letzten Teil werden Aufbau und Eigenschaften der kosmetischen Präparate dargestellt, woraus sich die Wechselwirkungen zwischen den Präparaten und der Haut ableiten lassen. Auf diese Weise sollen die chemischen Grundkenntnisse das Verständnis für eine optimale kosmetische Behandlung erleichtern.

Winter 1988 L. Träger

INHALT

1. EINFÜHRUNG

Unter Kosmetik versteht man die Körper- und Schönheitspflege, bei der in erster Linie die Erhaltung, Verbesserung und Wiederherstellung der Funktionen und des Aussehens der Haut und Hautanhangsgebilde angestrebt werden. Diesem Zweck dienen zahlreiche physikalische Verfahren einschl. Massagen und die Behandlung der Haut mit einer Fülle von meist gut definierten kosmetischen Zubereitungen, die zur Hautreinigung, Hautpflege, Sonnenschutz, Haarpflege, Zahnpflege und zur Verschönerung – vom Make-up über den Lippenstift bis zu den Parfüms – entwickelt worden sind.

Bei der Ausbildung zur Kosmetikerin fällt der „Chemie in der Kosmetik" die Aufgabe zu, die Eigenschaften der wichtigsten in kosmetischen Präparaten vorkommenden Stoffe zu erklären und mit der Anwendung in der kosmetischen Praxis zu kombinieren. Der Unterricht soll daher als „angewandte Chemie" verstanden werden, so dass die Theorie nur in dem Maße eine Rolle spielt, wie sie zum Verständnis der Grundeigenschaften der Stoffe unabdingbar ist.

Das Gesetz schreibt der Kosmetikerin vor, dass sie nur die gesunde Haut behandeln darf, und dass Kosmetika nur äußerlich wirksam sein dürfen. In der Praxis wird allerdings sehr schnell klar, dass manche Hautveränderungen, die einer kosmetischen Korrektur bedürfen, durchaus im Grenzgebiet zur kranken Haut stehen (z. B. bei Akne, bei Ernährungsstörungen oder psychosomatischen Auswirkungen auf die Haut). Auch die Abgrenzung der Kosmetika von den Heilmitteln, also die Forderung, dass Kosmetika nicht in das Blut gelangen sollen, wird bei den Fortschritten in der Zubereitung und Applikation von Kosmetika, der teilweise hohen Penetrationsfähigkeit von Wirkstoffen in die Haut (z. B. von etherischen Ölen) und der Applikation hormonartig wirkender Stoffe, wie der Retinoide, immer schwieriger.

Entsprechend steigen in der Aus- und Fortbildung der Kosmetikerin die Ansprüche, die Zusammenhänge bei der Wechselwirkung zwischen den Kosmetika und der Haut einschließlich der bisher bekannten Nebenwirkungen zu verstehen. Hierfür ist die Kenntnis einer Reihe von Grundbegriffen der Chemie hilfreich, wonach schrittweise die Zusammensetzung der Kosmetika, deren praktische Anwendung, die Biochemie der Haut und die chemischen Grundlagen von Desinfektion, Reinigung sowie Pflege der Haut und schließlich Lichtwirkung und Lichtschutz der Haut vorgestellt werden.

Die Chemie beschreibt Reaktionen zwischen festen, flüssigen oder gasförmigen Stoffen, bei denen neue Stoffe entstehen. Die Ausgangsverbindungen haben dabei im Verlauf der chemischen Reaktion eine innere Veränderung erfahren. Die Intensität, mit der die Stoffe miteinander reagieren, wird als **Reaktionsfähigkeit** bezeichnet. Um über die Reaktionsfähigkeit eines Stoffes eine Voraussage machen zu können, ist es notwendig, das **Periodensystem** der Elemente kennenzulernen. Darüber hinaus bestehen gut definierte Zusammenhänge zwischen bestimmten **physikalischen** und **chemischen Eigenschaften** der Stoffe, wie Löslichkeit, Stabilität oder Farbigkeit einer chemischen Verbindung, und den **chemischen Strukturen** der Verbindungen. Diese Gesetzmäßigkeiten werden im zweiten Kapitel zusammengefasst. Trotz der häufig notwendigen Vereinfachungen, die besonders bei der Beschreibung der chemisch-physikalischen Wechselwirkungen notwendig sind, wird das chemische Grundwissen korrekt und unter Berücksichtigung moderner Erkenntnisse dargeboten.

In allen folgenden Kapiteln werden die in den vorangegangenen Abschnitten entwickelten Grundkenntnisse herangezogen, um die Wirkungsweise der Kosmetika, aber auch die Grenzen ihrer Wirksamkeit erkennen und begründen zu können. Zusammen mit dem Wissen aus weiteren theoretischen Unterrichtsfächern, die zur Ausbildung der Kosmetikerin angeboten werden - wie Dermatologie, Anatomie und Theorie der Kosmetik - soll die Kosmetikerin in die Lage versetzt werden, ihre manuellen Fähigkeiten bei der kosmetischen Behandlung durch naturwissenschaftliche und medizinische Grundkenntnisse sinnvoll zu ergänzen und eine kompetente, wissenschaftlich fundierte Beratung anzubieten.

2. GRUNDBEGRIFFE DER CHEMIE

Die Chemie ist die Lehre von den Stoffen und solchen Vorgängen, bei denen diese Stoffe verändert werden. Nach chemischen Reaktionen haben die Stoffe eine andere Zusammensetzung und somit in unterschiedlichem Maße auch andere chemische und physikalische Eigenschaften. **Physikalische Verfahren**, z.B. die Filtration durch eine poröse Membran oder die Absorption an feste oder flüssige Phasen bei der **Chromatographie**, verändern dagegen nicht die chemischen Eigenschaften des untersuchten Stoffes, sondern ermöglichen die Trennung von Stoffgemischen in ihre Einzelkomponenten. Das vorliegende Kapitel befasst sich mit den Grundlagen der Chemie sowie mit dem Aufbau der Stoffe und den Gesetzen, nach denen sie sich verändern.

2.1 Reine Stoffe im Vergleich zu Stoffgemischen

Die meisten Stoffe, mit denen wir im täglichen Leben und damit auch in der Kosmetik zu tun haben, sind Gemische verschiedener chemischer Verbindungen. Solche Gemische bezeichnet man als **Mehrstoffsysteme**. Ein Gemisch ist aus mindestens zwei verschiedenen reinen Stoffen zusammengesetzt. Dabei bleiben häufig die charakteristischen Eigenschaften der einzelnen Stoffe im Gemisch erhalten. So behalten Zucker, Vanille oder andere Aromastoffe in einer gemeinsamen Lösung ihren jeweils charakteristischen Geschmack, den sonst die einzelnen Komponenten entfalten. Lediglich ihr Mischungsverhältnis und Gehalt bestimmen, welche der einzelnen Stoffe in ihren Eigenschaften im Gemisch dominieren. Einem Mehrstoffsystem kann man meist nicht ansehen, dass es aus mehreren Stoffen besteht. Sind nämlich die verschiedenen Stoffe völlig **gleichförmig** ineinander verteilt, so bilden sie eine **Phase**. Innerhalb einer Phase sind die Stoffe **homogen** verteilt.

Wenn dagegen die im Gemisch vorhandenen Stoffe nicht gleichförmig verteilt sind, so handelt es sich um eine **Dispersion**. Je nach Anwendungsgebiet und nach der Art der Bestandteile bezeichnet man Dispersionen als **Emulsionen** oder **Milche** (z. B. Fette, Öle oder Eiweiß in Wasser verteilt), **Suspensionen** (Verteilung von festen wasserunlöslichen Teilchen in Wasser, z. B. Blutzellen im Blutplasma) oder als **Rauch** (Verteilung von Staub oder anderen festen Teilchen in einem Gas). Wenn Flüssigkeitströpfchen in Luft oder anderen Gasen schweben, spricht man von Nebel oder einem Aerosol. Dispersionen sind also **heterogene** Mehrstoffsysteme. Eine Emulsion besteht aus einer wässrigen Phase (mit den darin homogen gelösten wasserlöslichen Stoffen) und einer öligen Phase, in der öllösliche Stoffe homogen verteilt sein können.

Heterogene Mehrstoffsysteme sind in der Regel nicht stabil, da sie sich allmählich in die Einzelkomponenten trennen. So setzt sich aus Rauch nach einiger Zeit der Staub ab. Die Zellen in einer Suspension wandern durch ihr Gewicht zum Boden des Gefäßes, und zwei nicht mischbare Flüssigkeiten, wie Öl und Wasser, bilden getrennte Phasen, z. B. die „Fettaugen“ auf der Suppe. Erst durch Zusatz geeigneter Hilfsmittel, wie Tenside (Abschn. 6.1.2 und 6.2.2), lassen sich heterogene flüssige Mehrstoffsysteme stabilisieren.

> „Reine Luft“ ist eine homogene Mischung verschiedener Gase (siehe Kap. 3.1)
>
> Zuckerwasser ist eine homogene Mischung (Lösung) aus Zucker und Wasser
>
> „Reines Leitungswasser“ enthält Salze, Gase und andere Stoffe in Wasser gelöst
>
> Messing besteht aus einer homogenen Mischung von Kupfer und Zink (Metall-Legierung)

Grundlage für die Bildung einer homogenen Phase ist die **Löslichkeit** der einzelnen Stoffe in der Hauptkomponente, also z. B. die Löslichkeit von Salzen in Wasser oder von Fetten in Aceton oder Benzin. Die Löslichkeit eines reinen Stoffes in einem bestimmten Lösungsmittel gehört zu seinen charakteristischen Eigenschaften, die in ihrer Gesamtheit für den jeweiligen reinen Stoff typisch sind und zur eindeutigen Beschreibung dienen. Die Tabelle 2.1 enthält eine Liste solcher typischer Eigenschaften.

2.2 Die Aggregatzustände

Die in der Tabelle 2.1 genannten Merkmale „Schmelzpunkt“ und „Siedepunkt“ markieren den temperaturabhängigen Übergang zwischen den drei Aggregatzuständen eines Stoffes (fest/flüssig bzw. flüssig/gasförmig). In Abhängigkeit von Temperatur und Druck können viele Stoffe gasförmig, flüssig oder fest sein. Einige Stoffe zersetzen sich allerdings beim Übergang vom festen in den flüssigen bzw. vom flüssigen in den gasförmigen Zustand. Andere Stoffe gehen direkt vom festen in den gasförmigen Zustand über. Dabei wird also der flüssige Aggregatzustand „übersprungen“. Ein solcher Vorgang heißt **Sublimation**. So sublimiert festes Kohlendioxid („Trockeneis“), das -78 °C kalt ist, direkt unter Bildung von Kohlendioxid-Gas. Unter Druck lässt sich allerdings gasförmiges Kohlendioxid verflüssigen.

Die verschiedenen Aggregatzustände eines Stoffes resultieren aus der temperaturabhängigen Bewegung der Stoffteilchen (Brownsche Bewegung). Bei

Tab. 2.1 *Beispiele von Merkmalen und Eigenschaften, mit denen sich ein reiner Stoff beschreiben lässt*

Merkmal	Abk.	Beispiel
Schmelzpunkt (Festpunkt)	Fp.	Reines Wasser schmilzt bei 0 °C. Der Fp. von Essigsäure (Eisessig) liegt bei 16,6 °C. Fette und Öle schmelzen dagegen über einen weiten Temperaturbereich (zwischen 30 und 40 °C), weil es sich nicht um reine Stoffe handelt. Für einige reine Stoffe kann man keinen Fp. definieren, weil sie noch vor Erreichen ihres Schmelzpunktes zerfallen, z. B. Zucker.
Siedepunkt (Kochpunkt)	Kp.	Reines Wasser siedet bei 100 °C, reines Ethanol bei 78,3 °C. Die Unterschiede zwischen den Siedepunkten werden bei der Destillation zur Trennung von Flüssigkeiten aus einem Gemisch herangezogen.
Dichte	D	Die Dichte ist temperaturabhängig: Wasser hat bei 4 °C die Dichte 1,000 g/cm^3, Eis bei 0 °C die Dichte 0,917 g/cm^3, so dass Eisschollen auf dem Wasser schwimmen. Weitere Dichten (bei 20 °C in g/cm^3): Ethanol 0,79; Aluminium 2,7; Quecksilber 13,5; Platin 21,4.
Elektrische Leitfähigkeit	S	Einheit Siemens (= 1/Widerstand, Dimension 1/Ohm, Ω^{-1}). Die Leitfähigkeit reiner Metalle beträgt 10^6 bis 10^8 Ω^{-1} (für Eisen und Silber), während die Leitfähigkeit von Isolatoren, wie Glas, kleiner als 10^{-10} Ω^{-1} ist, also weniger als 0,000 000 000 1 Ω^{-1} beträgt. Bestimmte feste Stoffe, wie Kochsalz, verhalten sich zwar wie elektrische Isolatoren. Sie leiten aber den Strom, wenn man sie schmilzt oder in Wasser auflöst.
Löslichkeit	c	Meist angegeben als Menge in g, die in 100 g Lösungsmittel gerade noch löslich ist. In Wasser lösen sich hydrophile Stoffe; Benzol, Aceton und andere apolare Lösungsmittel lösen vor allem hydrophobe Stoffe.
Farbigkeit (optische Dichte)	A	Ergibt sich rechnerisch aus dem Anteil des absorbierten Lichtes zum einfallenden Licht. Die Absorption (Extinktion) ist von der Wellenlänge des Lichtes und vom Gehalt des gelösten Stoffes abhängig.

tiefen Temperaturen verändern die Teilchen ihre Position kaum und schwingen nur noch im Bereich eines bestimmten zur Verfügung stehenden Platzes. Der Stoff ist daher **fest**. Bei höherer Temperatur bewegen sich dagegen die Teilchen, verändern dabei ihre Lage und gleiten aneinander vorbei. Die Kräfte zwischen den einzelnen Teilchen sind zwar noch genügend groß, damit der Stoff ein bestimmtes Volumen einnehmen muss. Aber er kann jede beliebige Form füllen, die ein Behälter vorgibt, das heißt der Stoff ist **flüssig**. Bei hohen Temperaturen besitzen die Stoffteilchen schließlich eine so hohe Bewegungsenergie, dass die Kräfte zwischen den Teilchen nicht mehr ausreichen, um deren Beweglichkeit einzuschränken. Die Teilchen entfernen sich aus der Flüssigkeit, und der Stoff ist **gasförmig** (Abb. 2.1).

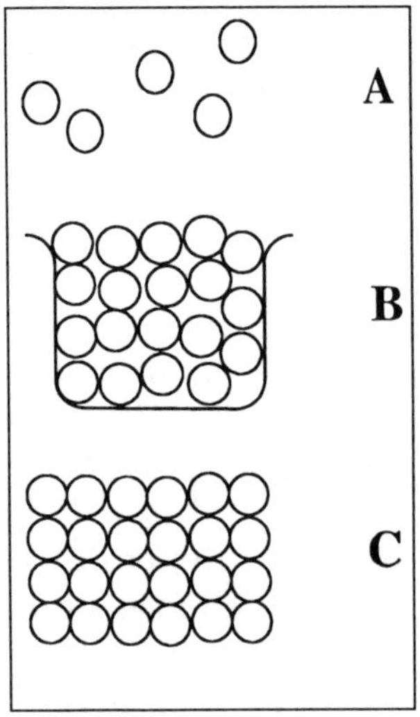

Abb. 2.1 Darstellung der drei Aggregatzustände fest/flüssig/gasförmig. (A) In einem Gas bewegen sich die einzelnen Stoffteilchen frei und berühren sich nur selten. Ein Gas hat daher weder eine unveränderliche Form noch ein bestimmtes Volumen und kann sich ausdehnen oder unter Druck zusammenziehen. (B) Die Moleküle einer Flüssigkeit stehen miteinander in Kontakt, können aber noch aneinander vorbeigleiten und ihre Lage verändern. Eine Flüssigkeit hat daher bei betimmter Temperatur ein definiertes Volumen, aber keine definierte Gestalt. (C) In einem festen Körper sind die Stoffteilchen meist regelmäßig angeordnet und können nicht ohne weiteres ihre Position wechseln. Volumen und Gestalt eines festen Stoffes sind daher definiert.

Im Gegensatz zu einer Flüssigkeit nimmt ein Gas kein bestimmtes Volumen ein. Alle Stoffe dehnen sich beim Erwärmen aus oder ziehen sich beim Erkalten zusammen, weshalb die Dichte eines Stoffes temperaturabhängig ist (siehe Tab. 2.1). Der Übergang vom festen in den flüssigen Aggregatzustand wird **Schmelzen** genannt, die Verfestigung einer Flüssigkeit als **Erstarren** oder gegebenenfalls als **Kristallisation** bezeichnet. Der Übergang aus dem flüssigen in den gasförmigen Aggregatzustand heißt **Verdampfung**. Erfolgt die Verdampfung aus energetischen Gründen nur an der Oberfläche einer Flüssigkeit, so spricht man von Verdunstung. Dieser Vorgang ist für die Temperaturregulation des Menschen von großer Bedeutung (siehe Abschn. 3.6). Die Verflüssigung eines Gases wird als **Kondensation** bezeichnet.

Die zum Schmelzen bzw. Verdampfen notwendige Energie wird als Schmelzwärme bzw. Verdampfungswärme zugeführt. Durch die Wärmezufuhr kommt es zur Auflösung des geordneten Zusammenhaltes der Stoffteilchen, so dass der zuvor feste Stoffe nach Überschreiten des Fp. flüssig wird. Das entsprechende gilt für die Verdampfungswärme, welche für die Energie sorgt, die zur endgültigen Trennung der Stoffteilchen beim Übergang zum gasförmigen Aggregatzustand erforderlich ist.

2.3 Trennung von Mehrstoffsystemen

Die spezifischen Eigenschaften eines Stoffes (siehe Tab. 2.1) sind nur für reine Stoffe definiert. Zur eindeutigen Charakterisierung müssen daher die Stoffe aus einem Gemisch erst abgetrennt werden. Hierfür verwendet man verschiedene **physikalische Verfahren**. Dabei werden die spezifischen Eigenschaften der einzelnen Stoffe nicht verändert (andernfalls hätte eine chemische Reaktion stattgefunden). Einige Trennverfahren und die zugrundeliegenden Eigenschaften der Stoffe, die für die Abtrennung der Komponenten eines Gemisches herangezogen werden, sind in der Tabelle 2.2 aufgeführt.

Zur Charakterisierung und Isolierung eines reinen Stoffes stehen physikalische Verfahren zur Verfügung, deren Auswahl und Anwendung zu den Aufga-

Tab. 2.2 Physikalische Trennverfahren für homogene und heterogene Mehrstoffsysteme und die zur Trennung der Stoffgemische entscheidenden Eigenschaften der Einzelstoffe

Zur Stofftrennung verwendete Methode	Eigenschaft d. Einzelstoffe	Beispiel
Extraktion	Löslichkeit in einem Lösungsmittel	Herstellung von Pflanzenauszügen (Extrakten) in Petrolether oder flüssigem Kohlendioxid
Filtration	Teilchengröße	Abtrennung von Mikroorganismen und großen Viren aus wässrigen Lösungen (Sterilfiltration)
Destillation	Siedepunkte	Abtrennung nichtflüchtiger Salze und hochflüchtiger Gase aus Leitungswasser (Gewinnung v. dest. Wasser)
Ionenaustauschchromatographie	Elektrisch geladene (polare) Gruppen	Gelöste polare Verbindungen (s. Abschn. 3.10) werden an einem Kunststoff (Austauscher) gebunden und davon mit einem Lösungsmittel wieder abgelöst (Elution)

ben des Chemikers zählen. Erst wenn **keines** der Verfahren zu einer Änderung der in Tabelle 2.1 genannten und weiteren Eigenschaften eines Stoffes führt, ist der Beweis erbracht, dass es sich um einen reinen Stoff handelt. Diese unbefriedigende Beschreibung für einen reinen Stoff lässt sich durch eine chemische Definition ergänzen, die sich auf die Eigenschaften der kleinsten Teilchen eines reinen Stoffes bezieht, nämlich auf die Atome oder Moleküle eines reinen Stoffes.

2.4 Atome und Moleküle

Grundbausteine der Materie sind die **Atome**. Sie sind sehr klein und bestehen aus einem **Kern** und einer unterschiedlich „dicken" **Hülle,** auf der sich die Elektronen befinden. Je nach der Atomart trägt der Kern zahlreiche positive Ladungen, die mit bestimmten **Elementarteilchen** verknüpft sind, die als

Protonen Symbol p^+

bezeichnet werden. Die Zahl der positiven Ladungen im Kern entspricht der Anzahl der Elektronen in der Atomhülle. Die

Elektronen Symbol e^-

tragen jeweils eine negative Ladung. Die Anzahl der positiven Ladungen im Kern und die der negativen Ladungen in der Atomhülle ist gleich groß, da das Atom unter normalen Bedingungen elektrisch **neutral** ist. Das einfachste Atom besitzt der **Wasserstoff**. Es besteht aus einem Kern mit 1 p^+ und einer Hülle mit 1 e^-. Da das Elektron im Vergleich zum Proton sehr leicht ist, ergibt sich die Masse eines Atoms aus der Summe der im Kern vorhandenen Elementarteilchen. Hierzu zählt außer dem Proton noch das elektrisch neutrale

Neutron Symbol n^o

das genauso schwer ist wie das Proton p^+. Der Kern des Wasserstoff-Atoms enthält keine Neutronen.

Die Mehrheit der in der Natur vorkommenden Atome ist chemisch so reaktionsfähig, dass die Atome mit weiteren Atomen reagieren und dabei **Moleküle** bilden. Lediglich die Edelgase bilden keine Moleküle, so dass die kleinsten Teilchen von Edelgasen tatsächlich Atome sind. (Allerdings bilden die Edelgase Krypton, Xenon und Radon unter speziellen Bedingungen Verbindungen, die aber keine praktische Bedeutung haben.) Moleküle bestehen aus mindestens zwei Atomen, die je nach Art der Atome unterschiedlich fest miteinander verbunden sind. Da die Atome als die Grundbausteine aller Stoffe angesehen werden können, nennt man Stoffe, die aus einer Atomsorte aufgebaut sind, auch **Elemente**.

Ein Element ist ein Stoff, der mit chemischen Verfahren nicht in weitere Stoffe mit anderen Eigenschaften aufgetrennt werden kann.

Meist bestehen die kleinsten Teilchen reiner Stoffe aus Molekülen, die entweder aus zwei oder mehreren gleichartigen Atomen zusammengesetzt sind (Sauerstoff-Gas, fester Schwefel, Chlorgas usw.) oder im Molekül verschiedene Atomarten enthalten (z. B. Wasser, Salze, Zucker usw.). Metalle bestehen aus „Atomrümpfen", die von einem elektrisch leitenden „Elektronengas" umgeben sind. Die in der Kosmetik wichtigen Fette und Öle (siehe Abschn. 4.9.2) bestehen aus Molekülen, die aus rund 200 Atomen zusammengesetzt sind. Die Moleküle von Stärke, Cellulose (Abschn. 4.4) oder Kollagen (4.7.4) können bis zu 100 000 Atome enthalten.

Aus der Beschreibung der Moleküle als kleinste Teilchen eines beliebigen Stoffes (mit Ausnahme der Edelgase) ergibt sich für reine Stoffe folgende Definition:

Ein reiner Stoff besteht aus identischen Molekülen.

Während physikalische Verfahren bei der Stofftrennung die Zusammensetzung der Moleküle eines Gemisches nicht verändern, lassen sich Moleküle durch chemische Reaktionen umordnen, spalten, vergrößern oder allgemein verändern. Im Gegensatz zu den physikalischen Verfahren werden daher durch chemische Reaktionen die Ausgangsverbindungen in neue Stoffe mit anderen Eigenschaften umgewandelt. So lassen sich in einem chemischen Prozess Wassermoleküle in Wasserstoff und Sauerstoff spalten.

$$\textbf{Wasser} \longrightarrow \textbf{Wasserstoff + Sauerstoff}$$

Bei dieser chemischen Reaktion zerfallen die Wassermoleküle in gasförmigen Wasserstoff und Sauerstoff, die jeweils aus zwei gleichen Atomen zusammengesetzt sind, nämlich aus zwei Atomen Wasserstoff im Wasserstoffmolekül bzw. zwei Atomen Sauerstoff im Sauerstoffmolekül (siehe auch Abb. 2.7). Ebenso lässt sich geschmolzenes Kochsalz durch Elektrolyse, also durch elektrischen Strom, in Chlor und Natrium zerlegen (Abb. 2.2).

2.5 Die Elementsymbole

Man kennt mehr als 105 chemische Elemente, von denen nur 7 Elemente rund 99 % der Gesamtmasse des menschlichen Körpers bilden (Tabelle 2.3). Rund 80 % aller Elemente sind **Metalle**. Sie sind gute Leiter für Wärme und Elektrizität, zeigen Metallglanz und sind selbst in dünner Schicht undurchsichtig (Ausnahme: Gold). Mit Ausnahme von Quecksilber sind Metalle bei 20 °C fest.

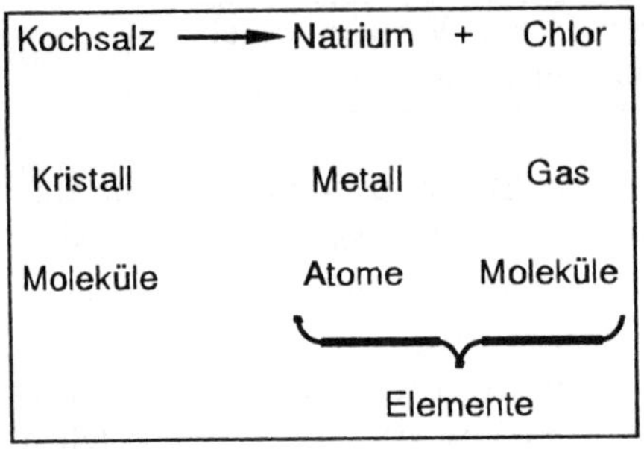

Abb. 2.2 Reines geschmolzenes Kochsalz lässt sich durch Elektrolyse in seine Elemente zerlegen. Dabei entsteht das Metall Natrium, das ein dichtes Gitter von Natriumatomen bildet, zwischen dem sich leicht verschiebbare Elektronen bewegen können, während Chlor in Form von zweiatomigen Molekülen entsteht.

Element	Anteil in %
Sauerstoff	63
Kohlenstoff	20
Wasserstoff	10
Stickstoff	3
Calcium	1,5
Phosphor	1,0
Schwefel	0,2

Tab. 2.3 Anteil der sieben häufigsten Elemente im menschlichen Körper

Insgesamt 16 Elemente sind **Nichtmetalle**, die Wärme und Elektrizität nur schlecht leiten. Mehr als die Hälfte der Nichtmetalle ist bei 20 °C gasförmig, ein Nichtmetall (Brom) ist flüssig. Die festen Nichtmetalle (wie Schwefel oder Phosphor) sind spröd und nicht dehnbar. Neun Elemente besitzen teils metallische, teils nichtmetallische Eigenschaften und heißen **Halbmetalle**. Ein typischer Vertreter hierfür ist das Element Silicium. Für jedes Element hat man ein Symbol aus einem oder zwei Buchstaben festgelegt, das sich häufig von den lateinischen Namen der Elemente ableitet. Die Kosmetikerin sollte die in Tabelle 2.4 aufgeführten Elemente mit ihren Symbolen kennen.

Im Abschnitt 2.4 wurde bereits beschrieben, dass jedes Atom aus einem elektrisch positiv geladenen Kern und einer elektrisch negativ geladenen Atomhülle besteht. Die verschiedenen Elemente unterscheiden sich durch die Anzahl der positiven Ladungen im Kern. Aus diesem Grunde lässt sich durch Änderung der Anzahl positiv geladener Elementarteilchen, nämlich der Protonen p^+, jedes beliebige Element konstruieren. Die Anzahl der Protonen im Kern stellt ein wichtiges Ordnungsmerkmal der Elemente dar, weshalb diese Anzahl **Ordnungszahl** (Abkürzung OZ) genannt wird. Die elektrisch negativ geladenen Elektronen e^- sind außerhalb des Atomkerns in **Schalen** angeordnet. Im elektrisch neutralen Element stimmt die Anzahl der Elektronen mit der Anzahl der Protonen eines Atoms überein. Das Wasserstoffatom besitzt mit der Ordnungszahl 1 ein Proton im Kern und ein Elektron in seiner Hülle; das Sauerstoffatom mit der Ordnungszahl 8 weist entsprechend acht Elektronen auf.

Alle **chemischen Eigenschaften** eines Elementes, also die Fähigkeit, bestimmte chemische Reaktionen einzugehen, hängen mit der Elektronenhülle des Elementes zusammen, und zwar besonders mit der Besetzung der äußersten Elek-

Tab. 2.4 Zusammenstellung von zehn Metallen, einem Halbmetall und acht Nichtmetallen mit ihren chemischen Symbolen

Metalle	Symbol	Halbmetall	Symbol
Aluminium	Al	Silicium	Si
Calcium	Ca		
Eisen	Fe (von **Fe**rrum)	Nichtmetalle	
Kalium	K	Chlor	Cl
Kupfer	Cu (von **Cu**prum)	Jod	J
Magnesium	Mg	Kohlenstoff	C (**C**arboneum)
Mangan	Mn	Phosphor	P
Natrium	Na	Sauerstoff	O (**O**xygenium)
Titan	Ti	Schwefel	S (**S**ulfur)
Zink	Zn	Stickstoff	N (**N**itrogenium)
		Wasserstoff	H (**H**ydrogenium)

tronenschale. Die Elektronen der äußersten Schale werden als **Valenzelektronen** bezeichnet. Größe und Zusammensetzung des Atomkerns aus Protonen und Neutronen beeinflussen dagegen die von der Elektronenhülle ausgehenden chemischen Eigenschaften nur indirekt.

2.6 Das Atom- und Molekulargewicht

Für jedes Element ist eine **relative Atommasse** definiert, die besagt, wievielmal schwerer das betreffende Atom als ein Zwölftel eines Kohlenstoffatoms ist. Die tatsächliche Masse von Atomen ist außerordentlich klein und für die Beschreibung chemischer Reaktionen ohne Bedeutung. So wiegt ein Atom Quecksilber nur

0,000 000 000 000 000 000 000 334 g

Um den Umgang mit solch kleinen Zahlen zu vermeiden, hat man die **Atommasseneinheit** U eingeführt, für deren Beschreibung zunächst ein mathematisches Symbol erläutert werden muss, das für sehr große oder sehr kleine Zahlen verwendet wird. So schreibt man statt der Zahl 200 000 den Ausdruck 2×10^5

$$200\,000 = 2 \times 10^5 \text{ (gesprochen: 2 mal 10 hoch 5)}$$

In der Hochzahl ist also die Anzahl der Nullen hinter der ersten Ziffer aufgeführt. Entsprechend benutzt man für die kleine Zahl 0,000 000 04 = 4/100 000 000 = 4×10^{-8} (gesprochen: 4 mal 10 hoch minus 8).

Die Hochzahl entspricht in diesem Fall der Anzahl Nullen vor der ersten Ziffer in der Dezimalschreibweise. (Lernhilfe: man kann sich das Minuszeichen als den „verkürzten Bruchstrich“ vorstellen, in dessen Nenner die Zahl 10^8 steht.) Die Atommasseneinheit U beträgt:

$$1 \text{ U} = 1 / 6{,}022 \times 10^{23} \text{ g} = 1{,}6606 \times 10^{-24} \text{ g}$$

Die Atommassen der chemischen Elemente liegen zwischen 1 U und rund 260 U (Tabelle 2.5). Bei der Berechnung von U bezieht man sich auf 1/12 der Masse reinen Kohlenstoffs mit der Atommasse 12 U. Da aber Kohlenstoff aus einer Mischung drei verschiedener Atomarten mit den Massenzahlen 12 U, 13 U und 14 U besteht, resultiert für natürlichen Kohlenstoff die Massenzahl 12,011.

Tab. 2.5 Beispiele für die relativen Atommassen einiger Elemente.

Element	Symbol	Relative Atommasse
Wasserstoff	H	1,008 U
Kohlenstoff	C	12,011 U
Sauerstoff	O	15,999 U
Natrium	Na	22,989 U
Schwefel	S	32,064 U
Chlor	Cl	35,453 U

Die relative Atommasse nimmt zu, je mehr Elementarteilchen der Kern aufweist. Ihre Zahl ergibt sich im wesentlichen aus der Summe der im Atomkern des Elementes vorhandenen Protonen und Neutronen. Wasserstoff mit der Ordnungszahl 1 (OZ 1) enthält im Kern nur 1 Proton und besitzt daher die relative Atommasse von (rund) 1; das Element Jod (OZ 53) enthält 53 Protonen und 74 Neutronen und damit die relative Atommasse 127. Chlor (OZ 17) besteht aus einer Mischung zweier Atomarten, die außer den 17 Protonen entweder 18 oder 20 Neutronen enthalten und damit die relative Atommasse 35 bzw. 37 besitzen. Da rund 75 % aus dem leichteren Chloratom bestehen, resultiert für die relative Atommasse des Chlors ein Mittelwert von 35,45. In der Natur bestehen insgesamt 20 Elemente nur aus einer einzigen Atomart (oder Nuclid), weshalb man diese Stoffe auch Reinelemente nennt: neben dem bereits erwähnten Jod sind es noch Fluor, Natrium, Phosphor, Gold und 15 weitere Elemente. Alle anderen Elemente bestehen aus einer Mischung verschiedener Nuclide, wie dies bereits für Kohlenstoff und Chlor beschrieben wurde. Statt des Ausdrucks relative Atommasse benutzt man auch heute noch die ältere aber nicht ganz korrekte Bezeichnung **Atomgewicht**.

Da die Atome oder Moleküle an den chemischen Reaktionen jeweils in ganzzahligen Verhältnissen teilnehmen, die sich z. B. durch die folgenden Gleichungen

$$1\,A + 1\,B \longrightarrow 1\,AB \qquad (1)$$

$$2\,A + 1\,B \longrightarrow 1\,A_2B \qquad (2)$$

$$3\,A + 2\,B \longrightarrow 1\,A_3B_2 \qquad (3)$$

beschreiben lassen, enthalten die Reaktionsprodukte die einzelnen Elemente in einem ganzzahligen Verhältnis: nach Ablauf der Reaktion (1) im Verhältnis 1 : 1 oder bei der Reaktion (3) im Verhältnis 3 : 2. (Über die Bedeutung der chemischen Symbole in einer chemischen Gleichung siehe Abschnitt 2.9.) Demnach reagieren die verschiedenen Stoffe bei einer chemischen Reaktion in ganz bestimmten Mengenverhältnissen miteinander, die mit der Anzahl und **nicht** mit dem Gewicht der beteiligten Atome oder Moleküle zusammenhängen. Die Einheit der Teilchenmenge beträgt

602 200 000 000 000 000 000 000

und wird als **1 mol** bezeichnet. Zur besseren Lesbarkeit schreibt man diesen auch als *Loschmidtsche Zahl* bezeichneten Wert verkürzt als 6022×10^{20} Teilchen pro mol (oder auch $6{,}022 \times 10^{23}$). Obwohl es sich bei dieser Einheit also um eine **Teilchen**menge handelt, wird in der Chemie aus praktischen Gründen 1 mol als **Stoff**mengeneinheit bezeichnet. Je nach Art des Stoffes handelt es sich bei den Teilchen entweder um Atome (z. B. bei Metallen oder Edelgasen) oder um Moleküle oder Ionen (z. B. bei Salzen, siehe Abschn. 3.10).

1 mol eines beliebigen Stoffes besteht aus $6{,}022 \times 10^{23}$ Teilchen

1 mol Eisen besteht demnach aus $6{,}022 \times 10^{23}$ Eisen-Atomen. Entsprechend enthält 1 mol Wasser insgesamt $6{,}022 \times 10^{23}$ Wassermoleküle. Bei Natriumchlorid muss man berücksichtigen, dass diese Verbindung aus Ionen aufgebaut ist (siehe Abschn. 3.10). Daher besteht 1 mol Natriumchlorid aus $6{,}022 \times 10^{23}$ Natrium-Ionen **und** aus $6{,}022 \times 10^{23}$ Chlorid-Ionen.

Mit der Verwendung der Stoffmengeneinheit mol berücksichtigt man also, dass die einzelnen Partner einer chemischen Reaktion in bestimmten einfachen Verhältnissen (1 : 1 oder 1 : 2 usw.) miteinander reagieren. Um die tatsächlichen Stoffmengen für eine chemische Reaktion zu erfahren, muss natürlich die Einheit mol in g (Gramm) bekannt sein. Sie errechnet sich aus der Summe der relativen Atommassen aller im Molekül enthaltenen Atome und wird als **molare Masse** M in g pro mol angegeben. So besteht Wasser aus Wasserstoff und Sauerstoff im

Verhältnis 2 : 1, d. h. die beiden Elemente bilden das Molekül H_2O. Die molare Masse von Wasser ergibt sich aus den relativen Atommassen von Wasserstoff und Sauerstoff unter Berücksichtigung der Anzahl der Elemente im Molekül:

relative Atommasse von Wasserstoff: 1
relative Atommasse von Sauerstoff: 16

molare Masse von H_2O: 2 x 1 + 16 = 18 g pro mol

Demnach sind 18 g Wasser = 1 mol Wasser. Entsprechend errechnet sich für 1 mol Sauerstoff

relative Atommasse von Sauerstoff: 16

molare Masse von O_2: 2 x 16 = 32 g pro mol

Daraus folgt, dass 1 mol Sauerstoff 32 g wiegt. Ebenso lässt sich die Stoffmengeneinheit für kompliziertere Moleküle errechnen. Die Kohlensäure (siehe Abb. 3.3) besteht aus drei verschiedenen Atomarten, deren Teilchenmengen sich aus der Summenformel H_2CO_3 ergeben. 1 mol Kohlensäure wiegt 62 g, weil sich die relativen Atommassen wie folgt addieren:

relative Atommasse von Wasserstoff: 1
relative Atommasse von Kohlenstoff: 12
relative Atommasse von Sauerstoff: 16

molare Masse von Kohlensäure: 2 x 1 + 1 x 12 + 3 x 16 = 62 g pro mol

Die molare Masse eines Moleküls wird häufig – nicht ganz korrekt – als **Molekulargewicht** bezeichnet. Wenn das Molekulargewicht eines Stoffes unbekannt oder der Stoff ein Gemisch ist, gibt man den Gehalt eines Stoffes als prozentualen Anteil im Gemisch an: Gramm Stoff pro 100 g Gemisch (% G, Gewichtsprozente), Gramm Stoff pro 100 mL Gemisch (% GV) oder Milliliter Stoff pro 100 mL Gemisch (% V, Volumenprozente). Eindeutiger ist aber die Gehaltsangabe in g pro L (g/L) oder mg/100 mL. Obwohl die Kosmetikerin in der Praxis keine quantitativen Berechnungen oder Bestimmungen von Stoffmischungen vornehmen wird, ist es wichtig, die Definition der Stoffmengeneinheit „mol" zu kennen, um die pH-Skala und die Wirkungsweise von Puffersystemen auf der Haut und in Kosmetika verstehen zu können (siehe Abschn. 3.8 bis 3.11).

2.7 Das Periodensystem der Elemente

In den vorangehenden Abschnitten wurden die Partner chemischer Reaktionen - die Moleküle - und die Mengenverhältnisse der Ausgangsverbindungen und Produkte - angegeben in mol - definiert. Doch fehlte bisher jede Aussage darüber, ob zwischen bestimmten Stoffen überhaupt eine Neigung besteht, eine chemische Reaktion einzugehen. Ordnet man die Elemente nach steigender Ordnungszahl (und damit in der Regel auch nach steigendem Gewicht), so erhält man eine Reihe, in der Elemente mit ähnlichen Eigenschaften in periodischen Abständen auftreten. Dabei fällt auf, dass ab dem Element Helium mit der Ordnungszahl 2 ähnliche Elemente dann wiederkehren, wenn man zur Ordnungszahl die Zahl 8 addiert:

dem Element Helium (2) ähnelt das Element Neon (10). Beide Elemente gehören zu den Edelgasen

dem Element Lithium (3) ähnelt das Element Natrium (11). Beide Elemente sind sehr reaktionsfähige Metalle

dem Element Sauerstoff (8) ähnelt das Element Schwefel (16). Beide Elemente sind reaktionsfähige Nichtmetalle

Auf diese Regel - die periodische Wiederkehr bestimmter Eigenschaften bei Elementen, die in einer Reihe angeordnet sind - stießen unabhängig voneinander vor rund 140 Jahren die beiden Chemiker Mendelejeff und Meyer und formulierten das **Periodensystem der Elemente**, das als sog. gekürztes Periodensystem in der Tabelle 2.6 zu sehen ist und nur die Hauptgruppenelemente aufweist. Die Namen der Hauptgruppen und die wichtigsten Elemente in den Gruppen sind in Tabelle 2.7 aufgeführt.

Elemente der gleichen Gruppe (Spalte) haben ähnliche physikalische und chemische Eigenschaften. Dagegen besitzen nebeneinander stehende Elemente entweder nur eine geringe chemische Ähnlichkeit (z. B. Natrium / Magnesium), oder sie sind völlig verschieden (z. B. sehr reaktionsfähiges Chlor in der Gruppe VII / völlig reaktionsloses Argon in der Gruppe VIII). Die Ziffer, mit der jede Periode gekennzeichnet ist, entspricht der Anzahl der **Elektronenschalen** in der Hülle eines jeden Atoms. Elemente der 1. Periode (Wasserstoff und Helium) weisen daher maximal eine Elektronenschale auf, Elemente der zweiten Periode (Lithium bis Neon) max. 2 Schalen usw. Die einzelnen Schalen befinden sich in zunehmender Entfernung vom Atomkern. Die innerste oder 1. Schale kann dabei maximal $2 \times n^2 = 2 \times 1^2 = 2$ Elektronen enthalten. Hierin entspricht n der Schalennummer. Die 2. Schale kann maximal $2 \times 2^2 = 8$ Elektonen, die dritte 18 und schließlich die vierte Schale 32 Elektronen enthalten (nämlich 2×4^2).

Die äußerste, für die chemischen Eigenschaften der Elemente ausschlaggebende Elektronenschale kann maximal 8 Elektronen enthalten. Diejenigen Elemente im Periodensystem, bei denen diese Elektronenbesetzung erreicht ist, hei-

Tab. 2.6 Gekürztes Periodensystem der Elemente. Das Schema zeigt die Symbole aller Hauptgruppen-Elemente, wobei in den Kästchen außerdem die Atomgewichte (gerundet, oben links) und die Ordnungszahlen (unten links) eingetragen sind. Vor den Feldern mit dem Doppelpfeil fehlen zwischen den Elementen 20 und 31, 38 und 49, 56 und 81 sowie 88 und 113 jeweils die Eintragungen für insgesamt 61 Nebengruppenelemente, bei denen es sich durchwegs um Metalle handelt, von denen einige als Oxide oder Salze in kosmetischen Präparaten vorkommen, wie die Oxide von Titan, Mangan, Eisen, Kupfer und Zink. Diese Metalle haben die Ordnungszahlen 22, 25, 26, 29 und 30 und fehlen demnach in dem hier abgegebildeten gekürzten Periodensystem der Elemente.

Gruppen / Perioden	I	II	III	IV	V	VI	VII	VIII
1	1,00 **H** 1							4,00 **He** 2
2	6,94 **Li** 3	9,01 **Be** 4	10,81 **B** 5	12,01 **C** 6	14.00 **N** 7	15,99 **O** 8	18,99 **F** 9	20,17 **Ne** 10
3	22,98 **Na** 11	24,30 **Mg** 12	26,98 **Al** 13	28,08 **Si** 14	30,97 **P** 15	32,06 **S** 16	35,45 **Cl** 17	39,94 **Ar** 18
4	39,09 **K** 19	40,08 **Ca** 20	69,72 **Ga** 31	72,59 **Ge** 32	74,92 **As** 33	78,96 **Se** 34	79,90 **Br** 35	83,80 **Kr** 36
5	85,46 **Rb** 37	87,62 **Sr** 38	114,82 **In** 49	118,69 **Sn** 50	121,75 **Sb** 51	127,60 **Te** 52	126,90 **J** 53	131,30 **Xe** 54
6	132,90 **Cs** 55	137,34 **Ba** 56	204,37 **Tl** 81	207,20 **Pb** 82	208,98 **Bi** 83	209 **Po** 84	210 **At** 85	222 **Rn** 86
7	223 **Fr** 87	226,02 **Ra** 88						

ßen **Edelgase**. Sie tragen auf ihrer äußersten Elektronenschale entweder 2 (im Falle von Helium) oder 8 Elektronen (bei Neon, Argon und allen weiteren Edelgasen, Tab. 2.8). Diese Schalenbesetzung ist also typisch für reaktionsträge Elemente, wie Edelgase, oder Ionen (siehe Abschn. 3.10) bzw. stabile Atomverbände. Der Zusammenhang zwischen Elektronenbesetzung und Reaktivität der Elemente und Moleküle wird durch die **Oktettregel** beschrieben. Die Oktettregel bietet eine gute Hilfe bei der Beurteilung der Reaktionsfähigkeit von chemischen Elementen. Jedes Element versucht entweder durch Abgabe oder Aufnahme von

Elemente, Moleküle oder Ionen sind dann besonders stabil, wenn die Atome eine *edelgasähnliche* Elektronenkonfiguration aufweisen. Für H und He ist dies das *Elektronendublett*. Die anderen Elemente streben für ihre Außenschale ein *Oktett* an.

Tab. 2.7 *Liste der acht Hauptgruppen des Periodensystems und einige typische Vertreter der Hauptgruppenelemente*

Gruppe	Gruppenname	Elemente	Anzahl der Außen-elektronen
I	Alkalimetalle	Natrium, Kalium, Wasserstoff*	1
II	Erdalkalimetalle	Magnesium, Calcium	2
III	Erdmetalle	Bor, Aluminium	3
IV	Kohlenstoffgruppe	Kohlenstoff, Silicium	4
V	Stickstoffgruppe	Stickstoff, Phosphor	5
VI	Sauerstoffgruppe	Sauerstoff, Schwefel	6
VII	Halogene	Fluor, Chlor, Brom, Jod	7
VIII	Edelgase	Helium, Neon, Argon	8

* Obwohl Wasserstoff kein Metall ist, gehört dieses Element wegen seiner übrigen chemischen Eigenschaften zur Gruppe der Alkalimetalle

Elektronen bzw. durch „gemeinsame Nutzung" von Elektronen (s. Abschnitt 2.8) den „edelgasähnlichen" Zustand der Außenschale zu erreichen. Wenn die Außenschale entweder mit 8 Elektronen aufgefüllt oder vollständig entleert ist, befindet sich das Atom in einem stabilen, reaktionsträgen Zustand. Die Fähigkeit der Atome, Valenzelektronen anzuziehen, nimmt im Periodensystem von links nach rechts und von unten nach oben zu. Diese als **Elektronegativität** bezeichnete Eigenschaft hängt mit der Zunahme der Kernladungszahl in den Elementen mit steigender Ordnungszahl zusammen. So hat Fluor entsprechend der Ordnungszahl 9 insgesamt 9 positive Ladungen im Kern, die auf die Valenzelektronen des Atoms eine starke Anziehungskraft ausüben. Zwar nimmt in jeder Periode die Anzahl der positiven Ladungen von links nach rechts zu, aber die Elemente der unteren Reihen besitzen zwischen dem Atomkern und der Außenschale mit den Valenzelektronen mehrere innere Schalen, welche die „Anziehungskraft" der positiven Ladungen des Atomkerns abschirmen. Daher steigt die Elektronegativität der Elemente im Periodensystem nicht nur von links nach rechts, sondern auch von unten nach oben, weshalb Elemente mit der höchsten Elektronegativität im Periodensystem rechts oben stehen, also Fluor (F) und Sauerstoff (O).

Tab. 2.8 Anzahl der Elektronen in den einzelnen Schalen der verschiedenen Edelgase. Alle Edelgase enthalten (mit Ausnahme von Helium, das nur 2 Elektronen in seiner Außenschale besitzt) in ihren Außenschalen die durch die Oktettregel definierte Anzahl von 8 Elektronen

Ordnungs-zahl	Element	Schalen-Nr. Anzahl von e^-	1.	2.	3.	4.	5.	6.
2	Helium		2					
10	Neon		2	8				
18	Argon		2	8	8			
36	Krypton		2	8	18	8		
54	Xenon		2	8	18	18	8	
86	Radon		2	8	18	32	18	8

> Die Reaktionsfähigkeit eines Elementes wird von den Elektronen der äußersten Schale und der Elektronegativität des Elementes bestimmt. Alle Elemente der gleichen Gruppe im Periodensystem besitzen gleich viele Valenzelektronen und sind aus diesem Grunde chemisch miteinander verwandt.

2.8 Die chemischen Bindungen

Atome bilden Moleküle, indem sie über chemische Bindungen miteinander verknüpft werden. Bei der Synthese einer Verbindung versuchen die zu verbindenden Elemente, auf ihren Außenschalen eine „edelgasähnliche" Elektronenhülle zu erreichen (Oktettregel, siehe vorheriger Abschnitt). Dabei reagiert jeder Stoff möglichst so mit einem anderen, dass das (oder die) Endprodukt(e) reaktionsträger (edelgasähnlicher) ist (sind) als die Ausgangsstoffe.

Die Reaktion verläuft mit einer charakteristischen Änderung des Energiezustandes der Valenzelektronen der Reaktionsteilnehmer. Eine chemische Reaktion kann nur dann „von selbst" ablaufen, wenn während der Reaktion Energie frei wird (z. B. als Wärme oder Licht bei einer Verbrennung) oder wenn die Zahl der Teilchen während der Reaktion zunimmt. Häufig muss man einem Reaktionsgemisch Energie zuführen (z. B. durch Erwärmen oder durch einen Funken), ehe die Ausgangsstoffe freiwillig reagieren. Eine Kerze brennt z. B. erst **nach dem** Anzünden unter Verbrauch von Luftsauerstoff, wobei die Inhaltsstoffe der Kerze bis zum Kohlendioxid und Wasser abgebaut werden.

2.8.1 Die Ionenbindung

Elemente der 1. oder 2. Gruppe (Alkalimetalle bzw. Erdalkalimetalle) tragen auf ihrer Außenschale jeweils 1 bzw. 2 Elektronen (siehe Tab. 2.7). Wenn sie diese Elektronen an einen Partner abgeben können, haben sie die äußerste Schale geräumt, und es verbleibt die nächstinnere, edelgasähnlich aufgefüllte Schale. Auf diese Weise bilden Elemente dieser Gruppen sehr leicht chemisch stabile, positiv geladene Atom-„Rümpfe", denen mindestens ein Elektron fehlt. Solche elektrisch geladenen Atome heißen **Ionen** (griechisch. = wandernd), weil sie sich im elektrischen Gleichspannungsfeld bewegen. Die positiv geladenen Ionen wandern zur (negativen) Kathode. Deshalb heißen sie **Kationen** (Abb. 2.3).

$$Na \longrightarrow Na^{+} + 1\,e^{-}$$

$$Ca \longrightarrow Ca^{++} + 2\,e^{-}$$

reaktionsbereit	reaktionsträge
ATOM	KATION

Abb. 2.3 Beispiele für die Bildung eines edelgasähnlichen Kations nach Abgabe von 1 oder 2 Elektronen aus den sehr reaktionsfähigen Metallen Natrium und Calcium

Elemente der 6. oder 7. Gruppe (z. B. Sauerstoff oder die Halogene) können durch Auffüllung ihrer Elektronenschalen ebenfalls eine edelgasähnliche Elektronenstruktur gewinnen. Aus diesem Grund übernehmen sie Elektronen und bilden dadurch negativ geladene Ionen. Sie heißen **Anionen**, weil sie zur (positiven) Anode wandern können (Abb. 2.4). Elemente, die sich auf diese Weise durch Abgabe oder Aufnahme von Elektronen unter Bildung von Kationen oder Anionen stabilisieren können, bilden miteinander Verbindungen, weil sich Kationen

$$O + 2\,e^{-} \longrightarrow O^{2-}$$

$$F + 1\,e^{-} \longrightarrow F^{-}$$

sehr reaktionsfreudig	relativ reaktionsträge
ATOM	ANION

Abb. 2.4 Beispiele für die Bildung von reaktionsträgen Anionen aus sehr reaktionsfähigen Elementen der 6. und 7. Gruppe durch Auffüllen der äußersten Elektronenschalen.

und Anionen aufgrund ihrer entgegengesetzten elektrischen Ladungen anziehen. Die in diesen Verbindungen wirksame Kraft heißt **Ionenbindung**. Abbildung 2.5 verdeutlicht den Ablauf der Elektronenübergabe von Lithium auf Fluor unter Bildung von Lithiumfluorid LiF. Sowohl das Li^{+}-Ion als auch das F^{-}-Ion sind chemisch sehr stabil. Das Zeichen + hinter dem Symbol für Lithium Li bedeutet, dass eine negative Ladung **fehlt**. Das Fluor-Atom enthält auf seiner Außenschale 7 Elektronen. Durch Auffüllung mit einem weiteren Elektron erhält die Außenschale eine komplette Besetzung mit acht Elektronen. Aus dem Fluoratom ist das Fluor-Anion F^- geworden. Das Zeichen – hinter dem Symbol für Fluor F bedeutet, dass ein **Überschuss** an einer elektrischen Ladung besteht.

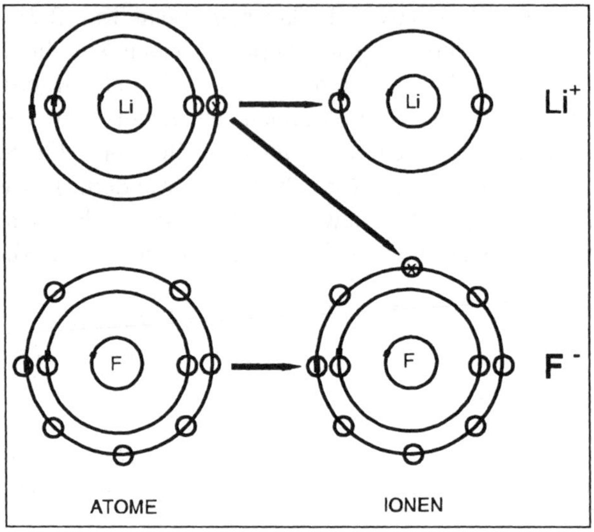

Abb. 2.5 Schalenmodelle für Lithium und Fluor und Bildung von Lithiumfluorid. Lithium gibt sein einsames Valenzelektron (mit x markiert) aus der Außenschale ab und bildet das Kation Li^+, das nur noch eine komplette 1. Schale (mit 2 Elektronen) besitzt. Das stark elektronegative Fluoratom füllt seine Außenschale mit einem Elektron unter Bildung einer kompletten Elektronenschale mit 8 Elektronen auf, so dass das Fluorion die Edelgaskonfiguration des Neons hat (siehe Tab. 2.6).

Die Nichtmetalle der VI. Hauptgruppe bilden durch Aufnahme zweier Valenzelektronen zweifach negativ geladene Ionen, z.B. O^{2-}. Für eine Ionenbindung ist also charakteristisch, dass ein (oder mehrere) Elektron(en) den einen Partner verlassen hat (haben) und auf den anderen übergegangen ist (sind). Da die elektrostatische Anziehung zwischen den Ionen wesentlich stärker ist als die schwachen Wechselwirkungen zwischen ungeladenen Molekülen, haben Salze sehr hohe Schmelz- und Siedetemperaturen im Vergleich zu ungeladenen Molekülen. Salze und andere Moleküle mit ungleich verteilten elektrischen Ladungen nennt man **polare** Verbindungen. Sie lösen sich in der Regel gut in Wasser. Die Eigenschaft, mit Wasser in Wechselwirkung treten zu können, wird als **hydrophil** (griech. wasserliebend) bezeichnet. Eine hydrophile Verbindung vermag Wasser zu binden und ist häufig wasserlöslich. Die wichtigsten in kosmetischen Präparaten enthaltenen Ionen sind in Tabelle 2.9 aufgeführt. Sofern die Anionen keinen zusätzlichen Sauerstoff enthalten (d. h. wenn es sich um einatomige Nichtmetallionen handelt), enden deren Namen auf -id, z. B. Fluorid (F^-), Chlorid (Cl^-), Oxid

(O^{2-}), Sulfid (S^{2-}) oder Nitrid (N^{3-}). Weitere Beispiele folgen in den Abschnitten 3.8 bis 3.11.

Tab. 2.9 In kosmetischen Präparaten häufig vorkommende Ionen

Kation	Symbol	Anion	Symbol
Proton	H^+	Chlorid	Cl^-
Natrium	Na^+	Sulfat	SO_4^{2-}
Kalium	K^+	Phosphat	PO_4^{3-}
Calcium	Ca^{2+}	Carbonat	CO_3^{2-}
Magnesium	Mg^{2+}	Hydroxid	OH^-
Ammonium	NH_4^+	Carboxylat	$R\text{-}COO^-$

Löst man Verbindungen mit solchen polaren Gruppen in Wasser auf, so trennen sich die Kationen von den Anionen. Dieser Vorgang heißt **Dissoziation**. Gleichzeitig umgeben sich die Kationen und Anionen mit einer Hülle von Wasser-Molekülen (**Hydratation**), wodurch die gegenseitige Anziehung der elektrisch geladenen Teilchen abgeschwächt wird (Abb. 2.6).

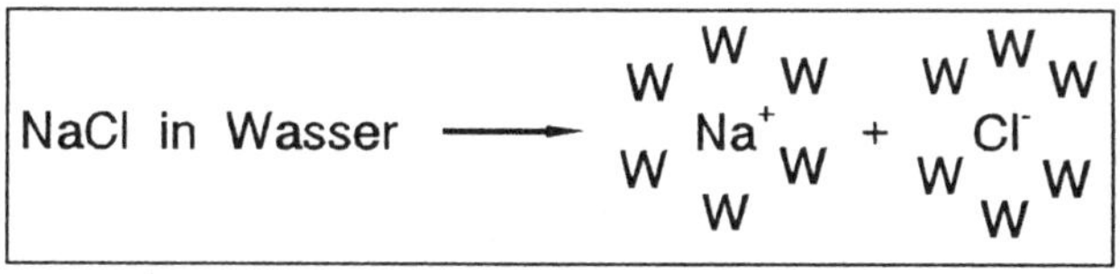

Abb. 2.6 ***Dissoziation*** *von Kochsalz in Wasser. Das Molekül wird unter dem Einfluss der Wassermoleküle W in seine Ionen* Na^+ *und* Cl^- *gespalten. Gleichzeitig umgeben sich die gebildeten Ionen mit einer dichten Hülle aus Wassermolekülen. Dieser Vorgang heißt* ***Hydratation****.*

Die aus Ionen aufgebauten Verbindungen leiten den elektrischen Strom sowohl in wässriger Lösung als auch im geschmolzenen Zustand. Im Gegensatz zur Stromleitung in Metallen erfolgt allerdings ein Transport von Materie zu den Elektroden (Ionentransport), wobei die Ionenverbindung gespalten wird. Solche Verbindungen nennt man elektrische Leiter 2. Klasse und den zugrundeliegenden Vorgang **Elektrolyse** (= Spaltung durch den elektrischen Strom, siehe Abschn. 3.10). Bei der Elektrolyse von Wasser werden zwei Moleküle Wasser in zwei Moleküle Wasserstoff und ein Molekül Sauerstoff gespalten. Die festen Strukturen von Metallen sind dagegen anders aufgebaut als die Kristallgitter von Ionenverbindungen. Zwar geben die Eisen- oder Kupferatome eines Drahtes ebenfalls ihre Außenelektronen an eine frei bewegliche „Elektronengaswolke" ab und sind dadurch positiv geladen, aber die Elektronen verbinden die Kationen zu einem undurchsichtigen, mehr oder weniger gut verformbaren Metall. Im Gegensatz zum Ionengitter sind die Elektronen der „Elektronenwolke" frei beweglich und garantieren die gute elektrische Leitfähigkeit der Metalle als Leiter 1. Klasse (siehe Tab. 2.1).

Bei der Bildung einer Ionenverbindung kann ein Metall aus seiner Außenschale die „überschüssigen" Elektronen nicht nur an einen Partner, sondern gegebenenfalls auch an mehrere „übergeben". So können Atome mit 6 Elektronen in der Außenschale (z. B. Sauerstoff) zwei Elektronen aufnehmen, die von zwei Wasserstoff-Atomen oder zwei anderen Atomen der Gruppe I stammen (siehe Abb. 2.7).

Die Zahl der freien Stellen oder die Anzahl der Valenzelektronen in der Außenschale geben die Wertigkeit eines Atoms an.

Die **Wertigkeit** oder **Valenz** eines Elementes entspricht der möglichen Anzahl von bindungsfähigen Partnern, die ein Elektron aufnehmen oder abgeben können. Da Wasserstoff nie mehr als ein Atom irgendwelcher Art binden kann, definiert man die Wertigkeit häufig in der folgenden Weise:

Die Wertigkeit eines Elementes entspricht der Zahl der Wasserstoff-Atome, die eines seiner Atome binden oder (in einem anderen Molekül) ersetzen kann. Die Wertigkeit ist eine ganze Zahl zwischen 0 und 7.

Die Edelgase (mit Ausnahme von Xenon und Radon) haben die Wertigkeit Null. Sauerstoff ist in allen Molekülen zweiwertig. Bei Ionen erkennt man ihre Wertigkeit direkt aus der Zahl der elektrischen Ladungen, die das Ion trägt: So sind Na^+ oder Cl^- einwertig; entsprechend ist das Phosphat-Ion PO_4^{3-} dreiwertig (siehe die Tabellen 2.7 und 2.9). Während einige Elemente stets nur eine Wertigkeit besitzen, gibt es zahlreiche Elemente, die in verschiedenen Verbindungen unterschiedliche Wertigkeiten aufweisen (Tabelle 2.10).

Man kann die Wertigkeit der Elemente, mit der sie ausschließlich oder vorwiegend in den chemischen Verbindungen vorkommen, aus der Stellung des jeweiligen Elementes im Periodensystem ableiten (Tab. 2.11). Die Wertigkeit gegenüber H entspricht für Elemente der Gruppen I bis IV der Gruppennummer. Ab Gruppe V beträgt die Wertigkeit dagegen „8 minus Gruppennummer". Allerdings ist die höchste Wertigkeit gegenüber Sauerstoff stets mit der Gruppennummer identisch (wobei lediglich die Edelgase die Wertigkeit Null behalten).

Tab. 2.10 *Wichtige Elemente mit unveränderlicher bzw. mit wechselnder Wertigkeit*

Wertigkeit	1	2	3	4	5	6	7
Elemente mit stets gleichbleibender Wertigkeit	H K Na	O	Al	C			
Elemente mit unterschiedlicher Wertigkeit in bestimmten Verbindungen	Cl	S	Cl N P	S	Cl N P	S	Cl

Tab. 2.11 *Zusammenhang zwischen der Stellung eines Elementes im Periodensystem und seiner Wertigkeit*

Gruppennummer	I	II	III	IV	V	VI	VII	VIII
Beispiel	H	Ca	Al	C	N	S	Cl	Ar
Anzahl der gebundenen H-Atome (Wertigkeit gegenüber H)	1	2	3	4	3	2	1	0
Max. Anzahl d.Bindungen zum Sauerstoff (höchste Wertigkeit gegenüber O)	1	2	3	4	5	6	7	0

2.8.2. Die kovalente Bindung (Elektronenpaarbindung oder Atombindung)

Der „edelgasähnliche" Charakter der Elektronen-Außenschale lässt sich bei bestimmten Partnern eines Moleküls nicht durch eine Ionenbindung herstellen, sondern wird durch eine kovalente Bindung erreicht. Solche Bindungen entstehen stets dann, wenn ein Nichtmetall-Atom (z. B. das Element Sauerstoff) mit sich selbst reagiert, wobei meist zweiatomige Moleküle entstehen. Ferner bilden Elemente der mittleren Gruppen des Periodensystems (z. B. Kohlenstoff [Gruppe IV] oder Stickstoff [Gruppe V]) mit Nichtmetallen anderer Gruppen des Periodensystems kovalente Bindungen.

Bildung von Wasserstoff-Gas aus dem Element H $2\ H \rightarrow H_2$
Bildung von Sauerstoff-Gas aus dem Element O $2\ O \rightarrow O_2$
Bildung von Methan aus Kohlenstoff und Wasserstoff $C + 2\ H_2 \rightarrow CH_4$

In all diesen Fällen besitzen die Bindungspartner Elektronen **gemeinsam** (Abb. 2.7). An einer kovalenten Bindung ist mindestens ein **Elektronenpaar** beteiligt, weshalb man diese Bindungsart auch als Elektronenpaarbindung bezeichnet. Im Gegensatz zu Salzen und anderen Verbindungen, die über Ionenbindungen verfügen, sind die elektrischen Ladungen einer kovalenten Bindung **gleichförmig über dem Molekül verteilt**, so dass das Molekül **apolar** ist.

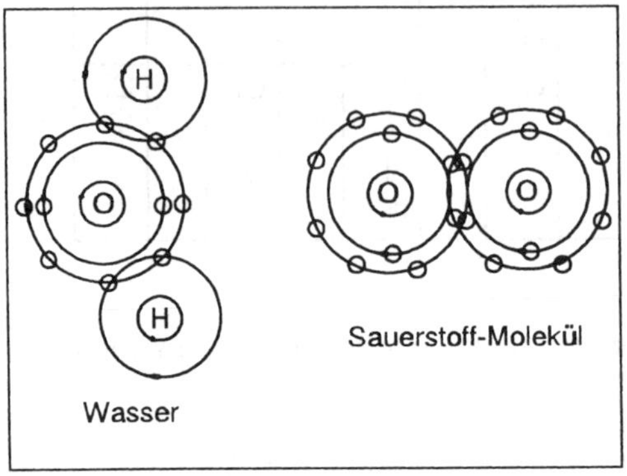

Abb. 2.7 Bildung von kovalenten Bindungen zwischen Sauerstoff O und zwei Wasserstoffatomen H im Wassermolekül (links) und zwischen zwei O-Atomen im Sauerstoffmolekül (rechts). Die Außenschalen komplettieren sich durch den gemeinsamen Besitz von Elektronen. Man erkennt die sich überlappenden Außenschalen der kovalent gebundenen Atome.

Wenn ein Molekül zwischen den vorhandenen Atomen ausschließlich kovalente (apolare) Bindungen aufweist, ist es in Wasser nur wenig oder gar nicht löslich: es ist **hydrophob** (griech. = wasserfeindlich). Die meisten „organischen" Verbindungen bestehen in erster Linie aus Atomen, die durch kovalente Bindungen im Molekül fixiert werden.

Sowohl bei der Ionenbindung (mit der ungleichen Ladungsverteilung im Molekül) als auch bei der kovalenten Bindung (mit der gemeinsamen Nutzung eines oder mehrerer Elektronenpaare und der gleichförmigen Ladungsverteilung im Molekül) stellen letztlich elektrische Kräfte die Bindung zwischen den Atomen her. Für die Berechnung der Anzahl der möglichen Bindungspartner, also der Wertigkeit, gelten für kovalent gebundene Atome die gleichen Regeln, die für Ionenbindungen definiert wurden (siehe Tab. 2.10 und 2.11), wonach die Wertigkeit aus der Anzahl der Valenzelektronen auf der Außenschale des jeweiligen Elementes errechnet wird oder sich aus der Differenz „8 minus Anzahl der Valenzelektronen" ergibt.

Die ungefähre räumliche Anordnung der einzelnen Atome in einer Verbindung geht aus ihrer **Strukturformel** hervor. Wenn ein Element gemäß der Oktettregel einen stabilen Zustand erreicht hat und die Außenschale mit acht Elektronen gefüllt ist, symbolisiert man diesen Zustand zeichnerisch durch acht Punkte, die für die acht Elektronen stehen, von denen die jeweiligen Atome auf ihrer Außenschale eingehüllt werden, z. B.

$$:\overset{..}{\underset{..}{C}}: \qquad :\overset{..}{\underset{..}{N}}: \qquad :\overset{..}{\underset{..}{O}}: \qquad (1)$$

Der Einfachheit halber zieht man jeweils ein „Punktepaar“, also ein Paar von Valenzelektronen, zu einem Strich zusammen:

(2)

Während das C-Atom zur Erlangung der edelgasähnlichen Elektronenbesetzung vier Elektronen erhält, benötigt das N-Atom drei und das O-Atom zwei Elektronen von geeigneten Bindungspartnern, die sich aus den „aufgerichteten“ Elektronenpaaren ergeben, so dass sich die in (2) dargestellten Atome in einer chemischen Verbindung wie folgt präsentieren:

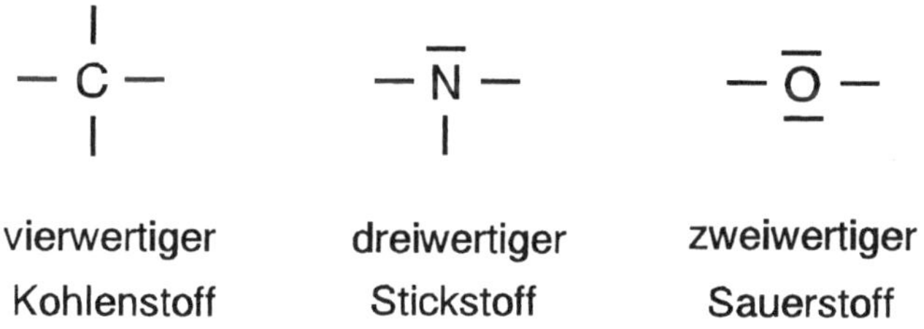

(3)

Bei den nicht aufgerichteten Bindungen, die also dem Atomsymbol weiterhin flach anliegen, handelt es sich um die „nichtbindenden“ oder „einsamen“ Elektronenpaare. Der Einfachheit halber lässt man häufig in Strukturformeln die nichtbindenden Elektronenpaare weg, so dass man schließlich nur noch die Symbole

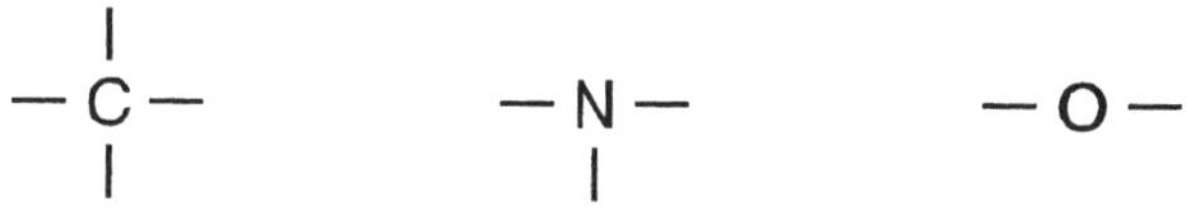
(4)

verwendet. Ein Doppelstrich entspricht schließlich einer Doppelbindung, an der zwei Elektronenpaare beteiligt sind (Tab. 2.12). In einer Strukturformel erkennt man die Doppelbindungen zwischen den O-Atomen und dem Kohlenstoff im Kohlendioxid oder die gewinkelte Anordnung der Bindungen im Wasser- oder Ammoniak-Molekül. Die Strukturformel des Methans ist insofern vereinfacht, weil sich die vier H-Atome und das C-Atom nicht in einer Ebene befinden. Vielmehr steht der Kohlenstoff im Mittelpunkt einer Pyramide aus vier dreieckigen Flächen (Tetraedermodell der C-Bindungen, siehe Abschn. 4.1).

2.8.3 Wasserstoffbrücken-Bindungen

Als dritte außerordentlich wichtige Bindungsart spielt die Wasserstoffbrücken-Bindung (auch kurz Wasserstoffbindung genannt) eine herausragende Rolle beim

Aufbau biologisch wichtiger Moleküle und bei der Wechselwirkung zwischen Molekülen.

Tab. 2.12 Summenformeln und Strukturformeln einiger Verbindungen

NAME	Summenformel	Strukturformel
Wasser	H_2O	H–O \H
Magnesiumoxid	MgO	Mg=O
Eisenoxid	Fe_2O_3	O=Fe–O–Fe=O
Aluminiumchlorid	$AlCl_3$	Cl \Al–Cl / Cl
Chlorwasserstoff	HCl	H–Cl
Methan	CH_4	H | H–C–H | H
Kohlendioxid	CO_2	O=C=O
Ammoniak	NH_3	H \N–H / H

An der Wasserstoffbrücken-Bindung sind die in der Symbolreihe (3) (vorige Seite) am N und O gekennzeichneten nichtbindenden Valenzelektronenpaare beteiligt. Sie ziehen schwach positiv geladene H-Atome zu sich heran, die entweder an N oder an O (relativ locker) gebunden sind und sich in nicht zu großer Entfernung von den nichtbindenden Valenzelektronenpaaren befinden dürfen. Durch diese Anziehung wird die ursprüngliche Bindung des H-Atoms kurzzeitig gelöst, weshalb das Wasserstoffatom zwischen dem Empfängeratom (Akzeptor, mit dem nichtbindenden Valenzelektronenpaar) und dem Spendermolekül (Donor) hin- und herschwingt. Zwei Beispiele solcher Wasserstoffbrücken-Bindungen werden in Abbildung 2.8 dargestellt.

Die Stärke der Wasserstoffbrücken-Bindung ist wesentlich geringer als die einer kovalenten Bindung. Dennoch spielen Wasserstoffbrücken-Bindungen in der Natur eine große Rolle, weil sie besonders bei großen Molekülen (Makromolekülen) in großer Zahl vorkommen und deshalb einen wichtigen Beitrag zur Stabilisierung dieser Moleküle liefern. Ferner sind Wasserstoffbrücken-Bindungen von herausragender Bedeutung für die chemischen und biologischen Eigenschaften des Wassers, weshalb im Abschnitt 3.5 noch einmal auf diese schwachen Wechselwirkungen eingegangen wird. In diesem und in vielen weiteren Fällen ermöglichen Wasserstoff-Brückenbindungen Wechselwirkungen zwischen den Molekülen.

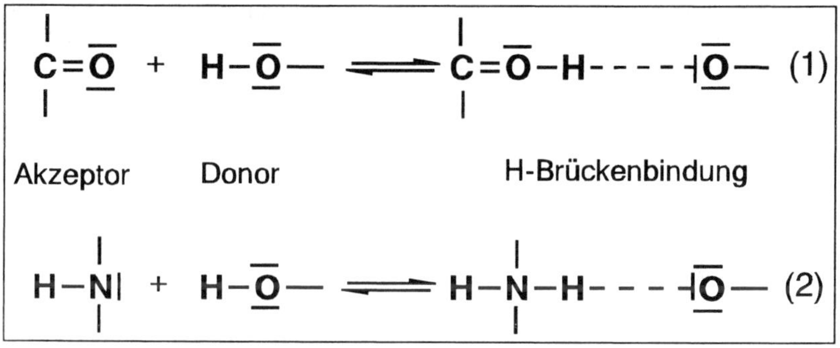

Abb. 2.8 Beispiele für Wasserstoffbrücken-Bindungen zwischen einer Carbonylgruppe (CO) und einer Hydroxylgruppe (HO) (1) bzw. zwischen einer Imidgruppe (NH) und einer Hydroxylgruppe (2). In beiden Fällen wird der Wasserstoff des Donormoleküls von dem einsamen Elektronenpaar eines Akzeptormoleküls angezogen und schwingt zwischen den beiden Gruppen, so dass das H-Atom nicht mehr eindeutig dem einen oder anderen Molekül zugeordnet werden kann.

In der Tabelle 2.13 werden noch einmal die wichtigsten Stichworte zu den Hauptbindungsarten zwischen Atomen zusammengefasst.

2.9 Chemische Gleichungen

Im Jahr 1792 stellte der französische Chemiker Lavoisier folgendes Gesetz auf: Bei jedem chemischem Prozess (Spaltung = Analyse; Aufbau = Synthese; Stoffumwandlung = Reaktion) ist die Gesamtmasse der Ausgangsstoffe ebenso groß wie die Gesamtmasse der gebildeten Stoffe. Materie wird weder neu gebildet noch kann sie vernichtet werden.

Daher lässt sich eine chemische Reaktion, von der die reagierenden und die gebildeten Stoffe bekannt sind, in Form einer Gleichung darstellen. Einfache Beispiele sind bereits im Abschn. 2.8.2 für die Bildung von Sauerstoff, Methan oder Kohlendioxid erwähnt worden. Ein Symbol bzw. eine Formel in chemischen Gleichungen hat die Bedeutung eines Atoms bzw. eines Moleküls des jeweiligen Stoffes. Damit das Gesetz der Massenerhaltung erfüllt ist, muss jede an der Reaktion teilnehmende Atomart links und rechts vom Pfeil in gleicher Anzahl er-

Tab. 2.13 *Hauptbindungsarten zwischen Atomen*

Ionenbindung	**Kovalente Bindung**
Vollständiger Austausch der e^- zwischen den Bindungspartnern Dadurch entstehen **Ionen**: Kationen (positiv geladen) und Anionen (negativ geladen) und die Bindung ist **polar** Zwischen den Ionen besteht eine **elektrostatische Anziehung** Beispiele: Elemente aus den linken Gruppen des Periodensystems (1. bis 3. Gruppe) bilden Kationen, z. B. H^+, Na^+, Ca^{++}, Mg^{++}, Al^{+++}, während Elemente aus den rechten Gruppen des Periodensystems (5. bis 7. Gruppe) Anionen bilden, z. B. O^{--}, S^{--}, Cl^-, ferner zusammengesetzte Anionen, wie Carbonat CO_3^{--}, Sulfat SO_4^{--}, Hydroxid OH^- Durch Kombinationen der Kationen und Anionen entstehen **Säuren** (z. B. HCl), **Laugen** (z. B. NaOH) oder **Salze** (z. B. NaCl). – Ionenbindungen kommen auch in Eiweiß, Seife u. anderen Verbindungen vor Ionenbindungen sind durch Wasser leicht spaltbar. Der Vorgang heißt **Dissoziation**. Die Ionenbindung wird durch Wasser „abgeschirmt". Ionenverbindungen sind **hydrophil**	**Gemeinsame Nutzung** der e^- von beiden Bindungspartnern Die Bindungspartner bleiben elektrisch neutral. Daher ist die Bindung **apolar** Die e^--Schalen der Bindungspartner überlappen Beispiele: Bindung zwischen Elementen in der Mitte des Periodensystems (z. B. 4. Gruppe) einerseits und Bindungspartnern aus linken oder rechten Gruppen (z. B. H oder Cl) andererseits Daher sind folgende Bindungen apolar: Beispiele C – C Paraffine, Fette oder Wachse C – H Paraffine, Fette oder Wachse C – O Eiweiß oder Fettsäuren Cl – Cl Chlorgas Wegen der apolaren Eigenschaften lösen sich Verbindungen, deren Atome nur kovalente Bindungen bilden, nicht in Wasser: die Moleküle sind **hydrophob**. Weil sich solche Moleküle in Fetten und fettlösenden Lösungsmitteln lösen, sind sie gleichzeitig **lipophil**

scheinen. So gilt für die Bildung von Natronlauge aus Natriumoxid und Wasser die Reaktionsgleichung

$$Na_2O \quad + \quad H_2O \longrightarrow 2\ NaOH$$

Große Zahlen vor den Formeln - also die 2 vor der Formel NaOH (für Natronlauge) - heißen **Koeffizienten**. Sie geben die Anzahl der beteiligten Moleküle im Verhältnis zueinander an. Nimmt von einer Molekülart nur ein Molekül an einer Reaktion teil, d. h. verhält sich die Zahl der Moleküle der einen Sorte zu der Zahl der Moleküle der anderen Sorte(n) 1:1, so lässt man die eigentlich erforderliche 1 vor der Formel weg, z. B. vor Na_2O oder H_2O in dem gewählten Beispiel. Die tiefgestellten **Indices** geben die Anzahl des betreffenden Atoms im Molekül an.

2.10 Fragen zur Selbstkontrolle

2-1 Was versteht man unter einem chemisch reinen Stoff?
2-2 Wie kann man ein Gemisch aus Eisen- und Schwefelpulver trennen?
2-3 Die Elemente F, Cl, Br und J bilden eine gemeinsame Gruppe im Periodensystem. Wie heißt diese Gruppe?
2-4 Welche Elemente weisen acht Elektronen (Elektronen-Oktett) auf ihrer äußersten Schale auf?
2-5 Welche Gemeinsamkeit weisen Atome derselben Gruppe im Periodensystem auf?
2-6 Festes (elementares) Jod kann beim Erwärmen direkt in den gasförmigen Zustand übergehen. Wie heißt dieser Vorgang?
2-7 Was versteht man unter Dissoziation?
2-8 Wie ist der Begriff „mol" definiert?
2-9 Welcher Bereich eines Atoms ist für die chemischen Eigenschaften eines Elementes verantwortlich?
2-10 Woraus besteht der Kern von Atomen?
2-11 Welche Bedeutung hat der Begriff „edelgasähnliche Konfiguration" für die Reaktionsfähigkeit der Elemente?
2-12 Welche Eigenschaften haben hydrophobe Moleküle?
2-13 Welche Eigenschaften haben polare Moleküle?
2-14 Wodurch unterscheiden sich elektrische Leiter 1. und 2. Klasse?
2-15 Welche Bindungsart gehört zu den schwachen Wechselwirkungen zwischen Molekülen?
2-16 Erläutern Sie die Begriffe „Emulsion" und „Suspension"

3. CHEMISCHE REAKTIONEN UND ANORGANISCHE VERBINDUNGEN

Die historische Entwicklung der Chemie, aber auch sachliche und didaktische Gründe haben dazu geführt, dass man die chemischen Verbindungen zwei unterschiedlichen Gebieten der Chemie zuordnet. In der **anorganischen** Chemie fasst man die Reaktionen und Eigenschaften aller Kohlenstoff-freien Verbindungen zusammen, während die **organische** Chemie die geradezu verwirrende Vielfalt der Kohlenstoff-haltigen Verbindungen beschreibt. Allerdings werden die Kohlensäure und deren Abkömmlinge (Carbonate, Hydrogencarbonate) sowie weitere einfache Kohlenstoff-haltige Verbindungen in der anorganischen Chemie behandelt. Da sowohl anorganische als auch organische Moleküle in der Biochemie der Zelle eine bedeutende Rolle spielen, wäre es falsch, nur die organische Chemie allein als den für die belebte Natur wichtigen Zweig der Chemie anzusehen.

Man kennt heute mehr als 100.000 anorganische Verbindungen; dagegen sind mehrere Millionen verschiedener organischer Verbindungen bekannt. Während die Anzahl der unterschiedlichen Reaktionsmöglichkeiten zwischen den organischen Verbindungen außerordentlich groß ist und deren Kenntnis den Rahmen der „Chemie für Kosmetikerinnen" übersteigt, lassen sich für die Umsetzungen anorganischer Grundstoffe einige wenige Reaktionstypen definieren, mit denen die Kosmetikerin vertraut sein sollte.

3.1 Sauerstoff

Auf der Erde ist Sauerstoff das am häufigsten vorkommende Element. Es bildet mit allen Elementen (außer den Edelgasen) Verbindungen, und die in der Erdrinde vorkommenden Gesteine und Erze bestehen zu 60 % aus gebundenem Sauerstoff. Die Stoffe des lebenden Körpers enthalten im trockenen Zustand (d. h. nach Entfernung des Körperwassers) rund 26 % Sauerstoff. Der Anteil des Sauerstoffs in der Luft beträgt rund 21 %; in der ausgeatmeten Luft sind nur noch rund 17 % Sauerstoff enthalten (Tabelle 3.1).

Tab. 3.1 Zusammensetzung staub- und wasserfreier Luft

	Eingeatmete Luft Volumen-%	Ausgeatmete Luft Volumen-%
Stickstoff	78,08	78,08
Sauerstoff	20,95	16,96
Argon	0,94	0,94
Kohlendioxid	0,03	4,02

Während also auf das lebensnotwendige Gas Sauerstoff nur rund ein Fünftel des Luftgemisches entfällt, besteht die Luft in erster Linie (zu fast 80 %) aus dem ungiftigen **Stickstoff**. Dieses Gas wird im menschlichen Körper nicht verändert, und nur bestimmte Bakterien können Stickstoff binden und in eine von Pflanzen verwertbare Form überführen. So fixieren die „Knöllchenbakterien“ *Rhizobium leguminosarum* an den Wurzeln von Hülsenfrüchten den Luftstickstoff. Obwohl Stickstoff keine giftige Wirkung im Stoffwechsel des Menschen auslösen kann, wirkt das Gas dennoch „erstickend“, wenn sein Anteil in der Luft zu groß wird, da hierdurch der Anteil des lebenswichtigen Sauerstoffs zu weit absinkt. Auf diese Tatsache weist der Name des Gases Stickstoff hin, während das Symbol N für Nitrogenium = Salpeter-Bildner steht (siehe Tab. 2.4).

Für das Wohlbefinden des Menschen sind außerdem die Lufttemperatur und die Luftfeuchtigkeit von großer Bedeutung. Bei 25 °C und 50 % relativer Luftfeuchtigkeit besteht das Gasgemisch der Luft zu rund 1,3 % aus gasförmigem Wasser. Da dieser Wert je nach relativer Luftfeuchtigkeit und Lufttemperatur starken Schwankungen unterliegt, wird er üblicherweise nicht in den Tabellen über die Zusammensetzung der Luft angegeben. Der Sauerstoffgehalt der Luft kann bis auf etwa 12 % absinken, ohne dass die physische und psychische Leistungsfähigkeit spürbar vermindert ist.

Die Luft enthält in geringen und wechselnden Mengen, die stark von der jeweiligen örtlichen Gegebenheit abhängen, mehr oder weniger schädliche gasförmige und feste Verunreinigungen. Bei den gasförmigen Schadstoffen handelt es sich in erster Linie um **Kohlenmonoxid** (z. B. in der Nähe von laufenden Automotoren oder Öfen und Kaminen mit schlecht ziehendem Schornstein); ferner findet man in der Nähe von Tankstellen wechselnde Mengen an Kohlenwasserstoffen (siehe Kap. 4.1) in der Luft. **Chlor** gelangt aus einem kräftig laufenden Wasserstrahl in die Luft, wenn Leitungswasser durch Chlorieren keimarm gemacht wird. Außerdem entweicht Chlor aus entsprechend behandeltem Schwimmbadwasser in die Luft. Ferner enthält die Atemluft Spuren der geruchlosen und für den Menschen völlig ungiftigen **Fluorkohlenwasserstoffe**, die in geringen Mengen aus Kühlanlagen entweichen (und bis vor ca. 10 Jahren aus zahlreichen Spraydosen in die Luft freigesetzt wurden). Schließlich enthält die Luft besonders bei starker Sonneneinstrahlung das Gas **Ozon** (siehe Abschnitt 3.3), das gesundheitsschädlich ist. Außerdem kommen in der Luft zahlreiche Staubpartikel vor, die ein mehr oder weniger stabiles **Aerosol** bilden (siehe Abschnitt 2.1). Hierzu zählen außer Industrie- und Haushaltsstaub zahlreiche biologische Schwebstoffteilchen, die allergische Erkrankungen auslösen können, wie Blütenpollen von Windblütlern (also Pflanzen, bei denen die Übertragung der Pollen und die Bestäubung der Pflanzen durch den Wind erfolgen).

Sauerstoff bildet in der Luft das zweiatomige Molekül O_2 (siehe Abschnitt 2.8.2). Diese apolare Verbindung kann die Plasmamembranen aller Zellen durch **Diffusion** überwinden. Als Diffusion bezeichnet man eine Stoffwanderung, die nur durch das Konzentrationsgefälle angetrieben wird und somit durch den unterschiedlichen Gehalt eines Stoffes vor und hinter einer Membran in Gang kommt. Auf diese Weise gelangt der Sauerstoff durch die Lungengewebe (Alveolarepithel) in das Blut, wo er erneut die Plasmamembran der Erythrocyten, der roten Blutkörperchen, passiert und schließlich in den Erythrocyten an Hämoglobin unter Bildung von **Oxyhämoglobin** gebunden wird. Mit dem fließenden Blut gelangen die Sauerstoff-beladenen Erythrocyten in die Gewebe und damit auch bis in die feinen Kapillaren der Haut (s. Kapitel 5), wo der Sauerstoff die Erythrocyten wieder verlässt, um in den Geweben verbraucht zu werden.

3.2 Oxidation

Die Vereinigung von Sauerstoff mit den Inhaltsstoffen der Zellen (z. B. mit Glucose, Fetten und anderen organischen Verbindungen) oder mit Metallen und anderen Stoffen nennt man **Oxidation**. Bei allen Oxidationen wird Energie freigesetzt, die entweder in kleinen Anteilen in Form von energiereichen Verbindungen gespeichert und für Energie-abhängige Leistungen des Körpers verwendet wird (z.B. für Muskelarbeit oder für den Stofftransport durch Membranen) oder als Wärmeenergie oder Licht frei wird, wie man dies bei einer brennenden Kerze beobachten kann. Die entstehenden Oxidationsprodukte nennt man **Oxide**. Sie enthalten mindestens ein Sauerstoff-Atom, das aus dem Sauerstoff-Molekül stammt. Bei Kohlenstoff- und Wasserstoff-haltigen Verbindungen entstehen als wichtige Oxide das Kohlendioxid und das Wasser (siehe Abschnitte 3.4 und 3.5). Der Energiestoffwechsel aller Sauerstoff-atmenden Lebewesen lässt sich anhand der Oxidation von Kohlenhydraten charakterisieren.

$$\text{Zucker} + O_2 \xrightarrow{\text{oxidativer Abbau}} \underset{\text{Kohlendioxid}}{CO_2} + \underset{\text{Wasser}}{H_2O} + \text{Energie}$$

Offenbar enthalten die Zucker (und alle anderen Nährstoffe) chemisch verwertbare Energie, die bei der Oxidation freigesetzt wird. Diese Energie stammt letztendlich von der Sonne, denn die obige Reaktion läuft in allen Pflanzen in umgekehrter Richtung ab und wird dann als Photosynthese bezeichnet:

$$CO_2 + H_2O + \text{Sonnenlicht} \xrightarrow{\text{Photosynthese}} \text{Zucker} + O_2$$

Die Photosynthese verläuft in den grünen Teilen der Pflanzen über viele Zwischenstufen unter Absorption der Energie, die im roten Licht des Sonnenspektrums enthalten ist. Außer den „energiereichen“ Nährstoffen produzieren die Pflanzen gleichzeitig Sauerstoff. Da die Photosynthese nur in Pflanzen erfolgt, ist die Erhaltung der Sauerstoff-produzierenden Wälder dieser Erde lebenswichtig für den Menschen und alle übrigen Sauerstoff-verbrauchenden Lebewesen.

Allgemein entstehen aus Nichtmetallen Oxide, die sich in Wasser unter Bildung von **Säuren** lösen. So entsteht aus dem Oxid des Kohlenstoffs, dem Kohlendioxid, in Wasser Kohlensäure; aus dem Oxid des Schwefels, dem Schwefeltrioxid, bildet sich in Wasser Schwefelsäure, und aus dem Oxid des Phosphors, dem Phosphorpentoxid, entsteht in Wasser Phosphorsäure (siehe Abschnitt 3.8).

Metalle der ersten, zweiten und dritten Gruppe des Periodensystems bilden Oxide, die mit Wasser unter Bildung von **Basen** (auch **Laugen** oder **Hydroxide** genannt, siehe Abschnitt 3.9) reagieren. So entsteht aus Natriumoxid in Wasser Natronlauge. (Die Reaktionsgleichung zur Bildung der Natronlauge wurde bereits im Abschn. 2.9 formuliert.) Oxide der Schwermetalle sind dagegen in Wasser unlöslich und bilden häufig farbige Pigmente, wie das grüne Chromoxid oder das rote Eisenoxid.

Für alle Oxidationsreaktionen ist charakteristisch, dass der zu oxidierende Stoff an das Oxidationsmittel Elektronen übergibt. Wenn Sauerstoff als Oxidationsmittel dient, übernimmt jedes Sauerstoffatom zwei Elektronen. Die Aufnahme eines oder mehrerer Elektronen durch das Oxidationsmittel nennt man **Reduktion**. Oxidationen können mit Sauerstoff deshalb so heftig verlaufen, weil Sauerstoff eine im Vergleich zu anderen Elementen so außerordentlich hohe Elektronegativität aufweist (siehe Abschnitt 2.7). Während der Verbrennung kann die Energie sogar so schnell freigesetzt werden, dass die Stoffe „explodieren“, was zur Krafterzeugung im Verbrennungsmotor ausgenutzt wird. Auch andere Elemente können als Oxidationsmittel dienen, wobei sie selbst reduziert werden.

Unter Oxidation versteht man daher nicht nur den Einbau von Sauerstoff in eine Verbindung oder die Anlagerung von Sauerstoff an ein Element. Vielmehr gilt, dass ein Stoff oxidiert wird, wenn er Elektronen abgibt. Die Elektronen werden auf das Oxidationsmittel übertragen, das dabei selbst unter Aufnahme der Elektronen reduziert wird.

Jede Oxidation eines Stoffes ist mit der Reduktion des Oxidationsmittels verknüpft.

Da also Oxidation und Reduktion stets gemeinsam ablaufen müssen, spricht man genauer von **Redoxreaktionen**, um den Sachverhalt herauszustellen, dass der zu oxidierende Stoff Elektronen an das Oxidationsmittel abgibt, das dadurch zur gleichen Zeit reduziert wird. Es lassen sich verschiedene Beispiele für Redoxreaktionen formulieren, bei denen sich entweder der Sauerstoff- oder Wasserstoff-

Gehalt im Oxidationsmittel ändert oder bei denen andere Elemente als Elektronenakzeptor dienen:

Sauerstoff-Aufnahme. Eisen wird zu Eisenoxid (Rost) oxidiert. (Die Struktur des Eisenoxids ist bereits in Tab. 2.12 wiedergegeben.) Bei dieser Oxidation wird der Sauerstoff als Oxidationsmittel durch Aufnahme von zwei Elektronen zum Oxid O^{2-} reduziert, wobei drei O_2-Moleküle vier Eisenatomen insgesamt zwölf Elektronen entziehen:

$$3\,O_2 + 4\,Fe \longrightarrow 2\,Fe_2O_3$$

Dehydrierung. Schwefelwasserstoff gibt bei hoher Temperatur (Thermolyse) Wasserstoff ab. Dabei gehen vom Schwefel Elektronen auf den Wasserstoff über. Der im Schwefelwasserstoff enthaltene Schwefel wird gleichzeitig zu elementarem Schwefel oxidiert, während der Wasserstoff im Schwefelwasserstoff als Reduktionsmittel dient:

$$H_2S \longrightarrow S + H_2$$

Besonders bei organischen Molekülen, wie Fettsäuren oder Kohlenhydraten (siehe Abschn. 4.4 und 4.8), erfolgen häufig Oxidationen, bei denen Wasserstoff zusammen mit einem Elektron aus dem Molekül abgezogen wird. Die Dehydrierung gehört zu den wichtigen Varianten des oxidativen Stoffwechsels.

Elektronenabgabe ohne direkte Beteiligung von Sauerstoff. Stoffe, die Elektronen aufnehmen können, sind Oxidationsmittel. Dazu gehört nicht nur der Sauerstoff, sondern auch die Gase Fluor und Chlor sind wirksame Oxidationsmittel. Fluor ist das stärkste bekannte Oxidationsmittel, und Chlor wird bei der Chlorierung von Trink- und Schwimmbadwasser zur „oxidativen" Abtötung von Mikroorganismen eingesetzt. Bei der Bildung von Chlorwasserstoff (HCl) aus Wasserstoff und Chlor verhält sich das Chlor als Oxidationsmittel und wird zum Chlorid Cl^- reduziert, während der Wasserstoff ein Elektron abgibt und H zum Proton H^+ oxidiert wird:

$$H_2 + Cl_2 \longrightarrow 2\,HCl$$

Bei allen Redoxreaktionen lassen sich daher die beiden Teilreaktionen Oxidation und Reduktion mit den folgenden Definitionen unterscheiden:

Bei einer **Oxidation** erfolgt stets eine **Abgabe** von Elektronen Bei einer **Reduktion** erfolgt stets eine **Aufnahme** von Elektronen

3.3 Weitere Oxidationsmittel

Luft mit einem Anteil von rund 21 % Sauerstoff ist unter normalen Bedingungen (Zimmertemperatur und normaler Druck von 1 Bar) relativ reaktionsträge. Die Kohlenstoff-haltigen Verbindungen einer Kerze oder das Erdgas des Küchenherdes brennen erst dann, wenn die Oxidation durch einen Funken oder ein brennendes Streichholz in Gang gesetzt wird. Dies hängt damit zusammen, dass die beiden Sauerstoff-Atome eines Sauerstoffmoleküls relativ fest miteinander verbunden sind. Das Sauerstoffmolekül muss erst durch Zuführung von Energie in die beiden reaktionsfähigen Sauerstoff-Atome zerlegt werden (Abb. 3.1).

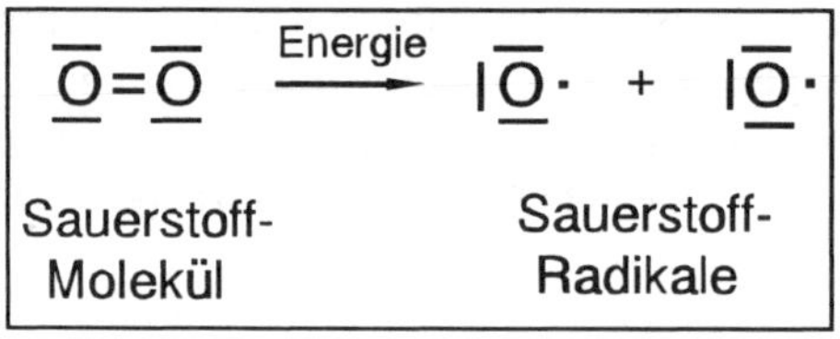

Abb. 3.1 Mit Sauerstoffgas ist erst dann eine Oxidation möglich, wenn das Molekül „aktiviert" und dabei in seine beiden Atome gespalten worden ist. Je nach Art der zugeführten Energie reagieren die entstehenden Sauerstoff-Radikale unter Bildung verschiedener Produkte.

Als **Radikale** bezeichnet man chemische Strukturen, die – wie die Sauerstoff-Radikale der Abb. 3.1 – ein einsames Elektron aufweisen, wodurch solche Verbindungen außerordentlich reaktionsfähig sind. Sie versuchen, ihr einsames Elektron unter Aufnahme eines weiteren Elektrons als Elektronenpaar zu stabilisieren. Da sie das fehlende Elektron einem weiteren Reaktionspartner entziehen, wirken die Radikale als starke Oxidationsmittel.

Wenn das entstandene Oxid mehrere Sauerstoffatome enthält (z. B. Eisenoxid), befinden sich die Sauerstoffatome niemals nebeneinander, sondern werden in der Verbindung stets durch ein weiteres Element (beim Eisenoxid durch das Element Eisen) voneinander getrennt. Das gleiche gilt für das Kohlendioxidmolekül CO_2 (siehe Tab. 2.12). Aus diesem Grunde verlaufen Oxidationen mit Sauerstoff als Oxidationsmittel in der Regel nur sehr langsam ab und erfolgen erst dann, wenn man das Reaktionsgemisch erhitzt oder anzündet. Dass in unserem Körper der Sauerstoff die Nährstoffe auch ohne „Zünden" zu oxidieren vermag, hängt mit der Wirkung spezieller Katalysatoren zusammen, die den Sauerstoff aktivieren. Diese Katalysatoren bilden die „Atmungskette", durch die außerdem die Speicherung der gewonnenen Energie in einem energiereichen Produkt, nämlich Adenosintriphosphat (ATP), gewährleistet wird, das alle energieabhängigen Vorgänge in unserem Körper mit Energie versorgt.

Will man dagegen einen Stoff auch bei Zimmertemperatur (und ohne Verwendung von Katalysatoren) oxidieren, so muss man durch einen „Trick" die relativ feste Bindung zwischen den Sauerstoff-Atomen lockern. In der Kosmetik verwendet man zwei Oxidationsmittel mit solch „aktiviertem Sauerstoff". Wenn man Sauerstoff durch Bestrahlung mit UV-Licht (UV-B, siehe Abschn. 8.1) mit Energie „aufpumpt", reagieren mehrere Sauerstoffmoleküle unter Bildung von **Ozon**, das drei Atome Sauerstoff enthält (Abb. 3.2). Die bei der Aktivierung des Sauerstoffs entstandenen Sauerstoff-Radikale lagern sich an das Sauerstoff-Molekül an und bilden den Trisauerstoff Ozon.

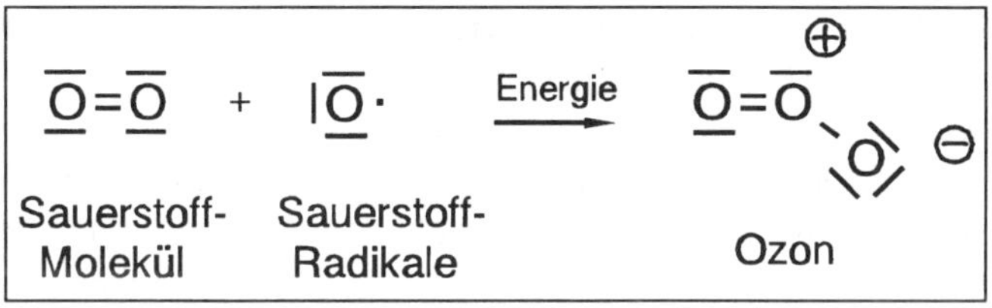

Abb. 3.2 Bildung des dreiatomigen Ozons aus Sauerstoff nach Aktivierung durch kurzwellige UV-Strahlen, im stillen elektrischen Feld (Ozonisator) oder bei einer Funkenentladung. Das Molekül enthält außer der relativ stabilen Doppelbindung noch eine polare Einfachbindung, die als „Sollbruchstelle" wirkt, wenn Ozon als Oxidationsmittel spontan unter Umkehrung der Bildungsreaktion zum Sauerstoff-Radikal und Sauerstoff-Molekül zerfällt.

Ozon hat einen eigentümlichen Geruch, den man selbst bei sehr geringem Ozongehalt der Luft wahrnimmt. Ozon zerfällt spontan innerhalb kurzer Zeit unter Umkehrung der Bildungsreaktion von Abb. 3.2, wobei also wieder Sauerstoff-Radikale entstehen, die als die eigentlichen Oxidationsmittel anzusehen sind. Auf diese Weise werden selbst stabile organische Verbindungen – beispielsweise die Inhaltsstoffe von Mikroorganismen – zerstört und bis zum Kohlendioxid und Wasser oxidiert.

In der Kosmetik wird Ozon im Wasserdampfstrom durch UV-Bestrahlung der angesaugten Luft (Vapozon) gebildet und zur Desinfektion der Haut, z. B. bei Hautunreinheiten, eingesetzt. Ozon entsteht auch bei der Sterilisation mit strahlungsintensiven UV-Lampen, die zur Desinfektion von Operationsräumen eingesetzt werden. Dabei wirkt das Gas auch an solchen Stellen, die von den UV-Strahlen nicht direkt erreicht werden. Ozon entsteht ferner bei intensiver Sonneneinstrahlung in Bodennähe (Smog) und bewirkt wegen seiner ausgesprochen zerstörenden Wirkung Augenentzündungen und Atemwegsbeschwerden. In 20 bis 40 km Höhe (Stratosphäre) filtert Ozon aus dem Sonnenlicht vor allem die kurzwelligen Strahlen mit einer Wellenlänge von weniger als 300 nm heraus, so dass der UV-B- und UV-C-Anteil des Sonnenlichtes (siehe Kap. 8) auf ein für die Lebewesen erträgliches Maß reduziert wird. In unseren Breiten sank in den vergangenen 20 Jahren der Ozongehalt in der Stratosphäre um rund 5 %. Da nach einer

Faustregel bei einer Verringerung des Ozongehaltes in der Ozonschicht um 1 % jeweils 2 % mehr UV-B-Strahlen bis zur Erdoberfläche gelangen (was wiederum einen Anstieg der Hautkrebsrate um 3 % bewirkt), ist die Erhaltung der Ozonschicht für alle Lebewesen auf der Erde von größter Bedeutung. Aus den Beobachtungen der letzten Jahre geht hervor, dass der Ozongehalt der Stratosphäre besonders durch photochemische Reaktionen von Fluor-, Chlor- und Bromhaltigen Kohlenwasserstoffen (FCKW) abnimmt, weshalb weltweit die Einschränkung bzw. ein völliges Verbot der FCKW-Herstellung angestrebt werden. FCKW wurden als Treibgase in Spraydosen sowie zum Aufschäumen von Kunststoffen und als Arbeitsgase in Haushaltskühlschränken verwendet.

Eine weitere Verbindung, in der zwei Sauerstoffatome nur durch eine Einfachbindung aneinander gebunden sind, ist das **Wasserstoffperoxid** H_2O_2. Diese Flüssigkeit verdünnt man mit Wasser, wobei zur Desinfektion in der Regel 3 %ige Lösungen verwendet werden. Eine konzentrierte Lösung mit 30 % Wasserstoffperoxid in Wasser wird als Perhydrol bezeichnet. Reines H_2O_2 zerfällt bei Raumtemperatur mit geringer Geschwindigkeit unter Bildung von Wasser und einem Sauerstoff-Radikal:

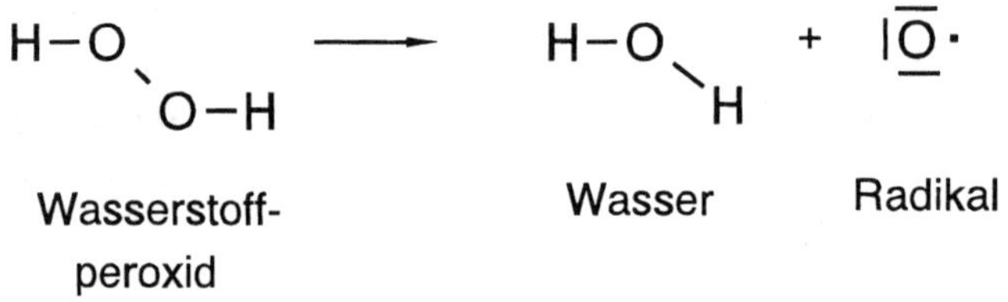

Der Zerfall wird durch Licht oder den Kontakt mit bestimmten Metallen (Eisen, Kupfer, Zink) sowie in Gegenwart von Metallionen stark beschleunigt. H_2O_2 wird zum Desinfizieren sowie zum Bleichen von Haaren und Haut verwendet. Wegen der besseren Dosierbarkeit verwendet man bevorzugt Anlagerungsverbindungen von Wasserstoffperoxid an Harnstoff oder anderen einfachen Verbindungen. In all diesen Fällen dient das beim Zerfall von Wasserstoffperoxid freigesetzte Sauerstoff-Radikal als eigentliches Oxidationsmittel.

Es gibt noch weitere Verbindungen, die zwar die Peroxidgruppe -O-O- enthalten, in denen aber der Wasserstoff durch andere Elemente oder Reste ersetzt worden ist. Man bezeichnet sie als **Peroxide**. Der wichtigste Vertreter ist Natriumperoxid Na_2O_2, das als relativ gut handhabbares Bleichmittel dient und früher in Waschmitteln enthalten war. Heute verwendet man stattdessen das nichtbrennbare Natriumperborat als Bleichmittel.

3.4 Oxide des Kohlenstoffs

Wenn Kohlenstoff-haltige Verbindungen ohne ausreichenden Luftzutritt verbrennen, entsteht das giftige, farb- und geruchlose Gas **Kohlenmonoxid** CO. Es genügen schon weniger als 1 % CO in der Atemluft, um einen Menschen innerhalb weniger Minuten durch innere Erstickung zu töten, da CO den lebensnotwendigen Sauerstoff vom Hämoglobin in den roten Blutkörperchen verdrängt.

Erfolgt dagegen die Verbrennung in Gegenwart von ausreichenden Mengen an Sauerstoff, so entsteht das Gas **Kohlendioxid** CO_2. Es ist zwar nicht giftig, wirkt aber bei zu hohen Konzentrationen in der Atemluft erstickend, weil es den Sauerstoffgehalt zu stark vermindert. CO_2 wird bei -78 °C fest und bildet Trockeneis. Bei normalem Druck geht CO_2 aus diesem festen Zustand direkt in den gasförmigen Zustand über (Sublimation). Bei höherem Druck lässt sich CO_2 allerdings verflüssigen und dient in dieser Form als wichtiges apolares Lösungsmittel, mit dem Wirkstoffe schonend aus pflanzlichen Produkten extrahiert werden können (siehe Kap. 9). CO_2 löst sich bis zu einem gewissen Grad in Wasser und reagiert gemäß Abb. 3.3 unter Bildung von Kohlensäure. Diese Säure kann man nur mit großem Aufwand als Reinstoff erhalten. Beim Eintrocknen zerfällt sie wieder zu CO_2 und H_2O.

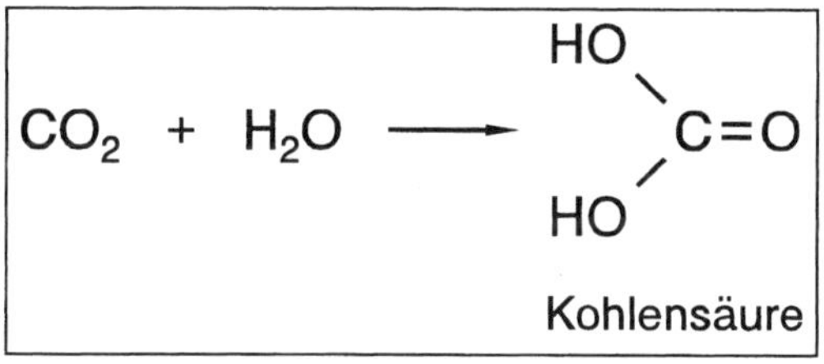

Abb. 3.3 Bildung von Kohlensäure. Kohlendioxid ist wasserlöslich, wobei ein kleiner Teil des gelösten Moleküls in Wasser eine Säure bildet. (Einzelheiten zu den Eigenschaften von Säuren siehe Abschn. 3.8).

3.5 Wasser

Wasser ist das Oxid des Wasserstoffs. Es ist in der belebten und unbelebten Natur das wichtigste Lösungsmittel. Je nach Verwendungszweck werden an die Reinheit von Wasser unterschiedliche Anforderungen gestellt. **Leitungswasser** enthält gelöste Salze, vor allem **Calciumhydrogencarbonat** und **Calciumsulfat**, wobei **weiches Wasser** wenig, **hartes Wasser** dagegen viel gelöste Calciumsalze aufweist. Der Gehalt an Calciumverbindungen in Wasser wird durch „Grad Deutsche Härte" (° dH) definiert, wobei 1 °dH einem Gehalt von umgerechnet 10 mg Calciumoxid pro L Wasser entspricht. Außerdem liefern Magnesium- und Eisensalze einen Beitrag zur Wasserhärte. Für kosmetische Zwecke sollte Wasser höchstens 8 °dH haben. Die Härte von **Quellwasser** liegt je nach dem Kalkgehalt des Quellgebietes zwischen 1 (sehr weich) und 40 (sehr hart). Meist wird die Härte von Leitungswasser der deutschen Großstädte durch Mischung verschiedener Wasserqualitäten auf Werte um 15 °dH eingestellt. Das im Wasser lösliche Calciumhydrogencarbonat bildet nach dem Kochen unlösliches Calciumcarbonat (Kesselstein) unter Abspaltung von CO_2 und H_2O. Da also dieser Anteil der Wasserhärte durch Kochen aus dem Wasser „verschwindet", wird die auf den Anteil an Calciumhydrogencarbonat beruhende Wasserhärte als **temporäre Härte** (vorübergehende Härte) bezeichnet. Die übrigen Calciumsalze bilden die **permanente** oder **Nichtcarbonat-Härte**.

Ionenaustausch-Wasser (deionisiertes Wasser) erhält man nach Passage von Leitungswasser durch einen Ionenaustauscher. Der Ionenaustauscher bindet alle im Wasser gelösten Salze, wobei jedoch andere unerwünschte Bestandteile des Wassers – wie organische Verbindungen und Mikroorganismen – nicht entfernt werden. Bakterien und große Viren können durch **Sterilfiltration**, d. h. durch Passage des Wassers durch ein kleinporiges Filter, zurückgehalten werden.

Durch Destillation wird das salz-, gas- und keimfreie **destillierte Wasser** gewonnen (Aqua destillata). Das destillierte Wasser nimmt allerdings beim Abkühlen aus der Luft wieder Kohlendioxid auf und löst das Gas unter Bildung von Kohlensäure, sofern das Destillat nicht unter Luftabschluss abkühlen kann. Die Destillation ist im Vergleich zu allen anderen Methoden das teuerste Verfahren (Verbrauch von Energie [zum Erwärmen des Wassers auf 100 °C] und von Kühlwasser) und ist daher für die Herstellung größerer Mengen von salz- und keimfreiem Wasser ungeeignet.

3.6 Die physiologische Bedeutung des Wassers

Leben in jeglicher Form ist ohne Wasser undenkbar. Jede lebende Zelle besteht zum großen Teil aus Wasser. Der menschliche Körper setzt sich aus anorganischen und organischen Stoffen zusammen. Wasser und Mineralstoffe (z. B. die Salze) sind die **anorganischen** Stoffe, während Eiweiß, Fette (Lipide), Zucker (Kohlenhydrate) und Nucleinsäuren zu den **organischen** Stoffen zählen (Tab.3.2).

Die angegebene stoffliche Zusammensetzung vermittelt nur einen groben Überblick, da sie das Vorhandensein spezialisierter Organe und Gewebe im Körper außer Acht lässt. Mit Ausnahme der Fettgewebe und der Knochen bildet

Tab. 3.2 Anteil verschiedener Stoffgruppen beim Aufbau des menschlichen Körpers (gemittelt über den Gesamtkörper)

Stoffgruppe	Gehalt in %
Wasser	60
Eiweiß (Proteine)	20
Lipide (Fette)	15
Kohlenhydrate	1
Nucleinsäuren	1
Mineralstoffe	3

Wasser den mengenmäßig wichtigsten Bestandteil der Gewebe (Tabelle 3.3). Rund 70 % des Körperwassers befinden sich innerhalb der Zellen und etwa 25 % im Zwischenzellraum (interstitielles Gewebe). Der Rest entfällt auf das Blut. Mit zunehmendem Lebensalter nimmt der Wassergehalt des Körpers ab, wobei sich besonders die Menge des im Zwischenzellraum befindlichen Wassers verringert.

Tab. 3.3 Ungefährer Wassergehalt in verschiedenen Körpergeweben und im Blut

Gewebe	Wassergehalt in %
Blut	90
Muskeln	75
Gehirn, Leber	70
Bindegewebe	60
Elastisches Gewebe	50
Epidermis	20
Skelett	20
Fettgewebe	15

Die Stoffwechselvorgänge aller Lebewesen finden vor allem in **wässrigen Lösungen** statt. Vielfach nimmt das Wasser aktiv an den **biochemischen Reaktionen** teil oder ist (neben Kohlendioxid) **Endprodukt** oxidativer Stoffwechselprozesse in unserem Körper und in der Haut (siehe Abschn. 3.2). Darüber hinaus hat das Wasser verschiedene weitere Funktionen. So dient es als **Transportmittel** für Nahrungs- und Stoffwechselprodukte im Blut. Viele Stoffwechsel-Endprodukte können nur in wässriger Lösung ausgeschieden werden, so dass Wasser eine herausragende Rolle als Lösungsmittel im Harn, in der Galle und im Schweiß spielt. Schließlich dient Wasser auch als Temperaturregulator, da es durch Verdunstung aus dem ausgeschiedenen Schweiß eine Abkühlung ermöglicht und im Körper eine weitgehend gleichförmige Temperaturverteilung garantiert, weil Wasser zwischen den Organen Wärme überträgt (siehe S. 45).

Die tägliche Wasseraufnahme eines Erwachsenen beträgt zwischen zwei und drei Liter Flüssigkeit. Darüber hinaus nehmen wir mit den festen Nahrungsbestandteilen Wasser zu uns. Schließlich entstehen noch rund 300 mL Wasser täglich während der Oxidation der Nahrungsbestandteile. Der Gesamtwasseraufnahme und -bildung steht natürlich eine gleich große Menge an Wasser gegenüber, die der Körper wieder abgibt. Rund 1500 mL Flüssigkeit werden von den Nieren ausgeschieden, etwa 500 ml Wasser werden über die Lungen abgeatmet, 100 ml werden mit dem Stuhl und im Mittel 500 mL mit dem Schweiß ausgeschieden. An heißen Tagen kann der Wasserverlust durch Schwitzen ein Mehrfaches davon betragen, was über eine vermehrte Wasseraufnahme ausgeglichen wird.

Die biologischen Funktionen des Wassers ergeben sich aus den physikalischen und chemischen Eigenschaften des Wassers, die sich wiederum aus dem Bau des Wassermoleküls ableiten (siehe auch Abb. 2.7). Die beiden Bindungen zwischen den Wasserstoff-Atomen und dem Sauerstoff bilden einen Winkel von 104° (Abb. 3.4). Da aufgrund der höheren Elektronegativität von Sauerstoff im Vergleich zum Wasserstoff das Sauerstoffatom die Bindungselektronen stärker zu sich heranzieht als dies die beiden H-Atome vermögen, ist der Sauerstoff im Wassermolekül schwach elektrisch geladen, während den beiden H-Atomen zusammen die gleiche Ladungsmenge fehlt (d. h. sie tragen eine gleich große „positive" Ladung). Da die drei Atome im Winkel zueinander angeordnet sind, fallen die Schwerpunkte der negativen Ladung auf dem Sauerstoffatom und der positiven Ladungen auf den beiden Wasserstoffatomen nicht zusammen. Auf diese Weise ist aus dem Molekül ein kleiner permanenter „Elektromagnet" geworden, der zwei getrennte elektrischen Ladungen enthält. Ein Molekül mit einer solchen dauerhaften Ladungstrennung bezeichnet man als einen **Dipol**.

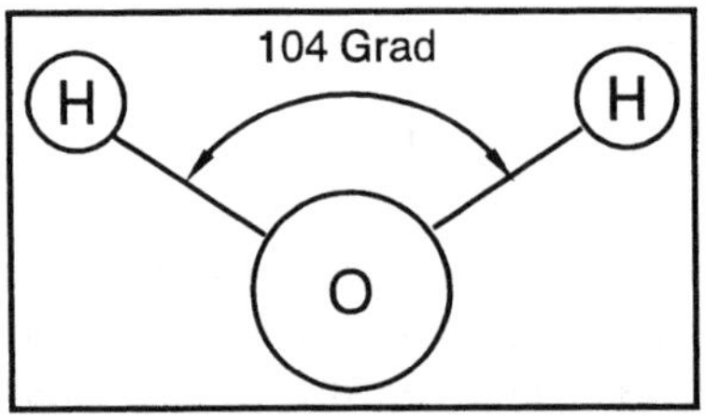

Abb. 3.4 Dipolstruktur des Wassermoleküls. Die beiden H-Atome und die beiden nicht an der Bindung beteiligten Elektronenpaare (einsame Elektronenpaare) weisen in die Ecken eines geringfügig räumlich verzerrten Tetraeders. Außerdem zieht der Sauerstoff die Elektronen aus den Bindungen zu den beiden Wasserstoffatomen in geringem Maße zu sich herüber. Insgesamt trägt daher das Molekül auf der Seite des Sauerstoffs eine partielle (negative) elektrische Ladung, während die beiden Wasserstoffatome zusammen eine gleich große positive Ladung aufweisen.

Der Dipolcharakter des Wassermoleküls bildet die Grundlage für vielfältige Wechselwirkungen zwischen den Wassermolekülen sowie zwischen Wassermolekülen einerseits und den im Wasser gelösten Stoffen andererseits. Die Wassermoleküle ordnen sich um „polare", d. h. elektrisch geladene Teilchen, umhüllen sie und bilden dabei eine **Hydrathülle** um diese Teilchen. Dieser als **Hydratation** bezeichnete Vorgang ist die Grundlage für die Löslichkeit polarer Stoffe in Wasser (siehe auch Abb. 2.6 und 2.8 sowie Abschn. 2.8.3). Bei den Wechselwirkungen zwischen den Wassermolekülen bilden die Wasserstoff-Atome eines Wassermoleküls zum nichtbindenden Elektronenpaar eines anderen Wassermoleküls Brücken (Abb. 3.5). Ähnliche **Wasserstoffbrücken-Bindungen** entstehen auch zu anderen Sauerstoff-haltigen Verbindungen, wie Alkoholen, oder zu Stickstoff-haltigen Verbindungen, wie Aminen, und ermöglichen deren gute Wasserlöslichkeit.

Die aufgrund der Wasserstoffbrücken-Bindungen bestehenden Kontakte zwischen den Wassermolekülen bewirken, dass Wasser bereits im flüssigen Zu-

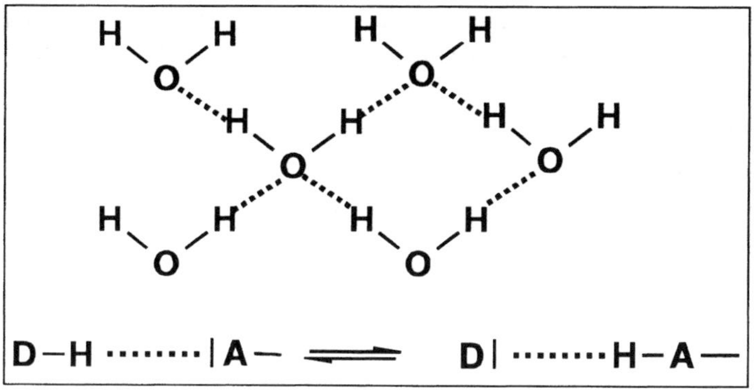

Abb. 3.5 Bildung von Wasserstoffbrücken-Bindungen (punktierte Linien) zwischen verschiedenen Wassermolekülen. Wasserstoffbrücken-Bindungen gehören zu den sehr schwachen Bindungen. In all diesen Fällen gehört das an der Wasserstoffbrücken-Bindung beteiligte Wasserstoffatom nicht mehr ausschließlich einem bestimmten Molekül an, sondern es schwingt zwischen dem Donor-Atom D und dem nichtbindenden Elektronenpaar eines Akzeptor-Atoms A hin und her (siehe auch Abschn. 2.8.3 und Abb. 2.8).

stand eine gewisse Ordnung der Moleküle aufweist. Daher besitzt Wasser eine hohe **Wärmekapazität**, weil Wasser zunächst große Wärmemengen aufnehmen kann, ohne dass sich seine Temperatur stark ändert. Durch Wärmezufuhr müssen erst die zahlreichen Wasserstoffbrücken-Bindungen gespalten werden, ehe die Beweglichkeit der Moleküle und damit die Temperatur des Wassers merklich zunehmen. Auch die **Verdampfungswärme** des Wassers ist hoch. Darunter versteht man den Energiebetrag, der für den Übergang vom flüssigen in den gasförmigen Aggregatzustand aufgebracht werden muss. Der biologische Nutzeffekt der hohen Verdampfungswärme besteht darin, dass schon die Verdampfung einer geringen Wassermenge eine hohe Wärmeabgabe gewährleistet. Die Wasserabgabe wird so zu einem wichtigen Teil der **Wärmeregulation**. Wasser besitzt schließlich noch eine hohe **Wärmeleitfähigkeit**. Dadurch wird ein guter Wärmeausgleich zwischen den Geweben möglich, so dass zwischen verschiedenen Körperregionen nur geringe Temperaturunterschiede bestehen.

Die hohe Löslichkeit polarer Stoffe in Wasser beruht auf dessen Fähigkeit, elektrostatische Kräfte zwischen den Ionen zu vermindern. Diese Eigenschaft beschreibt man mit der **Dielektrizitätskonstante**, die umso größer ist, je stärker durch das jeweilige Lösungsmittel das elektrische Feld zwischen den Ionen abgeschwächt wird. Das hohe Lösungsvermögen von Wasser spiegelt sich demnach in der hohen Dielektrizitätskonstante des Wassers (80,4) im Vergleich zu anderen polaren Lösungsmitteln wider (Ethanol 17,8; Diethylether 4,3). Nichtpolare Lösungsmittel haben Dielektrizitätskonstanten unter 3. Durch die Abschirmung der elektrostatischen Kräfte zwischen den Ionen zerfallen die Ionenverbindungen. Dieser Vorgang – also die Spaltung von Ionenbindungen in wässriger Lösung –

wird als **Dissoziation** bezeichnet, womit man diese Reaktion aus der Vielzahl anderer Spaltreaktionen in der Chemie herausheben möchte (Abb. 3.6, siehe auch Abschn. 3.10).

In geringem Maße vermag Wasser unter Bildung von Protonen H^+ und Hydroxid-Ionen OH^- zu dissoziieren. Diese Ionen stehen ebenfalls mit den im Wasser gelösten Stoffen in Wechselwirkung. Die Vielfalt der sich daraus ergebenden Einflüsse und Eigenschaften bildet in ihrer Gesamtheit das **wässrige Milieu**. Über die Verteilung und die Bedeutung des Wassers in der Haut wird im Abschnitt 5.1 ausführlich berichtet.

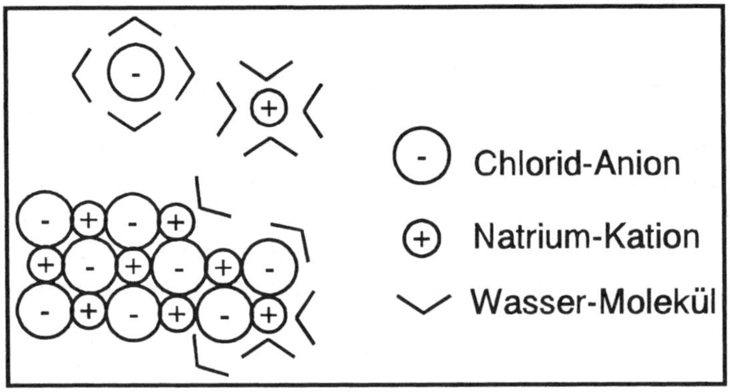

Abb. 3.6 Wassermoleküle beginnen an den Kanten eines Salzes oder polaren Stoffes das Feststoffgitter zwischen den Kationen und Anionen zu lockern. Schließlich drängen sich die Wassermoleküle zwischen die Ionen und lösen sie als hydratisierte Teilchen (siehe auch Abb. 2.6) aus dem festen Stoff heraus

3.7 Schwefel

Im Periodensystem steht unter dem Sauerstoff der Schwefel, der in der Kosmetik mit seinen Hornhaut-erweichenden und -auflösenden sowie desinfizierenden Wirkungen bei der Behandlung unreiner Haut eine gewisse Rolle spielt. Dazu wird fein verteilter Schwefel in Form von Puder, in Salben oder in „Öl in Wasser"-Emulsionen eingesetzt. Da Schwefel auch die Hauttalg-Bildung vermindern soll, werden solche Präparate bei Seborrhoe verwendet. Allerdings muss man berücksichtigen, dass insbesondere kranke Haut Schwefel in so hohem Maße resorbieren kann, dass unter Umständen toxische Wirkungen im Körper resultieren.

Analog zum Wassermolekül H_2O gibt es auch die Verbindung Schwefelwasserstoff H_2S. Diese nach faulen Eiern riechende und im Gegensatz zum Wasser gasförmige Verbindung kommt in schwefelhaltigen Heilquellen vor, die zur Behandlung von Hauterkrankungen empfohlen werden. Dieses aus verfaulendem

Eiweiß entstehende Gas ist sehr giftig und bewirkt nach längerer Einwirkung Bewusstlosigkeit und Gedächtnisstörungen.

3.8 Säuren

Verbindungen, die in wässriger Lösung Protonen H^+ an das Wasser abgeben, nennt man Säuren:

$$\underset{\text{Säure}}{HA} \xrightarrow{\text{in Wasser}} \underset{\text{Proton}}{H^+} + \underset{\text{Anion}}{A^-}$$

Die Säure zerfällt (dissoziiert) in wässriger Lösung in H^+ und den Säurerest A^-, also in ein Anion. H^+-Ionen kommen in wässriger Lösung eigentlich nicht frei vor, sondern lagern entweder ein Wassermolekül unter Bildung des **Hydroxonium-Ions** H_3O^+ an, oder es entstehen sogar Aggregate, die mehrere Wassermoleküle gebunden enthalten, wie $H^+(H_2O)_2$ oder $H^+(H_2O)_3$ **(Hydroniumionen)**. Der Einfachheit halber vernachlässigt man aber die **Hydratation** des Protons und formuliert die Dissoziation von Säuren in der oben angegebenen Weise unter Bildung von Protonen H^+ und dem Säurerest A^-, der aus einem Nichtmetall besteht, an dem auch zusätzlich Sauerstoffatome gebunden sein können. So liegt der Schwefel in der Schwefelsäure als sauerstoffhaltiger Säurerest SO_4^{2-} vor. Der Name Säure ergab sich aus der irrigen Annahme, dass Säuren stets Sauerstoff enthalten. Auch der lateinische Name Oxygenium für Sauerstoff geht auf diese Fehlinterpretation zurück, denn Oxygenium heißt Säurebildner (siehe auch Tab. 2.4). Die (Sauerstoff-freie) Salzsäure dissoziiert in Wasser vollständig in das Proton H^+ und das Anion Chlorid Cl^-.

$$\underset{\text{Salzsäure}}{HCl} \xrightarrow{\text{in Wasser}} \underset{\text{Proton}}{H^+} + \underset{\text{Chlorid}}{Cl^-}$$

Salzsäure gibt pro Molekül 1 Proton an das Wasser ab. Schwefelsäure enthält dagegen zwei abspaltbare Protonen, die nacheinander aus dem Säuremolekül dissoziieren:

$$\underset{\text{Schwefelsäure}}{H_2SO_4} \longrightarrow H^+ + \underset{\text{Hydrogensulfat}}{HSO_4^-}$$

$$HSO_4^- \longrightarrow H^+ + \underset{\text{Sulfat}}{SO_4^{--}}$$

Die schwächste bekannte Säure ist das Wasser. Das Wassermolekül hält das Proton außerordentlich stark fest und dissoziiert nur in sehr geringem Maße unter Bildung des Hydroxonium-Ions H_3O^+ und des Hydroxid-Ions OH^-. Der Einfachheit halber formuliert man aber die Dissoziation des Wassers in der Regel als Zerfall unter Bildung eines Protons und Hydroxidions und vernachlässigt, dass das Proton in wässriger Lösung nicht frei vorkommt.

$$2\,H_2O \rightleftharpoons \underset{\text{Hydroxonium-Ion}}{H_3O^+} + \underset{\text{Hydroxid-Ion}}{OH^-}$$

Bei Zimmertemperatur ist nur ein winziger Bruchteil aller Wassermoleküle entsprechend dieser Gleichung zerfallen, und der Gehalt an H^+-Ionen (und der gleich große Gehalt an OH^--Ionen) beträgt in reinem Wasser nur

$$0{,}000\,000\,1 \text{ mol/L} = 10^{-7} \text{ mol/L}$$

(Über das Rechnen mit kleinen Zahlen siehe Abschnitt 2.6.)

Durch die Spaltung der Säuren in H^+ und Säurerest – also durch die Dissoziation der Säuren – steigt in wässriger Lösung der Gehalt an H^+-Ionen. Dabei ist die H^+-Ionenkonzentration umso höher, je stärker die Säure ist. Die **Säurestärke** spiegelt also die Fähigkeit der Säure wider, Protonen **abzugeben**:

> Eine **starke Säure** hält die Protonen nur **schwach** fest. Sie verliert daher die Protonen leicht. Beispiel: Salzsäure.
>
> Eine **schwache Säure** hält die Protonen relativ **fest** und gibt sie nur in geringem Maße an das Wasser ab. Beispiele: Kohlensäure, Milchsäure.

Wenn man eine Säure in Wasser auflöst, zerfällt die Säure definitionsgemäß in H^+-Ionen und in die Anionen des Säurerestes, so dass der Gehalt an H^+-Ionen größer wird als 10^{-7} mol/L und z. B. auf 10^{-4} oder 10^{-2} oder sogar auf 10^0 = 1 mol/L ansteigen kann. Um den „lästigen" Umgang mit solch kleinen Zahlen zu vermeiden, hat man sich auf eine sinnvolle Vereinfachung verständigt. Man verwendet nicht die vollständige Konzentrationsangabe 10^{-7} mol H^+/L oder 10^{-6} mol H^+/L, sondern notiert nur die Hochzahl ohne das Minuszeichen mit dem Zusatz pH (= **p**otentia **h**ydrogenii, was „Gehalt an H^+-Ionen" bedeutet) (Tab. 3.4).

Der pH-Wert ist eine dimensionslose Zahl. Entsprechend der Tab. 3.4 ist der Säuregehalt bei pH 7 niedrig, und mit **fallendem** pH-Wert **steigt** der Gehalt an H^+-Ionen.Wenn der pH-Wert um 1 abnimmt, steigt die **aktuelle Azidität** um

Tab. 3.4 Zusammenhang zwischen dem Gehalt an H^+-Ionen in einer wässrigen Lösung und ihrem pH-Wert.

Gehalt an H^+-Ionen in mol/L ≠)	pH-Wert *)	Beispiel
0,000 000 1	7	reines Wasser
0,000 001	6	sehr verdünnte schwache oder starke Säure
0,000 01	5	verdünnte schwache oder starke Säure
0,000 1	4	konzentrierte schwache Säure
0,001	3	sehr verdünnte starke Säure
0,01	2	verdünnte starke Säure
0,1	1	starke Säure
1	0	konzentrierte starke Säure

≠) Im Falle der H^+-Ionen entspricht die Angabe mol/L dem Gehalt g/L
*) Tatsächlich wird der pH-Wert als der negative Logarithmus der H^+-Ionenkonzentration definiert, was aber für das Verständnis der Chemie für Kosmetikerinnen ohne Bedeutung ist.

jeweils das 10fache zu. Wenn man zwei Säurelösungen mit pH 4 und pH 3 miteinander vergleicht, enthält die Säure mit pH 3 zehnmal mehr H^+-Ionen als die Säure mit pH 4. Entsprechend hat eine Säure mit pH 1 einen 1.000fach höheren H^+-Ionengehalt als eine Säure mit pH 4.

Die aktuelle Azidität spiegelt die H^+-Ionenkonzentration einer wässrigen Lösung wider. Da starke Säuren definitionsgemäß in Wasser vollständig in H^+-Ionen und Anionen zerfallen, entspricht die aktuelle Azidität der Konzentration der starken Säure. In der konzentrierten wässrigen Lösung einer starken Säure misst man pH-Werte im Breich von 0 bis 1; mit zunehmender Verdünnung steigt der pH-Wert an und erreicht schließlich bei sehr starker Verdünnung pH 7, also den pH-Wert von reinem Wasser (siehe Abschn. 3.9).

Da schwache Säuren definitionsgemäß nicht vollständig dissoziieren, erreicht man selbst in konzentrierten schwachen Säuren nur pH-Werte oberhalb von 2. Mit zunehmender Verdünnung steigt natürlich auch in schwachen Säuren der pH-Wert auf maximal pH 7 an. Im Gegensatz zur umgangssprachlichen Verwendung der Ausdrücke schwach oder stark wird damit **nicht** der Gehalt einer Säure, sondern die **Eigenschaft** der Säure beschrieben, H^+-Ionen abzuspalten.

Eine wässrige Lösung einer Säure enthält außer den Protonen und Anionen auch Hydroxid-Ionen. Das Produkt aus dem Protonen- und Hydroxid-Ionengehalt ist stets 10^{-14} (mol/Liter)^2. Bei pH 7 – dem pH-Wert von reinem Wasser – sind H^+- und OH^--Ionengehalt gleich groß und betragen jeweils 10^{-7} mol/L. Bei pH 1 ist dagegen der Gehalt an OH^--Ionen auf 10^{-13} mol/L gesunken. Eine Lösung mit pH 7 mit pH 7 wird als **neutral** bezeichnet, weil der Gehalt an H^+- und OH^--Ionen gleich groß ist. Bei kleineren pH-Werten als 7 handelt es sich stets um saure Lösungen.

Während die starken **Mineralsäuren**, wie Salz- oder Schwefelsäure, in der Kosmetik nur untergeordnete Bedeutung haben, werden schwache Säuren, wie Phosphorsäure sowie organische Säuren, häufig verwendet. Die einfachste organische Säure ist die **Ameisensäure**. Sie erzeugt zwar als konzentrierte Lösung auf der Haut Blasen, in verdünnter Lösung dient sie aber zur Konservierung. **Essigsäure** ist eine etwas schwächere Säure im Vergleich zur Ameisensäure und wird wegen ihrer adstringierenden Wirkung Rasierwasser zugesetzt. Im Haushalt wird eine etwa 3 %ige Essigsäurelösung als „Essig" verwendet, die von der Herstellung aus Wein noch Aromastoffe enthält (Weinessig). **Benzoesäure** bildet farb- und geruchlose Kristalle, die in Wasser nur wenig löslich sind. Abkömmlinge der Benzoesäure, also Benzoesäure-Derivate, werden in vielfältiger Weise in der Kosmetik als Konservierungsstoffe verwendet (siehe Abschnitt 6.7). **Milchsäure** und deren Salze, die **Lactate**, bilden einen Teil des natürlichen **Säuremantels** der Haut (siehe Abschnitt 5.2 und Tab. 3.5). Verdünnte Milchsäure sowie Citronensäure dienen in Cremes und Gesichtswasser zur pH-Einstellung der Präparate. Kosmetika, über die der Hersteller die Angabe „mit hautfreundlichem pH-Wert" oder „mit hautidealem pH" macht, sollten pH-Werte zwischen 5,4 und 5,9 aufweisen. In einigen Fällen schreibt die Kosmetikverordnung die Einhaltung bestimmter pH-Werte vor, z. B. für Thioglycolsäure-haltige Lösungen zur Haarbehandlung, deren pH-Werte zwischen 7 und 9,5 liegen sollen.

Tab. 3.5 pH-Werte einiger konzentrierter organischer Säuren sowie verschiedener biologischer Flüssigkeiten und der Hautoberfläche

Säuren und biologische Flüssigkeiten	pH-Wert
Essigsäure	2,3
Benzoesäure	2,0
Milchsäure	1,9
Ameisensäure	1,7
Schweiß	4,0 - 6,8
Säuremantel der Haut	5,0 - 5,5
Blut	7,4

3.9 Basen (Laugen)

Basen (auch Laugen genannt) verhalten sich wie chemische Gegenspieler zu den Säuren. Sie entstehen aus der Verbindung von Metalloxiden mit Wasser. So erhält man Natronlauge durch Auflösen von Natriumoxid in Wasser (siehe Abschn. 2.9). Das entsprechende gilt für die Bildung von Kalilauge aus Kaliumoxid und Wasser. Die Verbindungen NaOH und KOH lassen sich aus wässriger Lösung durch Eindampfen als feste weiße Stoffe gewinnen und heißen dann Ätznatron bzw. Ätzkali. Mit diesen Chemikalien muss man besonders vorsichtig umgehen, weil sie zu schweren Verätzungen von Haut und Auge führen können.

Als charakteristischer Bestandteil der Basen entsteht beim Auflösen in Wasser durch Dissoziation die OH^--Gruppe, die auch **Hydroxid**-Rest heisst. Jeder Stoff, der bei der Auflösung in Wasser das Ion OH^- bildet, ist eine **Base**. Neben der OH^--Gruppe verbleibt noch der positiv geladene Basenrest B^+.

$$BOH \xrightarrow{\text{in Wasser}} B^+ + OH^-$$

Base oder Lauge	Basenrest	Hydroxid-Ion

In Analogie zu den Säuren gilt auch für die Basen, dass sie umso stärkere Basen sind, je ausgeprägter sie in Basenrest und Hydroxidion zerfallen, wenn sie in Wasser aufgelöst werden. Die Wasserstoffionen der Säuren bzw. die Hydroxidionen der Basen sind für das charakteristische Verhalten der beiden Stoffklassen verantwortlich. Verdünnte Basen führen auf der Haut zur Quellung von Eiweiß, die durch eine saure Nachwäsche rückgängig gemacht oder zumindest gemildert werden kann. Daher werden After-Shave-Lotionen mit Essigsäure oder anderen schwachen Säuren versetzt. Starke Basen bewirken auf der Haut Schrumpfungsfurchen, die durch Nachwaschen nicht mehr vollständig korrigiert werden; im Extremfall können starke Basen sogar Eiweiß auflösen.

Eine wichtige schwache Base ist das aus Wasser und Ammoniak gebildete Ammoniumhydroxid (Salmiakgeist). Es dissoziiert in wässriger Lösung unter Bildung des Ammonium-Ions und der Hydroxid-Gruppe. Die vier im Ammoniumion am Stickstoff gebunden H-Atome können durch organische Reste R ersetzt werden. Dabei bilden sich quartäre Ammoniumbasen mit der allgemeinen Formel NR_4OH, die in einer Reihe moderner Desinfektions- und Waschmittel unter der Bezeichnung **Quat** vorkommen (siehe Abschnitte 4.5 u. 6.2.2).

$$NH_3 + H_2O \longrightarrow NH_4OH$$

Ammoniak — Ammoniumhydroxid

$$NH_4OH \longrightarrow NH_4^+ + OH^-$$

Ammonium-Ion

Während sich die pH-Skala für Säuren und saure Lösungen über den Bereich von 0 bis 7 erstreckt, haben Laugen pH-Werte von 7 bis 14 (Abb. 3.7). Danach nimmt die aktuelle Azidität der Säuren mit fallendem pH-Wert zu. Dagegen steigen pH-Wert und OH^--Ionengehalt der Lösung (d. h. die aktuelle Basizität) gleichsinnig, d. h. eine konzentrierte Lauge kann pH-Werte von 13 bis 14 aufweisen, eine verdünnte Lauge hat pH-Werte zwischen 7 und 9.

Bei der Dissoziation von Wasser entstehen sowohl das typische Spaltprodukt einer Säure, nämlich das Proton, als auch die für Basen typische Hydroxidgruppe. Die Eigenschaft von Wasser und bestimmten anderen Stoffen, sich gleichzeitig wie eine Säure oder Base zu verhalten, bezeichnet man als **amphoter**.

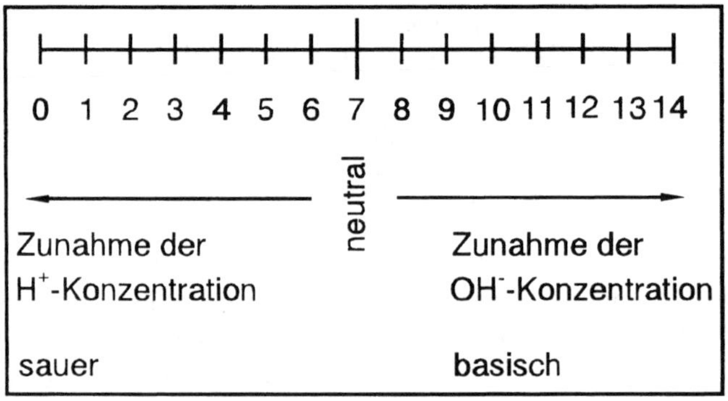

Abb. 3.7 Zusammenhang zwischen pH-Skala und der Änderung der H^+- bzw. OH^--Ionenkonzentrationen

Der pH-Wert einer Lösung lässt sich relativ einfach mit **Indikatoren** messen. Hierbei handelt es sich um Farbstoffe, die entweder schwache Säuren oder schwache Basen sind und pH-abhängig ihre Farbe verändern. Die meisten Indikatoren muss man in Alkohol lösen; nach Zugabe weniger Tropfen zu der wässrigen Lösung, deren pH-Wert bestimmt werden soll, erkennt man am Farbton im Vergleich zu einer Farbskala den pH-Wert der Lösung. Noch einfacher ist die Verwendung von Indikatorpapieren, die eine Mischung verschiedener Indikatoren enthalten, welche bei verschiedenen pH-Werten eine jeweils charakteristische Farbe haben, die ebenfalls mit Hilfe einer Farbskala einem bestimmten pH-Wert zugeordnet werden kann (Universal-Indikatorpapier). Zu den häufig benutzten Indikatoren gehören Methylorange (rot bei pH unter 3,5; gelb oberhalb von 4,8) oder Phenolphthalein (farblos unterhalb von 8,4; tiefrot oberhalb von pH 10).

3.10 Neutralisation und Salzbildung

Mischt man gleiche Mengen einer Säure und Base miteinander, so verschwinden alle typischen sauren und basischen Eigenschaften der Ausgangsstoffe, d. h. die

Lösung wird neutralisiert. Bei der **Neutralisation** verbindet sich ein Wasserstoff-Ion H^+ der Säure mit einem Hydroxid-Rest OH^- der Base zu einem Molekül Wasser H_2O. Gleichzeitig treten der Säurerest A^- und der Basenrest B^+ zusammen und bilden ein **Salz**.

$$\text{Säure} + \text{Lauge} \longrightarrow \text{Salz} + \text{Wasser}$$

Dabei verändert sich der pH-Wert der Ausgangslösungen und stellt sich in der Regel auf den Wert 7 ein. In der Tabelle 3.6 sind einige Mineralsäuren und organische Säuren zusammen mit ihren Salzen aufgelistet.

Tab. 3.6 Bezeichnung einiger wichtiger Säuren und ihrer Salze

Säure	Salz
Salzsäure	Chlorid
Essigsäure	Acetat
Milchsäure	Lactat
mehrbasische Säuren	Salze
Schwefelsäure	Hydrogensulfat, Sulfat
Kohlensäure	Hydrogencarbonat, Carbonat
Phosphorsäure	Hydrogenphosphat, Phosphat

Wenn man beispielsweise die aufgelisteten Säuren mit Natronlauge neutralisiert, so heißen die entstandenen Salze in der Reihenfolge der Tabelle Natriumchlorid, Natriumacetat, Natriumlactat, Natriumhydrogensulfat, Natriumsulfat usw. Salze sind definitionsgemäß in wässriger Lösung vollständig in Basenrest und Säurerest dissoziiert. Löst man NaCl-Kristalle in Wasser, so lassen sich keine NaCl-Moleküle sondern nur Na^+- und Cl^--Ionen nachweisen. Säuren, Basen und die durch Neutralisation daraus entstandenen Salze gehören zu den einzigen Verbindungsklassen, die durch Dissoziation Kationen und Anionen bilden. Man sagt: Säuren, Basen und Salze sind **ionogen**. Wenn ein Stoff keine Ionen bilden kann, ist er **nichtionogen**.

Ionen verleihen einer Lösung die Fähigkeit, den elektrischen Strom zu leiten. Sie sind im Gegensatz zu den Metallen Leiter 2. Klasse (siehe Abschn. 2.8.1). Diese Leitfähigkeit ist allerdings in der Regel geringer als die der Metalle. Die Flüssigkeit in den Zellen, zwischen den Zellen, das Blut selbst und andere Körperflüssigkeiten enthalten Ionen und sind daher elektrisch leitend. Man fasst alle Stoffe, die in Wasser in Ionen zerfallen, unter der Bezeichnung **Elektrolyte** zusammen. Die Zahl der positiven und der negativen Ladungen ist natürlich innerhalb einer Lösung gleich groß, weil die Lösung elektroneutral ist. Wenn man

Ionen in Wasser auflöst und an zwei Elektroden die elektrischen Pole einer Gleichstromquelle anschließt, wandern die positiv geladenen Ionen, die Kationen, zur negativ geladenen Kathode, während die negativ geladenen Ionen, die Anionen, zur positiven Anode wandern. Diese Teilchenbewegung unter Einfluss eines Gleichstroms wird in Medizin und Kosmetik bei der **Iontophorese** ausgenutzt. Dabei werden ionogene Stoffe von der Hautoberfläche mit Hilfe eines schwachen elektrischen Gleichstroms in tiefere Hautschichten eingetragen.

3.11 Puffer

Während starke Säuren und starke Basen in wässriger Lösung vollständig in Kationen und Anionen zerfallen, weisen schwache Säuren und schwache Basen zwischen den Ionen so starke Bindungskräfte auf, dass nur ein Teil der Moleküle in wässriger Lösung in Kationen und Anionen zerfällt. Die **gemeinsame** Lösung einer schwachen Säure mit ihrem Salz (oder einer schwachen Base und ihrem Salz) entwickelt eine besondere chemische Eigenschaft: Die Mischung verhindert in gewissem Umfang pH-Änderungen, die nach Zugabe einer weiteren Säure oder einer Base zu dem Gemisch eigentlich zu erwarten wären.

Lösungen, deren pH-Wert sich nach Zusatz von Säuren oder Basen kaum verändert, nennt man **Pufferlösungen**

Ein Beispiel soll den Vorgang erläutern. **Milchsäure** ist als schwache Säure nur in geringem Maße in H^+ und den Säurerest Lactat dissoziiert.

unvollständige Dissoziation

$$\text{Milchsäure} \rightleftharpoons \text{Proton} + \text{Lactat}$$

Der Doppelpfeil bedeutet, dass in wässriger Lösung ein erheblicher Teil der Milchsäure **nicht** in H^+ und Lactat zerfallen ist, weil die Bindung zwischen H^+ und Lactat in wässriger Lösung so stark ist, dass die Geschwindigkeit, mit der die Milchsäure in Wasser in H^+ und Lactat zerfällt, kleiner ist als die Geschwindigkeit, mit der sich die beiden Dissoziationsprodukte wieder zur Milchsäure vereinigen. Wenn das **Gleichgewicht** beider in entgegengesetzter Richtung verlaufenden Reaktionen erreicht ist, besteht die Milchsäurelösung in Wasser in erster Linie aus unveränderter Milchsäure sowie wenig H^+- und Lactat-Ionen.

Die Salze der Milchsäure, z. B. Natriumlactat, sind dagegen vollständig zu Na^+ und Lactat dissoziiert. Eine Lösung von Milchsäure und Natriumlactat besteht demnach aus undissoziierter Milchsäure, wenig H^+-Ionen und viel Na^+- und

Lactat-Ionen. (Die Na^+-Ionen haben für die Pufferwirkung keine Bedeutung.) Der pH-Wert der Mischung liegt bei 4,5. Gibt man Salzsäure hinzu, so sollte der pH-Wert sehr schnell auf Werte unter 3 fallen. Tatsächlich wird aber zunächst die Lösung nur geringfügig saurer und der pH-Wert fällt nur auf 4,4. Die mit der

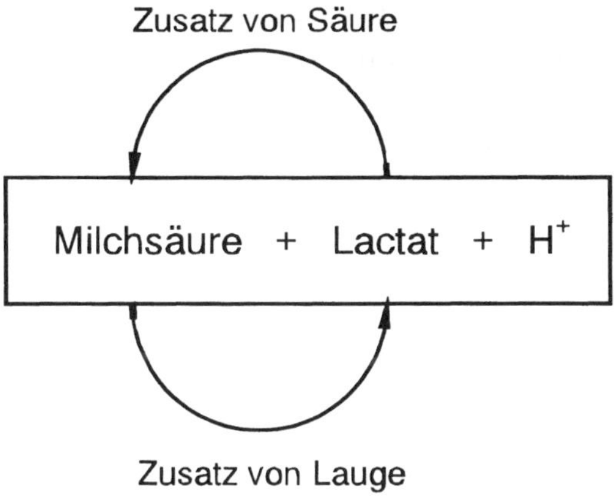

Abb. 3.8 Pufferung durch ein Milchsäure/Lactat-Gemisch. Der Puffer besteht aus Milchsäure, Lactat-Ionen und wenig Protonen. Wird eine weitere Säure zugegeben, so vereinigt sich ein Teil der Lactat-Ionen mit den zugegebenen H^+-Ionen zu undissoziierter Milchsäure. Dadurch steigt die aktuelle H^+-Konzentration nicht oder nur sehr wenig an, d. h. der pH-Wert nimmt kaum ab und das Milchsäure/Lactat-Gemisch wirkt wie ein Puffer gegen pH-Veränderungen. Solange im Gemisch überschüssige Lactationen vorliegen, kann die Mischung gegen Säuren puffern. Auch ein Laugenzusatz führt nicht zu einem deutlichen Anstieg der OH^--Konzentration und damit zum pH-Anstieg, weil sich die OH^--Ionen mit den H^+-Ionen des Milchsäurepuffers zu Wasser vereinigen. Die dabei verbrauchten H^+-Ionen werden durch erneute Dissoziation von Milchsäuremolekülen ersetzt. Das Gemisch von Milchsäure und Lactat kann solange gegen einen Laugenzusatz puffern, wie ein Überschuss an undissoziierter Milchsäure vorhanden ist. Die Pfeile bedeuten, dass eine zugesetzte (weitere) Säure das Lactat in Milchsäure umwandelt und eine zugesetzte Base die Milchsäure durch Neutralisation in Lactat überführt.

Salzsäure zugegebenen H^+-Ionen vereinigen sich nämlich mit den freien Lactat-Ionen des Milchsäuresalzes und bilden undissoziierte Milchsäure. Es hat also zunächst den Anschein, als ob die Salzsäure „neutralisiert“ worden wäre. Im Unterschied zu einer echten Neutralisation, bei der stets aus einer Säure ein Salz entsteht, werden bei der beschriebenen Pufferung die H^+-Ionen der starken Säure zur Bildung undissoziierter schwacher Säure verwendet, d. h. das Gleichgewicht bei der Dissoziation der Milchsäure wurde „nach links“ zugunsten der undissoziierten Säure verschoben (Abb. 3.8 und Reaktionsgleichung auf S. 56). Ein Puffer kann auch gegen den Zusatz von Basen „abpuffern“. Wird z. B. Natronlauge zum Milchsäure/Lactat-Puffer zugegeben, so steigt der pH-Wert nicht so stark an, wie es dem Zusatz der Lauge entsprechen würde. Vielmehr verbindet sich ein Teil der zugegebenen OH^--Ionen mit den wenigen H^+-Ionen des Milchsäure/Lactat-Puffers unter Bildung von Wasser und Natriumlactat. Der pH-Wert bleibt aber weitgehend konstant, weil in dem Maße, wie H^+-Ionen unter Wasserbildung verbraucht werden, aus dem Vorrat an undissoziierter Milchsäure wieder H^+-Ionen durch Dissoziation der schwachen Säure nachgeliefert werden.

Puffersysteme haben im lebenden Organismus die wichtige Aufgabe, den pH-Wert konstant zu halten. Auf der Haut spielt der Milchsäure/Lactat-Puffer eine große Rolle bei der Einstellung eines schwach sauren pH-Wertes (siehe Abschn. 5.2). Im Blut wird der pH-Wert sowohl mit Hilfe eines Kohlensäure/Hydrogencarbonat-Puffers als auch durch Hämoglobin (als Gemisch aus Sauerstoffbeladenem und -unbeladenem Hämoglobin) konstant gehalten. Im Kap. 6 wird am Beispiel der Seife eine wichtige Eigenschaft von Salzen schwacher Säuren erläutert (siehe Abb. 6.2).

3.12 Fragen zur Selbstkontrolle

3-1 Was versteht man unter einem Oxidationsmittel?
3-2 Mit welcher chemischen Reaktion ist eine Oxidation stets gekoppelt?
3-3 Was entsteht bei der vollständigen Oxidation von organischen Verbindungen?
3-4 Warum wirkt Wasserstoffperoxid als Bleichmittel?
3-5 Welches der nachfolgenden Verfahren ist ein chemischer Vorgang? Destillation, Neutralisation, Filtration, Oxidation, Sublimation, Dissoziation, Zentrifugation
3-6 Welcher physikalische Vorgang bildet die Grundlage der Iontophorese?
3-7 Warum ist Kohlenmonoxid so außerordentlich giftig?
3-8 Nennen Sie einige starke und schwache Säuren.
3-9 Welchen pH-Wert hat die Lösung einer starken Säure, deren Gehalt 0,01 mol/L beträgt?
3-10 Zwei wässrige Lösungen haben die pH-Werte 1 bzw. 5. Um welchen Faktor unterscheiden sich ihre Wasserstoffionen-Konzentrationen? Welche Lösung ist stärker sauer?
3-11 Was versteht man unter Neutralisation?
3-12 Wie heißen die Salze der Schwefelsäure, Kohlensäure und Milchsäure nach Neutralisation mit Natronlauge?
3-13 Warum ist Wasser ein so außerordentlich vielseitiges Lösungsmittel?
3-14 Wie heißen die drei großen Flüssigkeitsräume des menschlichen Körpers?
3-15 Was versteht man unter Hydratation?
3-16 Welche chemischen Verbindungen sind in erster Linie für das schwach saure Milieu des Hydrolipidmantels der Haut verantwortlich?

4. KOSMETISCH WICHTIGE ORGANISCHE VERBINDUNGEN

Die Mannigfaltigkeit der **Organischen Chemie** beruht auf der Fähigkeit des Kohlenstoffs, Moleküle sehr unterschiedlicher Größe und Zusammensetzung zu bilden. Der vierwertige Kohlenstoff kann mit weiteren C-Atomen zu Ketten, Ringen und Netzen mit praktisch unbegrenzter Gliedzahl zusammentreten. Dabei ist die Bindung zwischen den C-Atomen (-C–C-) fast so stark wie die Bindung zwischen Kohlenstoff und Wasserstoff (C–H), so dass diese Verbindungen ausgesprochen stabil sind.

Als **aliphatische** Verbindungen bezeichnet man Moleküle, die ein C-Atom oder mehrere bis sehr viele C-Atome enthalten, wobei ketten- oder ringförmige Moleküle entstehen. Die Bezeichung aliphatisch leitet sich vom griechischen Wort „aleiphar" für Salbe, Fett oder Öl ab. **Aromatische** Verbindungen bilden eine Gruppe ringförmiger Kohlenstoff-haltiger Verbindungen mit besonders großer Stabilität.

4.1 Kohlenwasserstoffe

Die Kohlenwasserstoffe gehören zu den einfachsten organischen Verbindungen und enthalten nur Kohlenstoff und Wasserstoff. Die chemische Gruppenbezeichnung für Kohlenwasserstoffe lautet **Alkane**. Die nur aus wenigen C-Atomen zusammengesetzten Alkane sind Gase. So gehört **Methan** zu den Hauptbestandteilen des Erdgases und entsteht bei der industriellen Bearbeitung des Erdöls. **Ethan** (früher Äthan geschrieben) enthält zwei C-Atome und kommt im Vergleich zum Methan in geringerer Menge im Erdgas vor. **Propan** mit 3 C-Atomen und **Butan** mit 4 C-Atomen sind ebenfalls Gase (ihre Siedepunkte liegen bei -42 bzw. -0,5 °C); diese beiden Kohlenwasserstoffe sind aber bereits bei geringem Druck flüssig und nehmen dann ein wesentlich geringeres Volumen ein im Vergleich zum Volumen der nichtkomprimierten Gase, weshalb sie in Druckgasflaschen verdichtet als leicht transportierbare Gase (z. B. als Campinggas) zur Wärmegewinnung dienen (Tab. 4.1).

Für die Kosmetik sind die längerkettigen flüssigen und festen Kohlenwasserstoffe von Bedeutung. So bestehen die **Vaselinöle** (Paraffin- oder Mineralöle) aus Kohlenwasserstoffen mit bis zu 18 C-Atomen. Ihr Festpunkt liegt unterhalb von 30 °C. Noch längere Kohlenwasserstoffketten, die bis zu 51 C-Atome lang sind, kommen in den **Hartparaffinen** vor. Sie bilden wachsähnliche, geruchlose Verbindungen. Kunst**vaseline** besteht in erster Linie aus Hartparaffinen, denen soviel Mineralöle zugemischt wurden, bis eine weiche Konsistenz erreicht ist. Die mittlere Kettenlänge der Paraffine beträgt 29 - 32 C-Atome. Sowohl die Vaselinöle als auch die wachsartigen festen Paraffine dienen zur Herstellung von Cremes,

Hautschutzpräparaten, Abschminksalben und Lippenstiften. Paraffinöle werden in erster Linie Reinigungsölen und Hautölen zugemischt (siehe Kap. 6.2).

Tab. 4.1 Übersicht über einige geradkettige Kohlenwasserstoffe (Alkane)

Anzahl der C-Atome	Name	Strukturformel oder Beschreibung	Kurzformel*	Aggregatzustand	Verwendung
1	Methan	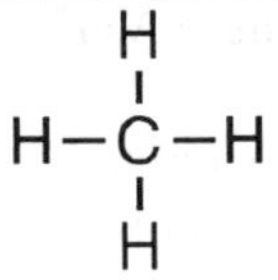	CH_4	gasförmig	im Erdgas
2	Ethan	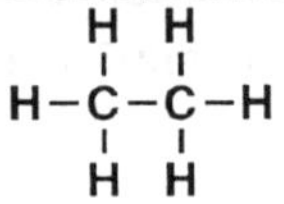	C_2H_6	gasförmig	im Erdgas
3	Propan	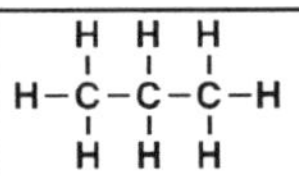	C_3H_8	gasförmig	Campinggas
4	Butan	unverzweigte Kette aus vier C-Atomen	C_4H_{10}	gasförmig	Campinggas
8	Octan	unverzweigte Kette aus acht C-Atomen	C_8H_{10}	flüssig	Benzin
12	Dodecan	unverzweigte Kette aus 12 C-Atomen	$C_{12}H_{26}$	dickflüssig	Vaselinöl
14	Tetradecan	unverzweigte Kette aus 14 C-Atomen	$C_{14}H_{30}$	dickflüssig	Vaselinöl
20	Eicosan	unverzweigte Kette aus 20 C-Atomen	$C_{20}H_{42}$	wachsartig	Vaseline Paraffin

* Auch als Summenformel bezeichnet. Die Kurzformel gibt keinen Hinweis auf die räumliche Anordnung der Atome im Molekül.

Mit Ausnahme der leichten Brennbarkeit aller Kohlenwasserstoffe sind diese Verbindungen chemisch ausgesprochen reaktionsträge. Aus diesem Grunde reagieren sie auch nicht mit Bestandteilen der Haut, gehen keinen Stoffwechsel ein und sind – besonders im Vergleich zu den pflanzlichen und tierischen Ölen – nahezu unbegrenzt haltbar. Alle Kohlenwasserstoffe besitzen die gemeinsame

Eigenschaft, in Wasser nicht löslich zu sein. Vielmehr werden diese **apolaren** oder **hydrophoben** Verbindungen nur von typisch apolaren Lösungsmitteln, wie Benzin, Ether oder Chloroform, aufgenommen.

Die in der Tabelle 4.1 verwendeten Formelbilder für die Kohlenwasserstoffe Methan, Ethan und Propan spiegeln nicht die räumliche Struktur der Moleküle und aller anderen Kohlenwasserstoffe wider. Tatsächlich steht jedes C-Atom im Mittelpunkt eines Tetraeders, der sich aus vier gleichseitigen Dreiecken zusammensetzt und in dessen vier Ecken die vier H-Atome des Methans stehen (Abb. 4.1):

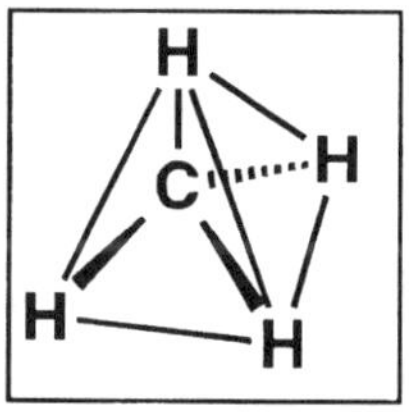

Abb. 4.1 Molekülmodell des Methans mit vier Wasserstoffatomen an den vier Ecken eines gleichseitigen Tetraeders. Die Bindungen nach vorn werden durch keilförmige Striche markiert, die Bindung nach hinten durch die gestrichelte Linie.

Das Propanmolekül besteht demnach aus drei Tetraedern, die sich jeweils an einer Ecke berühren. Da es lästig ist, die Raumstruktur von C-haltigen Verbindungen durch die Konstruktion eines Tetraeders um jedes C-Atom zeichnerisch darzustellen, hat man sich auf ein einfaches Symbol geeinigt, das die zickzackförmige Anordnung der hintereinanderstehenden C-Atome wiedergibt, wobei jedoch darauf verzichtet wird, die Wasserstoffatome des Kohlenwasserstoffmoleküls zu notieren (Tab. 4.2).

Tab. 4.2 Verschiedene Möglichkeiten bei der zeichnerischen Darstellung der Molekülstruktur von Butan

Einfache Strukturformel	CH_3-CH_2-CH_2-CH_3
Ausführliche Darstellung der räumlichen Verhältnisse	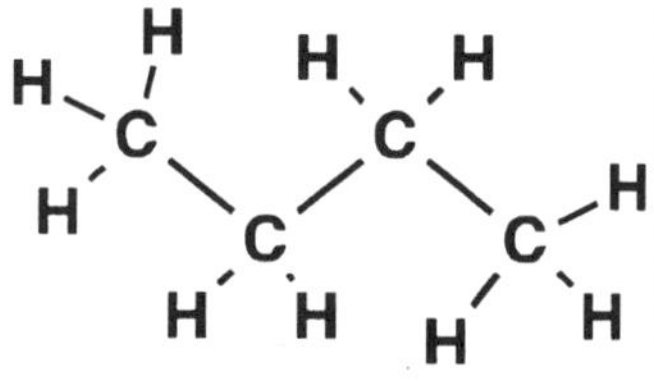
Kurzform für die Raumstruktur	

Dabei sollte man sich vergegenwärtigen, dass an allen Ecken innerhalb der Kurzform ein C-Atom mit zwei H-Atomen steht ($-CH_2-$), während sich an den beiden Enden der Zickzackkette jeweils der Rest CH_3- befindet. Die Verwendung der Kurzform ist besonders nützlich, wenn man die Sturkturformeln für längere

Kohlenwasserstoffketten übersichtlich und einprägsam notieren will, wie sie in Fettsäuren, Wachsen und Fetten vorkommen (siehe Abschn. 4.8 und 4.9).

Während die in Tab. 4.1 und 4.2 beschriebenen Kohlenwasserstoffe aus linearen, d. h. unverzweigten Ketten aufgebaut sind, gibt es auch Kohlenwasserstoffe mit **verzweigten** Ketten. Darauf wird in ihrem Namen durch die Vorsilbe **Iso** hingewiesen. Im Vergleich zum unverzweigten Kohlenwasserstoff Butan ist im verzweigten Kohlenwasserstoff Isobutan ein Kohlenstoffatom mit den daran gebundenen H-Atomen vom Kettenende in die Mitte gerückt. Entsprechend heißen die verzweigten langkettigen Kohlenwasserstoffe **Isoparaffine**.

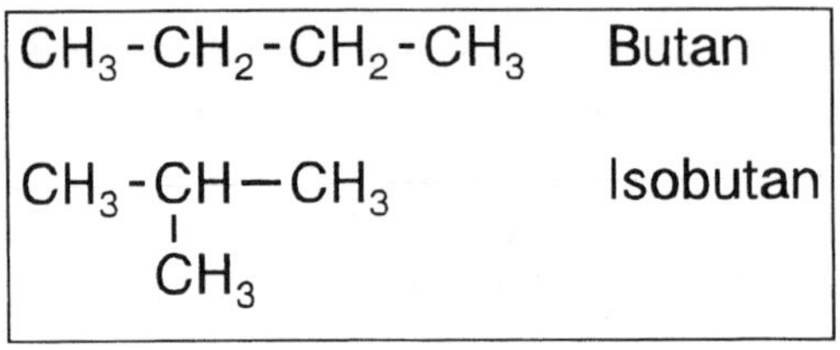

Zu den Isoparaffinen gehört das in der Leber und im Hauttalg des Menschen vorkommende **Squalen**, das 30 C-Atome enthält. Squalen ist der natürliche Vorläufer des **Cholesterins** (siehe Kap. 4.2 und 5.2). An sechs Stellen befinden sich im Squalen Doppelbindungen –C=C– zwischen bestimmten C-Atomen. An diesen Doppelbindungen wird Squalen durch Sauerstoff relativ leicht in schlecht riechende Bruchstücke gespalten, die hautirritierend wirken. Aus diesem Grunde wird Squalen durch Hydrierung aller Doppelbindungen in den Kohlenwasserstoff Perhydrosqualen oder **Squalan** umgewandelt, der nur noch Einfachbindungen zwischen den C-Atomen aufweist. Dieses Derivat wird unter dem Handelsnamen Cosbiol® fetthaltigen Kosmetika zugesetzt. Inzwischen verwendet man auch hydriertes Polyisobutylen (Luritrol) als Squalan-Ersatzstoff. Die Kettenverzweigungen im Squalen oder Squalan sind für das gute **Spreitvermögen** des Hauttalgs bzw. der damit hergestellten Öle und Cremes verantwortlich. Unter Spreiten versteht man die Fähigkeit von festen oder flüssigen Substanzen, sich auf einer festen Unterlage (z. B. der Hornschicht) oder auf Flüssigkeiten spontan auszubreiten. Isoparaffin-haltige Lotionen oder Cremes bilden auf der Haut dünne Lipidfilme, die einen nahezu unbehinderten Gas- und Wasserdampfaustausch auf der Haut erlauben. Dagegen ist beim Aufbau von abdeckenden Kosmetika (z. B. von Schutzcremes) oder von dekorativen Kosmetika nur ein geringes Spreitvermögen erwünscht.

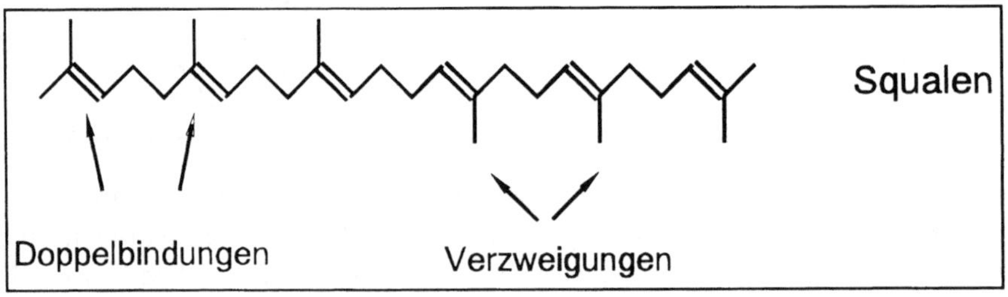

Die Isoparaffine entwickeln noch eine weitere wichtige Eigenschaft. Sie können ein zusammenhängendes, netzartiges Gerüst bilden, das die Herstellung von stabilen Gelen erlaubt. Die Ketten-Enden und -Verzweigungen der Isoparaffine ragen wie „Fransen" aus dem Molekülverband heraus und bilden kristalline Bereiche, in denen die Paraffinöle festgehalten werden, so dass die Isoparaffine die Abscheidung von flüssigen Paraffinen aus den Gelen verhindern. Der Anteil an niedermolekularen Paraffinölen beträgt in der Regel mehr als 60 % der Gesamtmasse an Vaseline. HÄUSLER und FÜHRER haben das Gelgerüst der Vaseline mit Hilfe moderner physikalischer Untersuchungsverfahren charakterisiert, wonach Vaseline aus schichtweise angeordneten Lamellen aufgebaut ist, in denen die Kohlenwasserstoffketten senkrecht zur den Lamellenflächen stehen. Isoparaffine stabilisieren aber nicht nur das Gel, sondern sie verbessern auch die „Zügigkeit" beim Verteilen der Vaseline-haltigen Präparate auf der Haut.

Paraffine, Paraffinöle sowie Isoparaffine, die zwischen den C-Atomen nur Einfachbindungen aufweisen, haben sich in mehrfacher Hinsicht zur Herstellung von Cremes und anderen Kosmetika bewährt. Da sie reaktionsträge sind und keinem Stoffwechsel unterliegen, können sie nicht ranzig werden. Auf der Haut bilden sie einen wasserabweisenden bzw. wassereinschließenden Film und werden daher für Hautschutzpräparate und wasserfreie Sonnenschutzmittel herangezogen. In Massageölen verbessern sie die Gleitfähigkeit von Haut auf Haut während der Massage. Ein aus rund 95 % Kohlenwasserstoffen und 5 % Wollwachsalkoholen (siehe Kapitel 4.9.1) bestehendes Gemisch nimmt etwa die gleiche Gewichtsmenge an Wasser auf und bildet unter dem Namen **Eucerin**® den Hauptbestandteil einer Reihe von Wasch- und Pflegepräparaten.

Die große Verbreitung von Paraffinölen in kosmetischen Produkten beruht nicht zuletzt auf der Tatsache, dass sich Mineralöle mit geeigneten Emulgatoren in geruchlose, haltbare und gut verarbeitbare Emulsionen überführen lassen. Da sich ihre Konsistenz bei Temperaturänderungen kaum ändert, werden sie in Körper- und Sonnenöle eingearbeitet. Wegen ihrer hohen chemischen Stabilität lassen sich Paraffinöle risikolos parfümieren. Kosmetika mit hohem Mineralölgehalt werden von empfindlicher Haut manchmal besser vertragen als Kosmetika mit hohem Anteil an pflanzlichen Ölen, weil Öle pflanzlichen Ursprungs in geringen Mengen hautreizende oder allergieauslösende Bestandteile enthalten können, während sich die Mineralöle sehr rein und frei von solchen Begleitstoffen herstellen lassen. Paraffine und Paraffinöle sind mit fetten Ölen, Fetten und anderen fettlöslichen Stoffen unbegrenzt mischbar. Wegen ihrer hohen Stabilität sind sie über einen langen Zeitraum lagerfähig, verfärben sich nicht und entwickeln keinen Eigengeruch.

Häufig kommen in organischen Verbindungen nur Teile der Alkane vor. Entfernt man 1 H-Atom aus einem Alkan, so heißt der verbleibende Molekülrest **Alkylgruppe**, die natürlich nie selbständig vorkommen kann, weil die vierte Valenz (an der vorher ein H-Atom gebunden war) noch frei ist. Die wichtigsten Alkylgruppen sind in Tab. 4.3 zusammengefasst. Vom Methan CH_4 leitet sich der

Rest Methyl (CH_3–), vom Ethan der Rest Ethyl (C_2H_5–) usw. ab. Alkylreste stellen charakteristische Molekülteile für Alkohole, Aldehyde, Carbon- und Fettsäuren dar, die in den nachfolgenden Abschnitten beschrieben werden.

Während in den bisherigen Beispielen die C-Atome der Kohlenwasserstoffe über Einfachbindungen verknüpft waren – lediglich Squalen bildete eine Ausnahme – gibt es Kettenmoleküle, in denen C-Atome über Doppelbindungen verknüpft sind, die chemisch weniger stabil sind als Kohlenwasserstoffe, die nur Einfachbindungen enthalten. Sie bilden die Gruppe der **Alkene**. Der einfachste Vertreter ist das Gas **Ethen** (früher auch Äthylen genannt). Kohlenwasserstoffe mit Doppel- oder Dreifachbindungen zwischen den C-Atomen bezeichnet man als **ungesättigt**, weil sie Wasserstoff aufnehmen können und dabei in gesättigte Kohlenwasserstoffe übergehen, die zwischen den C-Atomen ausnahmslos Einfachbindungen aufweisen. Zu den langkettigen ungesättigten Kohlenwasserstoffen gehören außer dem bereits erwähnten Squalen die Carotine und viele weitere Pflanzenfarbstoffe. **Carotine** (Provitamine A) sind die gelben Farbstoffe der Karotten; nach der Nahrungsaufnahme werden sie vor allem in der Leber gespeichert und anschließend in Vitamin A umgewandelt (s. Abb. 5.2). **Vitamin A** ist für Funktion und Erhaltung der Haut und Schleimhaut lebenswichtig (siehe Abschn. 7.2). Zu den Carotinoiden gehört auch der rote Paprikafarbstoff Capsorubin und andere pflanzliche Verbindungen, die zum Färben von Kosmetika und Lebensmitteln zugelassen sind.

Tab. 4.3 Von Alkanen abgeleitete Teilmoleküle (Alkyl-Reste)

Anzahl der C-Atome	Alkan	nach Abzug eines H-Atoms verbleibt der Alkyl-Rest	Formel
1	Methan	Methyl-	CH_3–
2	Ethan	Ethyl-	C_2H_5–
3	Propan	Propyl	C_3H_7–
4	Butan	Butyl	C_4H_9–
5	Pentan	Pentyl	C_5H_{11}–
6	Hexan	Hexyl	C_6H_{13}–
n	Alkan	Alkyl	C_nH_{2n+1}– od. R–

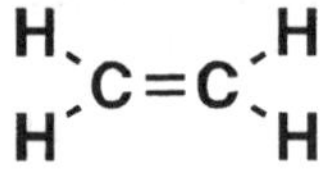

Ethen

Das **Benzol** ist der einfachste aromatische Kohlenwasserstoff (Abb. 4.2). Sechs C-Atome bilden einen Ring, in dem abwechselnd Einfach- und Doppelbindungen vorliegen. Im Gegensatz zu den sehr reaktionsfreudigen Doppelbindungen aliphatischer Verbindungen sind die der aromatischen Verbindungen besonders stabil. Einige Konservierungsstoffe (siehe Kap. 6.7) und Lichtschutzmittel (siehe Kap. 8.3) enthalten unter anderem den Benzolring.

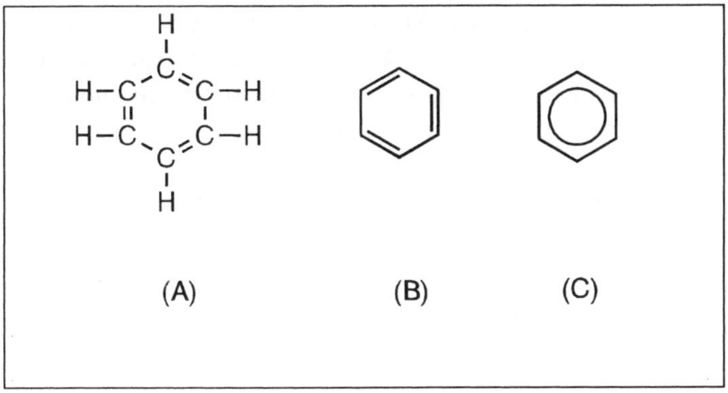

Abb. 4.2 *Darstellungsmöglichkeiten für Benzol. Die ausführliche Formel (A) zeigt den Ring aus 6 C- und 6 H-Atomen. Die Formel (B) betont die alternierende Folge von Einfach- und Doppelbindungen im Benzolring. Das Formelbild (C) berücksichtigt, dass die Doppelbindungen nicht fixiert sind. Vielmehr sind die 6 Bindungen zwischen den 6 C-Atomen gleichwertig, und die für die Doppelbindung charakteristischen locker gebundenen Bindungselektronen sind unterhalb und oberhalb des flachen Ringes „delokalisiert".*

4.2 Alkohole

Ersetzt man im Molekül eines Kohlenwasserstoffs ein H-Atom durch eine **Hydroxylgruppe** –OH (man beachte den Unterschied zur Hydrox**id**-Gruppe OH^-), so erhält man einen Alkohol mit der allgemeinen Formel R–OH, wobei R das Symbol für einen Alkyl-Rest ist (siehe Tab. 4.3). Ein Alkohol-Molekül kann man auch in der Weise beschreiben, dass im Wassermolekül ein H-Atom durch einen Alkylrest ersetzt worden ist. Aus den beiden Definitionen folgen die wesentlichen Eigenschaften der Alkohole:

- Wenn der Alkylrest R nur aus einer kurzen Kette mit wenigen C-Atomen besteht, überwiegt die Eigenschaft des OH-Restes, **hydrophil** zu sein. Daher sind **Methanol** (ältere Bezeichnung Methylalkohol) oder **Ethanol** (anderer Name: Ethylalkohol oder Äthylalkohol) in jedem Verhältnis mit Wasser mischbar, und beide Alkohole lösen hydrophile Stoffe gut.
- Langkettige Alkylreste in einem Alkohol-Molekül verleihen der Verbindung dagegen überwiegend **hydrophobe** Eigenschaften. Solche Moleküle sind bei Zimmertemperatur fest und in Wasser unlöslich. Die wichtigsten Vertreter sind **Myristinalkohol** mit 14 C-Atomen und **Cetylalkohol** mit 16 C-Atomen. Alkohole mit 8 bis 22 C-Atomen werden als **Fettalkohole** zusammengefasst, während Alkohole mit 24 oder noch mehr C-Atomen zu den **Wachsalkoholen** gehören.

Cetylalkohol ist eine feste, weiße Masse und wird als Konsistenzgeber kosmetischen Zubereitungen zugesetzt. Der Alkohol ist reizlos, ungiftig und wird nicht ranzig. Eine Übersicht über die kosmetisch wichtigen Alkohole mit **einer** OH-Gruppe – die **einwertigen Alkohole** – gibt Tabelle 4.4.

Tab. 4.4 Übersicht über kosmetisch wichtige einwertige Alkohole

Anzahl d. C-Atome	Name	Formel	Aggregat-zustand	Verwendung
2	Ethanol	C_2H_5OH	flüssig	Lösungsmittel für hydrophile und hydrophobe Stoffe.
3	Propanol	C_3H_7OH	flüssig	gutes Lösungsmittel, kein angenehmer Geruch
3	Isopropanol	C_3H_7OH	flüssig	besseres Lösungsmittel als Propanol
14	Myristinalkohol	$C_{14}H_{29}OH$	fest	wachsartig,schwach emulgierend, Konsistenzgeber
16	Cetylalkohol	$C_{16}H_{33}OH$	fest	wie bei Myristinalkohol

Während der einwertige Alkohol Methanol wegen seiner hohen Giftigkeit nicht in der Kosmetik eingesetzt werden darf, spielt Ethanol eine außerordentlich große Rolle als Lösungsmittel, was sich im Ethanolgehalt in verschiedenen kosmetischen Präparaten widerspiegelt (Tab. 4.5). Lösungen mit einem Ethanolgehalt von mindestens 70 Gewichts-% sind zur Desinfektion der Haut geeignet. (Über die Grundlagen der Desinfektion mit Ethanol siehe Abschnitt 4.7.2.) Auf Ethanol und die daraus herstellbaren Trinkalkohole wird eine Alkoholsteuer erhoben; dagegen ist vergällter Alkohol preisgünstiger, der durch den Zusatz einer nicht auf einfachem Wege abtrennbaren, schlecht schmeckenden oder riechenden Verbindung für den Genuss unbrauchbar gemacht worden ist. Alkohol für kosmetische Zwecke wird häufig mit Phthalsäurediethylester oder Methylethylketon vergällt; Brennspiritus enthält meist Pyridin als Vergällungsmittel. Ethanol wird zur Extraktion von Wirkstoffen aus pflanzlichen Geweben herangezogen (s. Abschnitte 7.4.3 und 9.1).

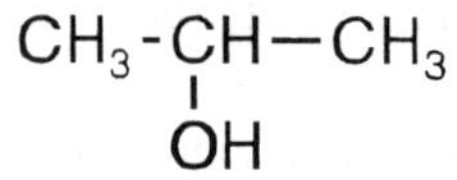

Isopropanol

Alle in Tab. 4.4 beschriebenen Alkohole (bis auf Isopropanol) enthalten die OH-Gruppe am Ende der Kohlenwasserstoffkette und bilden die Gruppe der **primären** Alkohole. Beim Isopropanol (auch 2-Propanol genannt), befindet sich die OH-Gruppe in der Kettenmitte am C-Atom 2, weshalb Isopropanol zu den **sekundären** Alkoholen gehört. Sowohl Propanol (1-Propanol) als auch Isopropanol sind im Vergleich zum Ethanol stärkere Desinfektionsmittel und giftiger. So hat eine 50 %ige wässrige Lösung von Isopropanol die gleiche Desinfektionswirkung wie 70 %iger Ethanol. Da aber Isopropanol nach Aufnahme durch die Haut nicht in solchen Mengen im Blut vorkommt, dass es giftige Wirkungen entfalten könnte, ist Isopropanol für äußerlich anzuwendende kosmetische und medizinische Präparate zugelassen. Der strenge Eigengeruch des Isopropanols kann durch eine geeignete Parfümierung überdeckt werden. Der Alkohol kommt in Haarwasser sowie in Reinigungslösungen zur Aknebehandlung vor. Auch auf Isopropanol wird eine Alkoholsteuer erhoben.

Tab. 4.5 Gehalt an Ethanol in Gewichts-% in verschiedenen kosmetischen Präparaten (siehe auch Kap. 6.5)

Gesichtswasser	20 - 50
Lotionen	30 - 40
After-Shave-Wasser	30 - 50
Haarwasser	40 - 60
Rasierwasser (Pre-Shave)	70 - 90
Eau de Cologne	70 - 90
Eau de Toilette	80 - 95

Als kosmetisch außerordentlich wichtiger sekundärer Alkohol mit einer OH-Gruppe kommt das aus tierischen Geweben stammende **Cholesterin** in zahlreichen Cremegrundlagen vor. Cholesterin enthält einen Kohlenwasserstoffanteil aus 27 C-Atomen, die vier Ringe bilden, an denen eine acht C-Atome lange Kohlenwasserstoff-Seitenkette hängt (Formel siehe Abschn. 6.2.2). Dieser große hydrophobe Molekülteil trägt nur eine Alkoholgruppe, weshalb Cholesterin praktisch wasserunlöslich ist, da die hydrophoben Eigenschaften des Moleküls überwiegen. Cholesterin wird von nahezu jeder Körperzelle und in besonders hohem Maße von der Leber gebildet. Aus Cholesterin entstehen die für die Fettverdauung im Darm benötigten Gallensäuren. Auf der Haut wird Cholesterin mit dem Hauttalg ausgeschieden und entfaltet zusammen mit anderen Bestandteilen des Hauttalgs wichtige hautpflegende Wirkungen, die mit den Cholesterin-haltigen Cremes und Salben nachgeahmt werden.

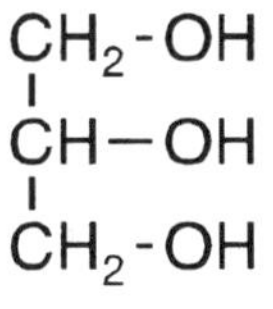
Glycerin

Alkohole, die mehrere OH-Gruppen im Molekül aufweisen, bilden die Gruppe der **mehrwertigen** Alkohole. Sie sind stärker hydrophil als die einwertigen Alkohole und schmecken mehr oder weniger süß. Zu den wichtigsten Vertretern zählen der dreiwertige Alkohol **Glycerin** und die zweiwertigen Polyethylenglykole (PEG). Wegen seiner ausgeprägten hydrophilen Eigenschaften und der Fähigkeit zur Wasserbindung sind konzentrierte Glycerinlösungen stark wasseranziehend. Daher trocknen Lösungen mit einem Gehalt von mehr als 30 % Glycerin die Haut aus und wirken hautirritierend. In niedrigen Konzentrationen erhöht Glycerin allerdings die Geschmeidigkeit der Haut, wofür nicht die Wasserbindung durch Glycerin sondern eine Phasenumwandlung der flüssig-kristallinen Lipidlamellen in der Barriereschicht des Stratum corneum (siehe Kap. 5, Abb. 5.1) verantwortlich ist. Glycerin wird Zahnpasten gegen Austrocknung beigemischt und bildet einen wesentlichen Bestandteil von Transparent-Seifen. Der Glycerinzusatz verhindert nämlich die Kristallisation der sonst undurchsichtigen Seifenmasse. Als Glycerin-Gelees bezeichnete fettfreie Handpflegemittel (z. B. Kaloderma®-Gelee) enthalten bis zu 25 % Glycerin sowie als Verdickungsmittel Gelatine, Agar-Agar, Alginate oder andere Polysaccharide (siehe Abschnitt 4.4). Ein Glycerinzusatz zu herkömmlichen Öl-Wasser-Emulsionen verbessert die Streichfähigkeit der Zubereitung.

Sorbit ist ein sechswertiger Alkohol (Formel s. Abb. 6.9) und bildet in reiner Form weiße Kristalle. Die Verbindung wird in Kosmetika mit einem Gehalt von 3 - 5 % als Befeuchtungsmittel verwendet (z. B. Karion®), das im Gegensatz zu Glycerin nicht hautaustrocknend wirkt. Außerdem bilden Sorbit-haltige Cremes im Vergleich zum Glycerin auf der Haut keinen klebrigen Film. In einige Kosmetika wird Sorbit als weichhaltendes Bindemittel eingearbeitet, z. B. bei der Herstellung von Hautgelees, Rasierseifen, Cremes und Haarpflegemitteln. Allerdings begünstigt Sorbit das Wachstum von Mikroorganismen in der kosmetischen Zubereitung. Sorbit (wie auch andere Zuckeralkohole) spalten leicht Wasser ab und bilden cyclische Ether, wobei aus Sorbit vor allem 1,4-Sorbitan entsteht (siehe Abb. 6.9). Durch Veresterung mit Fettsäuren erhält man daraus eine wichtige Gruppe von Kohlenhydrattensiden (Sorbitanfettsäureester), auf die im Abschnitt 6.2.2 ausführlich eingegangen wird.

$$HO\text{-}CH_2\text{-}(CH_2\text{-}O\text{-}CH_2)_n\text{-}CH_2\text{-}OH$$

PEG, n = 3 - 200

Eine besondere Gruppe mehrwertiger Alkohole bilden die durch Polymerisation aus Ethylenoxid hergestellten **Polyethylenglycole** mit der Kurzbezeichnung PEG. Die jeweiligen Zahlen hinter dem Kürzel PEG entsprechen dem mittleren Molekulargewicht des jeweiligen Produktes. Schon aus der Vielfalt der Handelsnamen, wie Carbowax, Cremolane, Lanogen, Lutrol oder Polywachs lässt sich die Bedeutung dieser kosmetischen Grundstoffe erkennen. Je nach Kettenlänge erhält man PEG-Typen mit charakteristischen Eigenschaften. PEG 200 bis PEG 600 bestehen aus relativ kurzen Molekülketten (n = 3 bis 12) und bilden farblose, klare, schwach viskose, wasserlösliche Flüssigkeiten. PEG 1000 bis 1500 (n = 20 bis 30) sind dagegen weichwachsartige Massen, während PEG 2000 bis 10 000 (n = 50 bis 200) feste, hartwachsartige Substanzen sind. Die Polyethylenglycole werden zwar nicht ranzig, da sie für Mikroorganismen keine Nährstoffe sind; aber sie bilden im Licht durch Autoxidation Etherperoxide, so dass sie nur in lichtgeschützten Verpackungen haltbar sind. Als nichtfettende Substanzen werden die Polyethylenglycole zur Herstellung von

Haarpflegemitteln, Shampoos, Hautcremes, Rasiercremes und Seifen herangezogen. Ganz allgemein werden PEG-haltige Pflegemittel besonders dann verwendet, wenn der Haut keine Fette zugeführt werden sollen, beispielsweise bei einer bestehenden Seborrhoe oder bei der Behandlung der jugendlichen Akne. Die flüssigen Sorten PEG 200 bis PEG 600 haben sich als Glycerinersatzstoff in Gesichts- und Rasierwasser durchgesetzt. In Erfrischungstüchern werden die Polyethylenglycole als Feuchthaltemittel, in Zahncremes als Verdickungsmittel, in Haarsprays als Antistatica und als Fixateure für Parfümöle (siehe Kap. 9.4) verwendet. Feste Polyethylenglycole werden als Konsistenzgeber zur Herstellung von Lippen- und Konturenstiften herangezogen, zumal die Hautverträglichkeit der Polyethylenglycole außerordentlich gut ist.

Eine Zusammenfassung der Anwendungsmöglichkeiten verschiedener Alkohole in der Kosmetik ist in Tabelle 4.6 zusammengefasst.

Tab. 4.6 Anwendungsbeispiele und einige Eigenschaften von ein- und mehrwertigen Alkoholen

Anzahl C-Atome	2	3	6	14-18	27	≥8
Alkohol	Ethanol	Iso-propanol	Inosit bzw. Sorbit	Fett-alkohole	Chole-sterin	PEG
Lösungs-mittel	x	x				
Desinfek-tionsmittel	x	x				
Befeuch-tungsmittel			x			x
Konsistenz-geber				x		x
Emulsions-grundlage					x	x
hydrophil			x			
hydrophob				x		
amphiphil	x [1])	x [1])			x [2])	x [3])

[1]) Lösungsmittel für sowohl hydrophile als auch liphophile Stoffe
[2]) Zur Herstellung von W/O-Emulsionen geeignet
[3]) Zur Herstellung von O/W-Emulsionen geeignet

4.3 Oxidationsprodukte der Alkohole

Aus primären Alkoholen entstehen durch Oxidation Aldehyde. Diese meist stark riechenden Verbindungen werden unter Bildung von Carbonsäuren relativ rasch weiteroxidiert. Der Zusammenhang zwischen primären Alkoholen und deren Oxidationsprodukten wird aus der Reaktionsfolge in Abbildung 4.3 deutlich Die primären Alkohole enthalten die charakteristische Gruppe $-CH_2OH$, während die Aldehyde die Gruppe $-CHO$ und die daraus entstehenden Carbonsäuren die Carboxylgruppe $-COOH$ tragen.

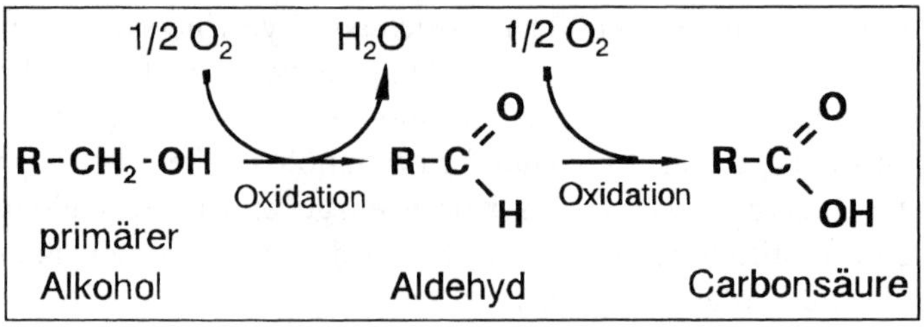

Abb. 4.3 *Schrittweise Oxidation eines primären Alkoholes zum Aldehyd, der schließlich in eine Carbonsäure überführt wird. Für die erste Reaktion gilt nicht die klassische Definition einer Oxidation (Einbau von Sauerstoff in das Produkt, siehe Abschn. 3.2), sondern der Vorgang entspricht einem Abzug von Wasserstoff (Dehydrierung), der unter Oxidation als Wasser abgespalten wird. Die Reaktion ist für das Produkt namengebend, da die Bezeichnung Aldehyd aus Alcohol dehydrogenatus = dehydrierter Alkohol konstruiert wurde.*

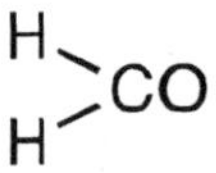

Formaldehyd

In der Kosmetik hat **Formaldehyd** eine gewisse Bedeutung als Desinfektions- und Konservierungsmittel. Die Verbindung entsteht aus Methanol als übelriechendes, wasserlösliches Gas, wobei die 35 %ige wässrige Lösung unter der Bezeichnung Formalin in den Handel kommt. Sie dient zur Desinfektion von Schuhen, Gummimatten und ähnlichen großvolumigen Gegenständen. In verdünnter Lösung (höchstens 0,2 %ig) darf Formaldehyd als Antiseptikum bzw. als Deodorans sowie als Nagelhärter und in Shampoos als Konservierungsmittel eingesetzt werden. Wenn die Formaldehydkonzentration zwischen 0,05 und 0,2 % beträgt, muss dies auf der Verpackung angegeben werden (Deklarationspflicht). Höhere Konzentrationen sind in Kosmetika nicht zugelassen. Statt des gasförmigen Formaldehyds benutzt man in zunehmendem Maße Substanzen, die Formaldehyd langsam und kontrolliert freisetzen, z. B. Methylol-5,5'-dimethylhydantoin.

Aldehyde entstehen häufig beim oxidativen Abbau von Fetten. Der ranzige Geruch von verdorbenen Fetten ist teilweise auf die Aldehyd-Bildung zurückzuführen (siehe Abschnitt 4.9.5). Einige Aldehyde entwickeln aber auch angenehme Gerüche, so dass sie als Riechstoffe dienen (Kap. 9).

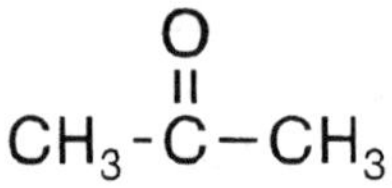

Aceton

Aus sekundären Alkoholen entstehen durch Oxidation **Ketone**, die entweder (meist angenehm) riechen oder geruchlos sind. Das einfachste Keton – das Aceton (Dimethylketon) – wird bei der Oxidation von Isopropanol gebildet. Für alle

Ketone ist die **Carbonylgruppe** –CO– charakteristisch. Aceton wird wegen seiner stark entfettenden Wirkung in der Kosmetik nur noch selten oder stark verdünnt eingesetzt.

4.4 Kohlenhydrate

Kohlenhydrate (Zucker) sind mehrwertige Alkohole, die außerdem entweder eine Aldehyd- oder eine Ketogruppe enthalten. Die zur Herstellung kosmetischer Präparate verwendeten Kohlenhydrate leiten sich von vier Grundbausteinen ab, die jeweils sechs Kohlenstoffatome enthalten und daher als **Hexosen** oder C_6-Zucker bezeichnet werden. Es handelt sich um die **Monosaccharide** oder **Monosen Glucose, Galactose, Mannose und Fructose**. Alle vier Zuckermoleküle haben die gleiche Summenformel $C_6H_{12}O_6$. Die Unterschiede zwischen den Zuckern beruhen auf der verschiedenartigen räumlichen Anordnung der fünf Alkoholgruppen an dem aus sechs C-Atomen bestehenden Rückgrat der Zuckermoleküle; außerdem unterscheiden sich die Zucker durch die jeweilige Position der Aldehyd- bzw. Carbonylgruppe im Molekül (Abb. 4.4).

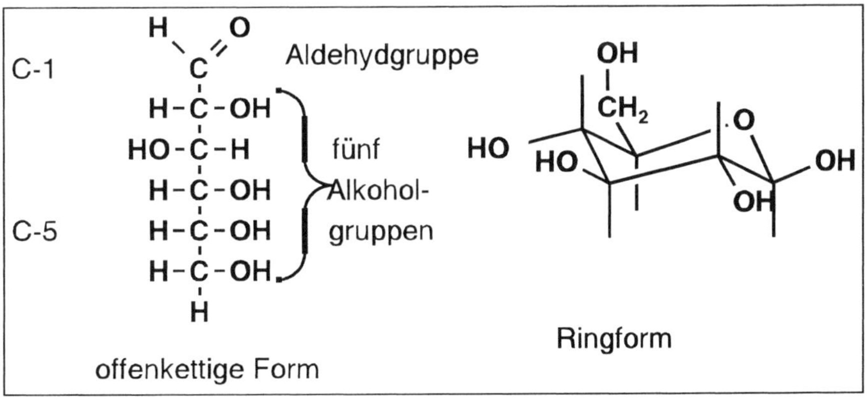

Abb. 4.4 Die offenkettige Form und die Ringform von Glucose. Die offenkettige Form zeigt die endständige Aldehydgruppe sowie die fünf Alkoholgruppen der Glucose. Wegen der reaktionsfreudigen Aldehydgruppe existieren nur wenige Moleküle in dieser Form. Vielmehr bildet die Glucose ein Ringmolekül, wobei eine weitere Alkoholgruppe entsteht, während die Alkoholgruppe am C-Atom 5 durch Reaktion mit dem C-Atom 1 einen Ring erzeugt. Die „neue" Alkoholgruppe an C-1 ist reaktionsfähiger als die vier übrigen. (In der Ringform wurden der besseren Lesbarkeit wegen an den Enden der fünf senkrechten Bindungsstriche die H-Atome nicht eingezeichnet.) Die anderen Aldohexosen unterscheiden sich von der Glucose dadurch, dass an den einzelnen C-Atomen einige OH-Gruppen den Platz mit dem H-Atom gewechselt haben.

Die C_6-Zucker Glucose, Galactose und Mannose enthalten fünf Alkoholgruppen und eine Aldehydgruppe, weshalb sie auch als **Aldohexosen** zusammengefasst werden. Die ebenfalls zu den Hexosen gehörende Fructose enthält zwar ebenfalls fünf Alkoholgruppen, aber statt der Aldehyd- eine Ketogruppe, so dass sie zu den **Ketohexosen** zählt. Die Aldehyd- bzw. Ketogruppen sind reaktionsfähig und ermöglichen die Bildung langkettiger Polysaccharide aus den C_6-Zuckern. Auf diese Weise entstehen aus den Monosacchariden über Disaccharide lange fadenförmige Moleküle, die wie eine Perlenkette die einzelnen Monosaccharide hintereinander aufgereiht enthalten. Die Bildung der Kohlenhydratketten aus den Monosacchariden wird aus der Abb. 4.5 deutlich. Beim Anhängen eines Monosaccharides wird jedesmal ein Wassermolekül abgespalten, weshalb dieser Reaktionstyp auch als Kondensation bezeichnet wird. Durch die zahlreichen Alkoholgruppen in den Monosacchariden bzw. in den Bausteinen der Di- und Polysaccharide tragen diese Verbindungen zahlreiche hydrophile Gruppen und sind entweder gut wasserlöslich oder können zumindest Wasser sehr gut binden.

2 Monosaccharide —Kondensation→ Disaccharid

viele Disaccharide —Kondensation, unter Kettenverlängerung→ Polysaccharid

Glucose + Glucose	Maltose	Stärke
Glucose + Glucose	Cellobiose	Cellulose
Glucose + Fructose	Saccharose	–
Glucose + Galactose	Lactose	–

Abb. 4.5 Zusammenhang zwischen einfachen Monosacchariden sowie den daraus gebildeten Disacchariden und Polysacchariden. Stärke und Cellulose unterscheiden sich durch verschiedenartige Bindungen zwischen den Glucoseresten. In der Saccharose (Haushaltszucker) und in der Lactose (Milchzucker) sind keine freien Aldehyd- oder Ketogruppen mehr vorhanden, so dass aus diesen Disacchariden keine Polysaccharide entstehen können.

Von besonderer Bedeutung sind die aus Glucose gebildeten Polysaccharide Stärke und Cellulose, die sich durch die Verknüpfungsart zwischen den Glucoseresten voneinander unterscheiden. Während im Fall der Stärke die Glucosereste einen schraubenförmigen Faden bilden, der sich zu einem kompakten Molekül aufwickelt, das gut Wasser aufnehmen kann (Abb. 4.6), lagern sich bei der Bildung der Cellulose die Glucosereste zu einem geradlinigen Makromolekül zusammen, das die Grundlage für den Aufbau der faserförmigen Strukturen der Pflanzenzellen bildet (Abb. 4.7).

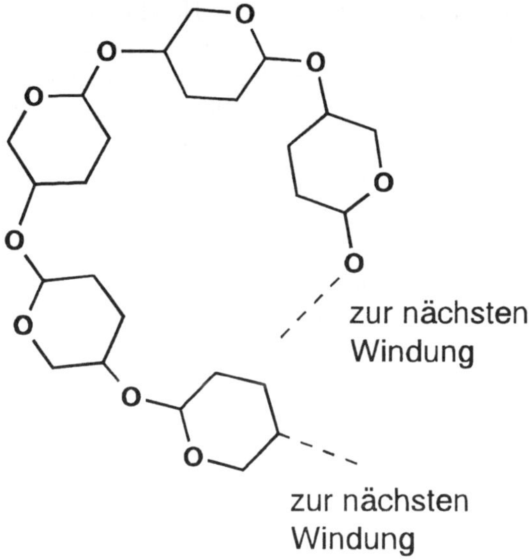

Abb. 4.6 Einfaches Schema für die schraubenförmige Struktur der Stärke. Jeder Ring stellt einen Glucosering dar. Der besseren Übersichtlichkeit wegen wurden die vier Alkoholgruppen an jedem Monosaccharid weggelassen. Die spiralförmig angeordneten Ketten bilden ein kompaktes, stäbchenförmiges Molekül mit einem Hohlraum in der Mitte.

Während im Darm von Mensch und Tier die Stärke in Maltose (Malzzucker) und anschließend in Glucose abgebaut wird, widersteht die spezielle Bindungsart zwischen den Glucoseresten in der Cellulose dem Abbau im Darm, so dass Cellulose vom Säugetierorganismus zwar nicht verwertet werden kann, aber als unverdaulicher Ballaststoff in der Nahrung von Bedeutung ist. Nur bestimmte Mikroorganismen und Insekten sind in der Lage, Cellulose abzubauen. Stärke stellt das Reserve-Kohlenhydrat der Pflanzen dar und enthält rund 10.000 Glucosereste in einer langen gewundenen Kette, die entweder unverzweigt (**Amylose**) oder stark verzweigt (**Amylopektin**) ist. Das Verhältnis zwischen Amylose und Amylopektin beträgt etwa 1:4. Amylose quillt sehr gut und bildet in Wasser Gele. Amylopektin ist im Vergleich zur Amylose schlechter wasserlöslich.

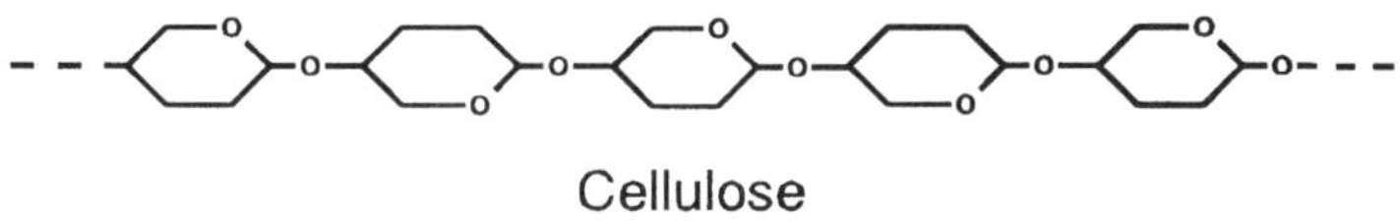

Abb. 4.7 Ausschnitt aus dem fadenförmigen Cellulose-Molekül.

Wegen der wasserbindenden und sekretaufsaugenden Eigenschaften wirkt Stärkepuder hautschützend und juckreizstillend, so dass er bei der Aknebehandlung verwendet wird. Allerdings schränkt die Quellbarkeit der Stärke nach Zusatz von Wasser die kosmetischen Anwendungsmöglichkeiten ein. Stattdessen verwendet man ein chemisch verändertes Stärkepräparat, den sog. Stärke-Ether mit der Kurzbezeichnung ANM (von **A**mylum **N**on **M**ucilaginosum = nichtschleimbildende Stärke), der weder quillt noch kleistert, jedoch gut Wasser aufnimmt. Stärkeether werden in zunehmendem Maße für Puder (z. B. Handschuhpuder), Stärkecremes (sog. fettfreie Cremes), Trockenshampoos und für Packungen verwendet. ANM wirkt außerdem als Stabilisator für Öl-in-Wasser-Emulsionen. Für Mikroorganismen ist ANM kein Nährstoff, so dass der Stärke-Ether autosteril ist.

In einem **Ether** sind stets zwei Alkylgruppen durch ein Sauerstoffatom miteinander verbunden. Der einfachste Vertreter dieser Verbindungsklasse ist Dimethylether $CH_3–O–CH_3$; die beiden mit dem O-Atom verbundenen C-Atome dürfen definitionsgemäß kein weiteres Sauerstoff-Atom tragen, also weder eine Hydroxygruppe –OH noch einen Carbonylsauerstoff –CO– aufweisen. Eine wichtige Gruppe von Verbindungen mit einer Etherbindung bilden die Sorbitane (siehe Abschn. 4.2 sowie Abb. 6.8 und 6.9).

Cellulose ist die Gerüstsubstanz pflanzlicher Gewebe. Sie besteht aus bis zu 5.000 Glucosemolekülen in einer unverzweigten Kette und ist die mengenmäßig häufigste organische Verbindung in der Natur. Sie wird als „mikrokristalline“ Cellulose Avicel® anstelle von Stärke verwendet. Hierbei handelt es sich um Celluloseketten, die auf chemischem Wege verkürzt und anschließend gefriergetrocknet worden sind. Wegen der leichten Gelbildung wirkt Avicel als Emulsionsstabilisator.

Cellulose bildet mit verschiedenen Säuren Ester (siehe Abschnitt 4.9). So entsteht aus Cellulose und Essigsäure das unlösliche Celluloseacetat, das aus einer Lösung in Essigsäureethylester nach Verdampfen des Lösungsmittels einen wasserfesten Film bildet, weshalb dieser Ester zur Herstellung von Nagellack geeignet ist.

Große Bedeutung haben die analog zu den Stärke-Ethern verfügbaren Celluloseether bei der Herstellung von Kosmetika gefunden. Im Mittel sind zwei Alkoholgruppen pro Glucosemolekül durch Ethyloxygruppen ($C_2H_5–O–$) oder Hydroxyethyloxygruppen ($HO–C_2H_4–O–$) ersetzt worden. Die Celluloseether sind wasserlöslich und finden weite Verwendung als Konsistenzgeber und Emulsionsstabilisatoren. Ferner dienen sie als Gelbildner und Verdickungsmittel in Haarsprays, Zahnpasten, Kompaktpuder, Nagellacken und Lippenstiften. Von Bedeutung ist ferner die Tatsache, dass Celluloseether im Vergleich zur Stärke wesentlich resistenter sind gegen die Zersetzung durch Bakterien oder Pilze.

Das nach Cellulose zweithäufigste natürliche Polysaccharid **Chitin** (bzw. das daraus abgeleitete **Chitosan**) kommt in zahlreichen Organismen, wie Insekten, Spinnen, Pilzen, Algen und Krebsen vor und wird in erster Linie aus Shrimps-Schalen gewonnen (R. WACHTER: Chitosan – nicht nur Hautschutz. *Henkel-Referate* **35**, 71-77 [1999]). Chitin ist ein lineares Polysaccharid aus β-1,4-verknüpften N-Acetyl-D-Glucosaminresten, das nach Abspaltung von Acetyl-Resten in das kationische Polymer Chitosan überführt wird. Chitosan weist wegen seiner positiven Ladungen eine hohe Substantivität zur Haut auf, dient als Befeuchtungsmittel, vermindert den transepidermalen Wasserverlust und erhöht die

Wasserresistenz von UV-Filtern. In Lippenstiften schützt Chitosan vor der Austrocknung der Lippen. Chitosan ist nicht toxisch und biologisch leicht abbaubar.

Das aus **Aloe vera** (Aloe barbadensis) isolierte Gel ist ein Gemisch von mehr als 100 Stoffen, zu denen Polysaccharide gehören (die manchmal fälschlich als Mucopolysaccharide bezeichnet werden) sowie Phytosterine (pflanzliche Cholesterin-ähnliche Verbindungen), Aminosäuren und andere Verbindungen, die bei entzündlichen Prozessen einen günstigen Einfluss auf die Haut haben. Wegen des Gehaltes an Zimtsäureester und Cumarsäure bietet das Aloe vera-Gel gleichzeitig einen gewissen Lichtschutz (siehe Abschn. 7.4.5 und 8.3).

Auch aus anderen Pflanzen werden Polysaccharide mit kosmetisch wertvollen Eigenschaften isoliert und eingesetzt. Aus den Früchten und Wurzeln verschiedener Pflanzen erhält man **Pektine** (z. B. aus den Pressrückständen von Äpfeln und der inneren Rinde von Citrusfrüchten). Pektine enthalten als Grundbaustein die Galacturonsäure, die an der Säuregruppe teilweise mit Methanol verestert ist und lange unverzweigte Ketten bildet. Pektine dienen in vielen Kosmetika als Verdickungsmittel sowie als Emulsionsstabilisator. Die entzündungshemmende und reizmildernde Wirkung der Pektine hängt mit ihrer Fähigkeit zusammen, irritierende Substanzen aus den entzündeten Hautflächen aufzunehmen und sie von der Haut abzuleiten. Auch die pflanzlichen **Gummen** zählen zu den Polysacchariden. Beispielsweise wird **Gummi arabicum** nach Verwundung des Gewebes von verschiedenen Akazienarten ausgeschieden. Dieses gut wasserlösliche Polysaccharid wird als Verdickungs- und Bindemittel verwendet. Aus den Samen der Hülsenfrucht CYAMOPSIS TETRAGONALOBUS wird der Guargummi gewonnen, der aus einer Polymannosekette besteht, an der sich Seitenketten aus Galactoseresten befinden.

Die Natrium- oder Calciumsalze von **Carrageenen** bilden eine Gruppe von Polysacchariden, die aus Galactose zusammengesetzt sind, wobei alle Galactosereste am C-Atom 6 mit Schwefelsäure verestert sind und als Galactansulfat bezeichnet werden. Dieser Grundbaustein ist im Carrageenan abwechselnd über 1,4- und 1,3-Bindungen zu einer unverzweigten Kette polymerisiert. Die Carrageenane bilden einen wesentlichen Teil der Zellwand von Rotalgen (Perltang), die auch an den europäischen Küsten vorkommen. Sie werden daraus mit heißem Wasser extrahiert, mit Natriumchlorid oder Calciumsalzen in Carrageenate überführt, die stabile, hochviskose Gele bilden, und als Stabilisatoren und Verdickungsmittel für die Herstellung von Emulsionen (wie Cremes und Shampoos) sowie von Suspensionen (Zahnpasta) herangezogen.

Verdickungsmittel sind häufig (aber nicht ausschließlich) hochmolekulare Stoffe, die Wasser oder andere Flüssigkeiten unter Bildung zähflüssiger Lösungen oder Suspensionen aufnehmen und einem kosmetischen Präparat die erwünschte Konsistenz geben, wobei sie gleichzeitig das Abscheiden von flüssigen Anteilen verhindern. Wichtige Vertreter sind die aus Algen extrahierten Polysaccharide (wie **Agar-Agar** und die Carraggeenate), Methyl-, Ethyl- und Hydroxyethylcellulose, Pectin, Stärke und die im Abschnitt 4.2 beschriebenen

Polyethylenglycole sowie das Kollagen-Hydrolysat Gelatine (s. Abschnitt 4.7.4). Alle Polysaccharide, also Stärke, Cellulose und ihre Abkömmlinge, sowie die anschließend beschriebenen Polysaccharide und Glycosaminoglycane entwickeln auf der Haut eine einhüllende Wirkung und ergänzen damit die einhüllende Wirkung der Fette. Sie machen die Haut gleitend, verbessern die Wasserzufuhr und transportieren Stoffe ab.

Die **Glycosaminoglycane** (früher auch als Mucopolysaccharide bezeichnet, mucos = Schleim) sind unverzweigte Polysaccharide, deren Grundeinheit stets aus einem Disaccharid besteht, in dem unter anderem eine OH-Gruppe durch die Aminogruppe -NH_2 ersetzt worden ist. Ein wichtiger Vertreter dieser Gruppe von Polysacchariden ist im menschlichen Bindegewebe sowie in der Lederhaut die **Hyaluronsäure**. Der Name hängt mit dem Vorkommen im Glaskörper des Auges zusammen (griech. hyalos = Glas). Hyaluronsäure wird von Fibrocyten synthetisiert und bildet zusammen mit Kollagen einen wesentlichen Teil der **Grundsubstanz**, welche wasserlösliche Stoffe zwischen den Zellen weiterleitet. Hyaluronsäure kommt außerdem in der Nabelschnur, in der Gelenkflüssigkeit und im Blut von Säugetieren vor, nicht jedoch in der Epidermis.

Die Grundeinheit der Hyaluronsäure besteht aus einem Disaccharid (Glucuronsäure–Acetylglucosamin), das etwa 50.000fach zu einer unverzweigten Kette polymerisiert worden ist (Abb. 4.8). Dank der hohen Affinität zu Eiweißstrukturen bildet Hyaluronsäure auf der Haut einen luftdurchlässigen, nichtklebenden Film, der die Hornzellen fest aneinanderbindet und zugleich Feuchtigkeit speichert, wodurch ein weiches und glattes Hautgefühl erzeugt wird. Die

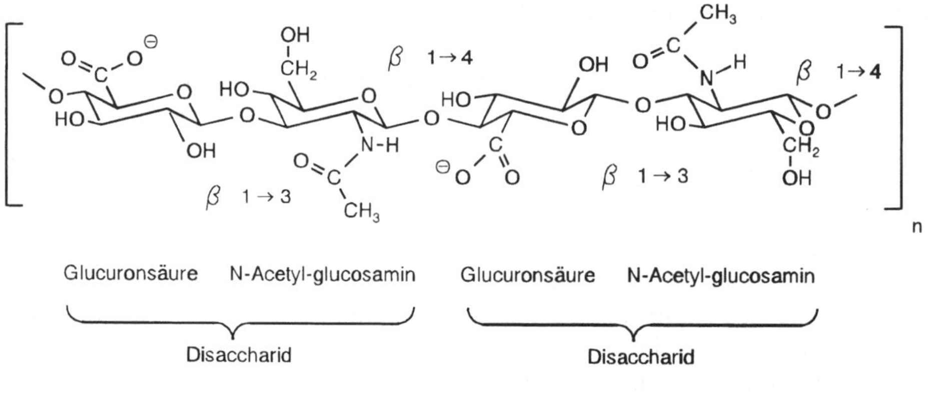

Abb. 4.8 Struktur von Hyaluronsäure. Zwischen den Monosacchariden Glucuronsäure und N-Acetyl-glucosamin bestehen abwechselnd 1→4- bzw. 1→3-glycosidische Bindungen. Die unverzweigte Kette kann bis zu 50.000 Disaccharide enthalten (n = 25.000).

Fähigkeit zur Feuchtigkeitsbindung ist bei Hyaluronsäure stärker ausgeprägt als bei den billigeren und häufiger verwendeten Befeuchtungsmitteln Pyroglutaminsäure, Glycerin und Sorbit (siehe Abschnitte 5.2 und 7.1). Mit zunehmendem Lebensalter nimmt der Hyaluronsäuregehalt im Bindegewebe ab, was mit einer Veränderung der elastischen Eigenschaften der Lederhaut und einer Verschlechterung der Nährstoffversorgung der Bindegewebszellen einhergeht. Dieser Verlust an Hyaluronsäure kann durch Hyaluronsäure-haltige Hautpflegemittel nicht ausgeglichen werden, weil das Polysaccharid wegen seines hohen Molekulargewichtes nicht in tiefere Hautschichten einzudringen vermag. Hyaluronsäure wurde ursprünglich aus dem Bindegewebe bestimmter Tiere isoliert. Da Streptokokken der Gruppe A (z. B. *Streptococcus zooepidermidis*) ebenfalls Hyaluronsäure bilden, deren Struktur mit der von menschlicher Hyaluronsäure übereinstimmt, gewinnt man die Verbindung heute aus diesen Mikroorganismen.

4.5 Amine und Ammoniumverbindungen

Stickstoff, der als zweiatomiges Gas N_2 den Hauptbestandteil der Luft bildet (siehe Abschnitt 3.1) und in dieser Form sehr reaktionsträge ist, lässt sich durch ein besonderes chemisches Verfahren in Ammoniak NH_3 überführen. Diese Verbindung bildet den Ausgangsstoff für einige in der Kosmetik verwendete Stoffe. Wenn man schrittweise die Wasserstoffatome im Ammoniak durch organische Reste R ersetzt, erhält man **Amine**:

$R\text{-}NH_2$	primäres Amin
$R\text{-}NH\text{-}R'$	sekundäres Amin
$R\text{-}N(R'')\text{-}R'$	tertiäres Amin

Ammoniak und die davon abgeleiteten Amine sind Basen. Am bekanntesten ist das als **Salmiakgeist** bezeichnete **Ammoniumhydroxid**, das ebenso wie die übrigen Amine mit Säuren Salze bildet. Tertiäre Amine können schließlich Alkylhalogenide anlagern, wobei quartäre Ammoniumsalze entstehen. Diese Salze stellen eine wichtige Gruppe von kationenaktiven Tensiden dar (siehe Abschnitt 6.2.2 und Tab. 6.6). Die primären und tertiären Amine mit langen Alkylresten (Fettamine) sind Ausgangsverbindungen für eine große Zahl kosmetisch wichtiger Verbindungen, wie die

$$\underset{\text{Ammoniumhydroxid}}{NH_4OH} + HCl \longrightarrow \underset{\text{Ammoniumchlorid}}{NH_4Cl} + H_2O$$

$$\underset{\text{Alkylamin}}{R\text{-}NH_2} + HCl \longrightarrow \underset{\text{Alkylammoniumchlorid}}{R\text{-}NH_3Cl}$$

Aminoxide der allgemeinen Formel $R_3N\text{–}O$, zu denen hervorragend hautverträgliche Tenside zählen. Die Aminogruppe $\text{–}NH_2$ bildet schließlich einen charakteristischen Bestandteil der Aminosäuren (siehe nächster Abschnitt), aus denen die biologisch wichtigen Eiweiße entstehen.

Einem weiteren Amin begegnen wir im **Harnstoff**, das man auch als Diamin der Kohlensäure bezeichnen kann. Harnstoff wird als Stoffwechselendprodukt vieler Stickstoff-haltiger Verbindungen im Harn und von der Haut bei der Bildung des Hydrolipidmantels ausgeschieden, wobei rund 7 % der „natürlichen Befeuchtungsfaktoren“ NMF auf Harnstoff entfallen (siehe Abschnitt 5.2). Aus diesem Grunde mischt man Harnstoff als Befeuchtungsmittel zahlreichen Hautpflegemitteln hinzu. Für die Anwendung von Harnstoff ist die Tatsache wichtig, dass die Verbindung keinerlei toxische Eigenschaften besitzt und gleichzeitig die Penetration anderer Wirkstoffe in die Haut verbessert. In höheren Konzentrationen wirkt Harnstoff keratoplastisch, indem die Hornschicht über das Herauslösen der Kittsubstanzen zwischen den Hornzellresten erweicht wird; gleichzeitig wirkt Harnstoff entzündungshemmend und juckreizstillend (siehe Abschn. 7.3.1).

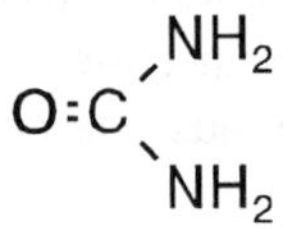

Harnstoff

4.6 Aminosäuren

Aminosäuren sind Stickstoff-haltige Carbonsäuren, die in erster Linie zum Aufbau der Proteine benötigt werden. Das Protein-synthetisierende System in den Zellen verwendet zwanzig **proteinogene** Aminosäuren, von denen neun mit der Nahrung (meist als Eiweiß) aufgenommen werden müssen, weil sie im Körper des Menschen nicht gebildet werden. Zu diesen **essentiellen** Aminosäuren gehören unter anderem Tryptophan, Phenylalanin, Lysin, Histidin und Methionin. Zu den nichtessentiellen Aminosäuren gehören **Glycin** – die einfachste Aminosäure überhaupt – sowie Prolin, Tyrosin und die schwefelhaltige Aminosäure Cystein (gesprochen: Cü-ste-ihn). Mit Ausnahme von Prolin haben alle proteinogenen Aminosäuren eine sehr ähnliche Struktur: sie leiten sich von einfachen Carbonsäuren ab, die an *dem* C-Atom eine Aminogruppe –NH_2 tragen, das der Carboxylgruppe benachbart ist (Abb. 4.9). **Prolin** enthält statt der Aminogruppe –NH_2 die Iminogruppe –NH– als Teil eines fünfgliedrigen Ringes (Abb. 4.10).

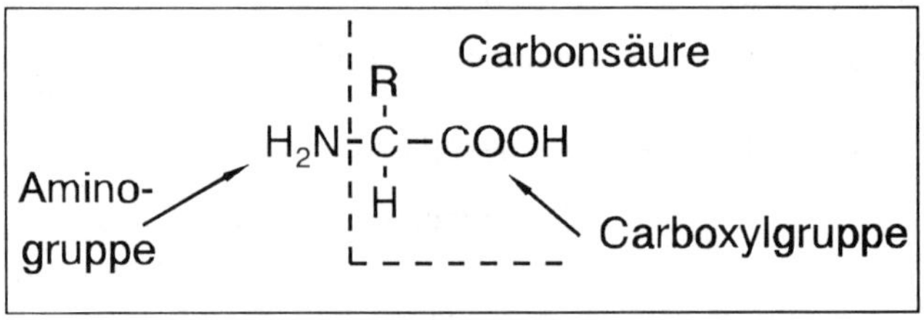

Abb. 4.9 Struktur einer beliebigen Aminosäure (mit Ausnahme von Prolin). R ist entweder ein H-Atom oder eine unterschiedlich lange (oder mit weiteren Resten versehene) Seitenkette. Die Aminosäuren unterscheiden sich nur durch den Molekülteil R.

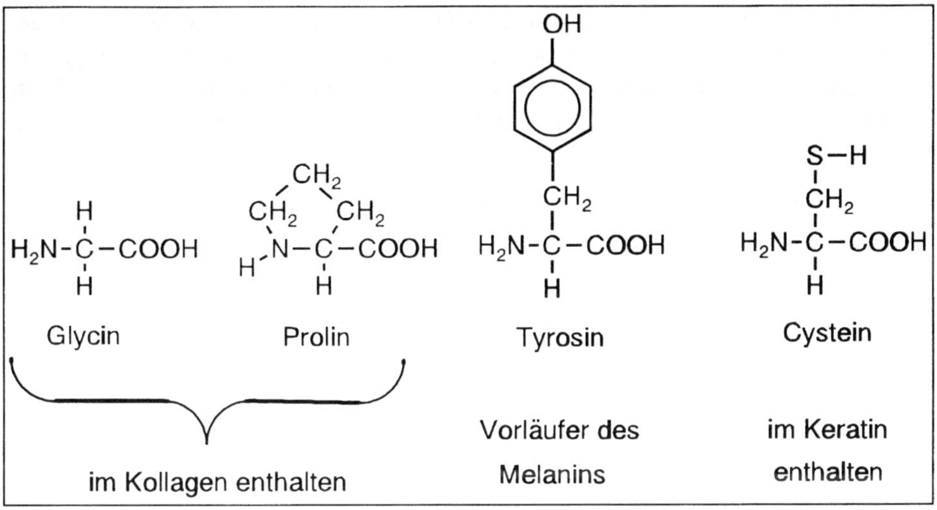

Abb. 4.10 Die Strukturen einiger Aminosäuren und der Iminosäure Prolin.

4.7 Proteine

Wenn zwei Aminosäuren unter Wasserabgabe reagieren, entsteht ein Dipeptid (Abb. 4.11). Auf die gleiche Weise können viele Aminosäuren lange unverzweigte Ketten bilden, die mehrere Tausend Aminosäuren enthalten können und als **Polypeptid, Protein** oder **Eiweiß** bezeichnet werden. Wenn beispielsweise sechs Aminosäuren eine Kette bilden, entsteht ein Hexapeptid, in dem die Aminosäuren eine definierte Reihenfolge, die **Aminosäuresequenz** oder **Primärstruktur**, einhalten.

Für Peptide lassen sich einige charakteristische Merkmale definieren:

1. Jede Kette besitzt zwei verschiedene Enden, nämlich den N– und C–Terminus.
2. In einem bestimmten Protein, wie Kollagen oder Keratin, bilden die einzelnen Aminosäuren in der Kette eine definierte Reihenfolge, welche die Eigenschaften des jeweiligen Peptides festlegt. Man kann jede einzelne Aminosäure mit einem Buchstaben des Alphabetes vergleichen, wobei aus den „Buchstaben“ ein „Satz“ mit einer bestimmten Bedeutung entsteht. Diese Reihenfolge legt die **Primärstruktur** des Proteins fest, die einem fadenförmigen Molekül mit definierter Aminosäuresequenz entspricht (siehe Abb. 4.12).
3. Das „Rückgrat“ der Kette besteht aus der sich immer wiederholenden Folge ...–NH–C–CO–NH–C–CO-.... Die Eigenschaften des Polypeptides werden nur durch die unterschiedlichen Seitenreste R festgelegt, die seitlich aus der Kette herausragen.

4. Die Peptidbindungen, also die –CO–NH-Gruppen in dem fadenförmigen Molekül, sind chemisch relativ stabil und werden erst unter der Einwirkung starker Säuren und Basen gespalten. In den Zellen unseres Körpers sowie im Darm während der Verdauung werden die Peptidbindungen durch Eiweiß-spaltende Enzyme aufgelöst.

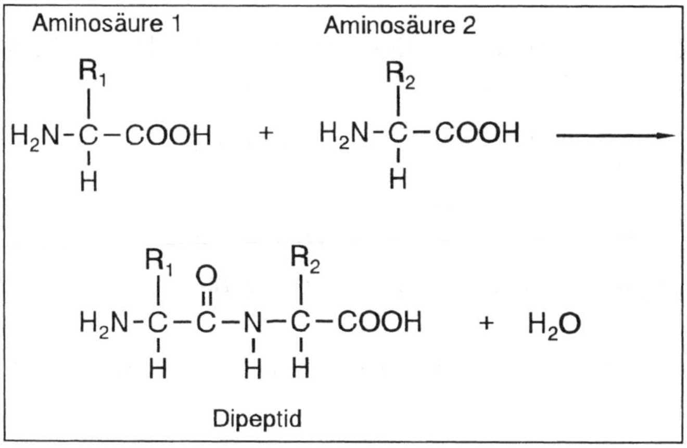

Abb. 4.11 Bildung eines Dipeptides aus zwei Aminosäuren. Am „linken Ende" des Dipeptides steht eine Aminogruppe (N-Terminus) und am rechten Ende eine Carboxylgruppe (C-Terminus). Zwischen den Aminosäuren befindet sich die Peptidbindung –CO–NH–.

4.7.1 Die Raumstruktur der Proteine

Die fadenförmige Primärstruktur entspricht einem sowohl chemisch als auch physikalisch sehr labilen Gebilde, das leicht zerreißen kann. Aus diesem Grunde falten sich alle Polypeptide bereits während ihrer Bildung, wenn die Polypeptidkette noch nicht ihre volle Länge erreicht hat und bilden eine räumlich stabile **Sekundär-** und **Tertiärstruktur**. Hierbei können schraubenförmige Strukturen entstehen, durch die der lange Faden eine kompakte und damit stabile Gestalt erlangt. Man nennt die schraubenförmigen Bereiche von Polypeptiden α-Helix-Strukturen (gesprochen: alpha-Helix). Außerdem können sich die Polypeptidfäden eng nebeneinanderlegen und dabei eine lamellenartige Gestalt einnehmen, die als Faltblattstruktur bezeichnet wird. Schließlich bilden andere Anteile der Polypeptidkette kompakte Knäuel, die dem Molekül eine mehr oder wenig kugelförmige Struktur verleihen (**globuläre** Moleküle, globus = Kugel). Eine weitere Art einer stabilen Tertiärstruktur bilden Kollagen, Elastin und Keratin (siehe Abschnitte 4.7.4 und 4.7.5).

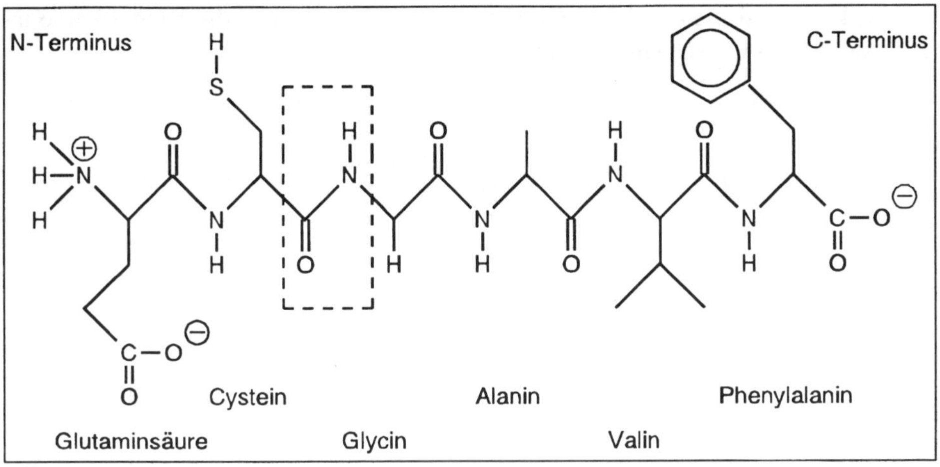

Abb. 4.12 Beispiel einer Aminosäuresequenz in einem Hexapeptid. In dem eingerahmten Kettenabschnitt befindet sich eine der fünfmal vorkommenden Peptidbindungen. Man erkennt das monotone Rückgrat aus den immer wiederkehrenden Resten ...–CO–NH–C-CO–NH–C–... und die beiden verschiedenen Kettenenden N- und C-Terminus.

4.7.2 Die Denaturierung der Proteine

Alle bekannten Proteine können ihre biochemischen Funktionen nur dann ausüben, wenn ihre Raumstruktur, also die aus der fadenförmigen Primärstruktur durch Faltung erworbene Sekundär- und Tertiärstruktur, intakt ist. Während das Rückgrat der Kette über starke kovalente Bindungen stabilisiert ist, werden die Sekundär- und Tertiärstrukturen nur durch relativ schwache Kräfte zusammengehalten, nämlich durch Wasserstoffbrücken-Bindungen (siehe Abschnitt 2.8.3), durch Ionenbindungen (siehe 2.8.1) und andere schwache Wechselwirkungen. Sie vermögen nur deshalb die Raumstruktur zu stabilisieren, weil diese schwachen Bindungen in relativ großer Anzahl zwischen den Ketten oder zwischen Kettenbereichen bestehen. Alle chemischen oder physikalischen Vorgänge, die diese schwachen Wechselwirkungen stören oder sogar die Peptidkette selbst spalten, verändern die Raumstruktur des Polypeptides und vernichten damit dessen biologische Aktivität (Abb. 4.13).

Zur Denaturierung ist eine Vielzahl von Stoffen und Vorgängen geeignet, welche die erwähnten schwachen Wechselwirkungen stören können (Tab. 4.7). Die Denaturierung von Eiweiß ist in der Regel nicht mehr umkehrbar (irreversibel), d. h. nach Entfernung von Alkohol oder nach Neutralisation bzw. nach dem Abkühlen werden die Proteine nicht wieder biologisch aktiv. Die Denaturierung von Proteinen bildet die Grundlage für alle Desinfektionsprozesse, bei denen mit den genannten sowie weiteren Wirkstoffen und Vorgängen die Eiweißmoleküle von Mikroorganismen und Viren inaktiviert werden, so dass die Keime keine infektiöse Wirkung mehr entfalten können.

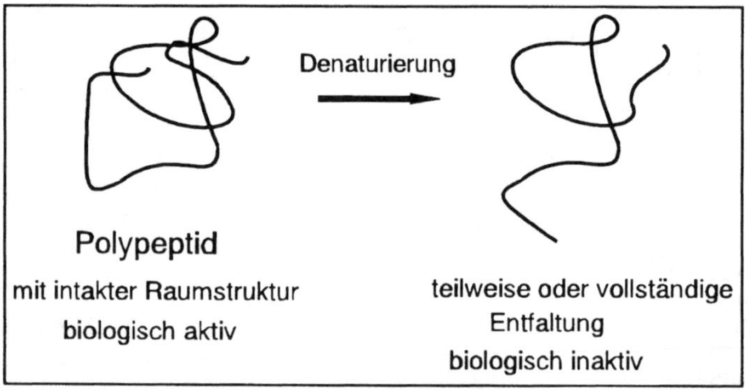

Abb. 4.13 *Denaturierung eines Polypeptides durch Auffaltung der Tertiärstruktur. In der biologisch aktiven Form besteht das Polypeptid aus einer Kette von Aminosäuren, die in einer bestimmten Weise räumlich gewunden und gefaltet ist. Es genügt bereits eine teilweise Störung der* ***nativen*** *Molekülstruktur, um das Polypeptid in eine biologisch inaktive Form zu überführen.*

Bei der Einwirkung konzentrierter Säuren auf die Haut werden zwar die Proteine der Hautoberfläche denaturiert, aber sie bilden gleichzeitig eine unlösliche Barriere, durch die tiefere Hautschichten von der Einwirkung der Säure abgeschirmt werden. Konzentrierte Laugen denaturieren dagegen nicht nur die Eiweißmoleküle, sondern sie lösen sie auf, so dass nun die Laugen auch in tieferen Hautschichten wirken können. Auf diesem Phänomen basieren die allgemein schwerwiegenderen Folgen von Laugen-Verätzungen der Haut im Vergleich zur Gefährlichkeit von Säuren.

4.7.3 Enzyme

Viele chemische Reaktionen laufen bei Körpertemperatur nur sehr langsam ab. Damit der Abbau der Nahrungsbestandteile im Darm, der Umbau der Zucker und Fette in unserem Körper, der Aufbau von Eiweißmolekülen und anderen wichtigen Strukturen sowie die Teilung und Entwicklung der Zellen, die Bewegungsvorgänge, die Nervenaktivitäten, also alle Merkmale und Aktivitäten der Zellen und Organe dennoch mit ausreichender Geschwindigkeit erfolgen, gibt es Katalysatoren, die in erster Linie (oder fast ausschließlich) aus Proteinen bestehen und den Ablauf jeweils bestimmter chemischer Reaktionen manchmal millionenfach beschleunigen.

Tab. 4.7 Zur Denaturierung von Polypeptiden (Proteinen) geeignete chemische und physikalische Behandlungen und deren Wirkungsweise

Wirkstoff oder Vorgang zur Denaturierung von Proteinen	Wirkungsweise
Ethanol oder Isopropanol	Störung von H-Brückenbindungen zwischen den Polypeptidketten
Säuren oder Basen	Störung von Ionenbindungen zwischen polaren Aminosäuren
Seife und andere Tenside	Störung der Wechselwirkungen zwischen hydrophoben Aminosäuren
Temperaturerhöhung	Die Wärmeenergie erhöht die kinetische Energie der Moleküle, wodurch schwache Bindungen zerbrechen
Ozon, UV-Licht	Veränderung der chemischen Struktur der Aminosäuren. Dadurch wird die Tertiärstruktur gestört und die Kette selbst gespalten
Formaldehyd	Chemische Veränderung der Aminosäuren, Störung der Tertiärstruktur
Eiweiß-abbauende Enzyme (Trypsin, Pepsin und andere)	Spaltung von Peptidbindungen, Bildung kurzer Eiweiß-Bruchstücke

Unter einem **Katalysator** versteht man einen Stoff, der an einer chemischen Reaktion direkt teilnimmt und deren Geschwindigkeit – also den Stoffumsatz pro min – erhöht. Am Ende der chemischen Umsetzung wird der Katalysator unverändert freigesetzt und steht wieder für eine weitere Reaktion zur Verfügung. Bei der überwiegenden Zahl von **Enzymen** handelt es sich um globuläre Proteine, also um Eiweißmoleküle mit einer mehr oder weniger kugelähnlichen Gestalt. In kosmetischen Präparaten begegnet man besonders Enzymen, die Polysaccharide, Proteine oder Fette unter Einbau von Wasser spalten. Man fasst sie unter der Bezeichnung **Hydrolasen** zusammen und unterscheidet Zucker-spaltende Enzyme (z. B. Amylase und Maltase), Eiweiß-spaltende Proteasen (z. B. Pepsin, Trypsin, Chymotrypsin, Bromelain, Papain) oder Fett-spaltende Lipasen. Die systematischen Namen der Enzyme enden stets mit der Silbe -ase.

Enzyme besitzen eine Reihe von charakteristischen Merkmalen:

- Enzyme bestehen aus Eiweiß und enthalten manchmal zusätzliche Faktoren (Coenzyme), die für die biologische Wirkung benötigt werden. Häufig handelt es sich bei den Coenzymen um **Vitamine**. Aber auch Spurenelemente, wie Magnesium, Eisen, Zink und andere Metalle, können wichtige Bestandteile von Enzymen sein.
- Enzyme beschleunigen jeweils eine bestimmte chemische Reaktion (besitzen also Reaktionsspezifität) und wählen für die katalysierte Reaktion bestimmte

Moleküle aus, die man **Substrate** nennt (Substratspezifität). Durch die Änderung der Aktivität nur eines Enzyms kann der Stoffwechsel der Zelle in andere Bahnen gelenkt werden. Das ist besonders dann möglich, wenn sich das Enzym an einer Verzweigungsstelle des Stoffwechsels befindet und bestimmte Alternativen bei der Umsetzung eines Substratmoleküls ausgewählt werden.

- Enzyme binden auf ihrer Oberfläche an einem aktiven Zentrum die Substratmoleküle und wandeln sie in **Produkte** um, die anschließend von der Enzymoberfläche freigesetzt werden. Das Enzym steht nun wieder für die Bindung neuer Substratmoleküle zur Verfügung (Abb. 4.14). Das Enzym kann unter bestimmten Umständen auch die Rückwandlung der Produkte in die Substrate beschleunigen.
- Enzyme werden in der Regel durch Temperaturerhöhung auf oberhalb von 50 °C oder durch starke pH-Veränderungen (bei pH unterhalb von 3 oder oberhalb von 9) irreversibel denaturiert (siehe Abschnitt 4.7.2).

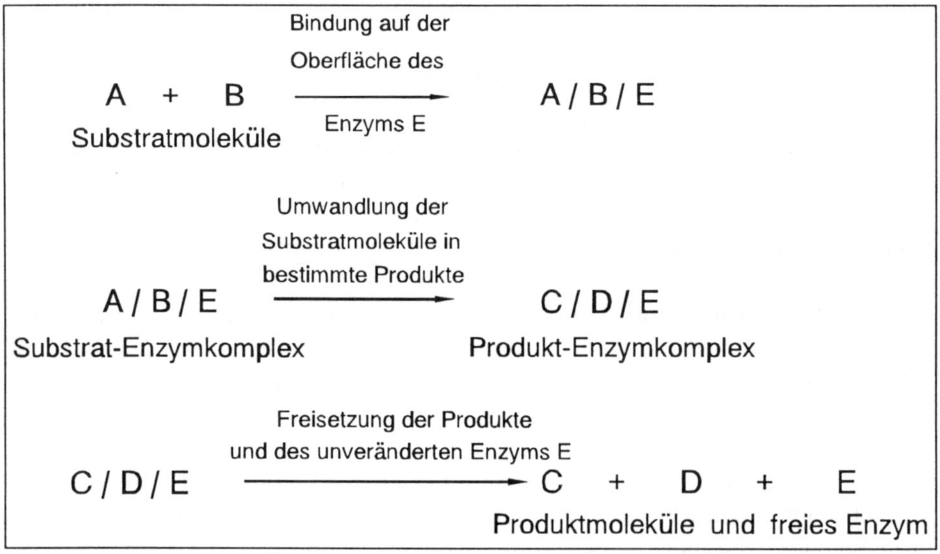

Abb. 4.14 Verlauf einer Enzym-katalysierten Reaktion zwischen zwei Substratmolekülen A und B. Das Enzym erhöht die Geschwindigkeit der chemischen Reaktion, indem es die „Chance der Begegnung" zwischen den Substratmolekülen durch deren Bindung auf der Enzymoberfläche erhöht und gleichzeitig die gebundenen Substratmoleküle so aktiviert, dass ihre Reaktionsbereitschaft und damit die Reaktionsgeschwindigkeit (Umsatz pro Zeiteinheit) erhöht werden.

Man kennt inzwischen Tausende verschiedener Enzyme in den Geweben und Organen des Menschen sowie bei Pflanzen und Mikroorganismen. Für die Kosmetik ist die Tatsache wichtig, dass die Enzyme als höhermolekulare Stoffe nicht die intakte Haut oder die Plasmamembranen von Zellen passieren können. In hautpflegenden Kosmetika beschränkt sich also ihre Wirkung auf die Hornschicht und den Abbau der zwischen den toten Keratinocyten des Stratum corneum verbliebenen „Kittsubstanzen“ (siehe Kapitel 5). Diese Aufgabe übernehmen die bereits erwähnten Eiweiß-abbauenden Hydrolasen (Proteasen) **Bromelain**, **Papain** und **Trypsin** sowie das Harnstoff-abbauende Enzym **Urease**, das in menschlichen Zellen nicht vorkommt, sondern nur von Pflanzen, Mikroorganismen und niederen Tieren gebildet wird. Proteasen sind häufig Bestandteil von Peeling-Präparaten zur schonenden Hautpflege, wobei die Proteine in den äußersten Schichten der Hornhaut abgebaut werden und damit deren schonende mechanische Entfernung erleichtert wird. Auch die als **Pankreatin** bezeichnete Mischung von Enzymen aus der Bauchspeicheldrüse von Rindern oder Schweinen wird für die Enzymschälkur der Haut herangezogen.

4.7.4 Kollagen und Elastin

Kollagen gehört zu den sehr großen Eiweißmolekülen, die nicht für eine chemische Katalyse, sondern für den Aufbau und die Stabilisierung biologischer Strukturen benötigt werden. In der menschlichen Haut kommt Kollagen nur im Bindegewebe (Lederhaut) und nicht in der Epidermis vor. Kollagen, von dem es mindestens 18 verschiedene Typen gibt, ist das beim Menschen am häufigsten vorkommende Eiweißmolekül. Kollagene eines bestimmten Typs bilden in der Lederhaut – also dem festen Bindegewebe, das außerdem Blutgefäße, Muskelfasern, Talgdrüsen, Schweißdrüsen, Nervenzellen und andere Strukturen aufweist (siehe Kap. 5) – die **kollagenen Fasern** mit außerordentlich großer Zugfestigkeit, die auf das Gewicht bezogen größer ist als die Zugfestigkeit von Stahl. Dagegen sind die kollagenen Fasern kaum dehnbar, denn die reversible Dehnungsfähigkeit beträgt nur 5 %, und bei noch größerer Dehnung zerreißen die Fasern. Im übrigen sind die Fasern uneingeschränkt biegbar, so dass sie hohe Flexibilität mit großer Zugfestigkeit vereinigen.

Das wichtigste Kollagen der Lederhaut gehört dem Typ I an und besteht aus insgesamt drei Ketten, von denen zwei identisch sind. Die Ketten unterscheiden sich geringfügig in ihrer Aminosäuresequenz (siehe Abschnitt 4.7.1). Die einzelnen Ketten werden in der Lederhaut von Fibrocyten als etwa 1400 Aminosäuren lange Vorläufer gebildet und nach der chemischen Modifikation bestimmter Aminosäuren zu einer dreisträngigen Helix (**Tripelhelix**) zusammengeführt. Dieses als **Prokollagen** bezeichnete Aggregat wird von den Zellen ausgeschieden. Gleichzeitig werden rund 150 bzw. 300 Aminosäuren lange Peptide von beiden Kettenenden abgeschnitten, so dass außerhalb der Zellen eine Tripelhelix mit drei etwa 870 Aminosäuren langen Ketten verbleibt, die als **Tropokollagen** bezeichnet wird (Abb. 4.15).

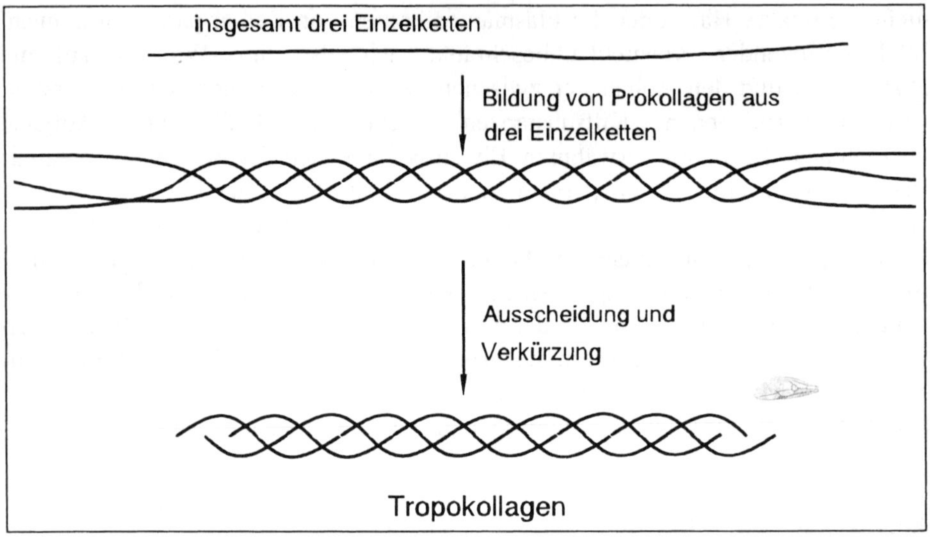

Abb. 4.15 Bildung von Tropokollagen aus dem Vorläufer Prokollagen in den Fibrocyten der Lederhaut. Die Zellen scheiden das außerordentlich zug- und reißfeste Molekül nach Verkürzung des Prokollagens aus. Durch die Tripelhelix verhält sich das Tropokollagen-Molekül, das nicht maßstäblich dargestellt ist, wie ein Stäbchen, das rund 50mal länger ist als der Durchmesser der meisten globulären Eiweißmoleküle. Jeder der drei Stränge besteht aus einer insgesamt 870 Aminosäuren langen Glycin-, Prolin- und Hydroxyprolin-reichen Kette. Die Stränge lagern sich zusammen und bilden in der Lederhaut die kollagenen Fasern (Formeln der Aminosäuren siehe Abb. 4.10).

Alle Kollagene und das später noch zu besprechende **Elastin** bestehen zu rund 33 % aus der Aminosäure Glycin, während in anderen Proteinen in der Regel nicht mehr als 5 % Glycin vorkommen. Weiterhin ist der hohe Gehalt an Prolin und Hydroxyprolin auffällig, deren Anteil zusammen rund 22 % ausmacht. Als dritte Besonderheit besitzen die Kollagenketten eine relativ monotone Struktur, in der bestimmte kurze Aminosäuresequenzen ständig wiederholt werden (sog. **repetitive** Strukturen). So kommt z. B. die Sequenz –(Prolin–Glycin–Hydroxyprolin)– in identischer oder nur leicht veränderter Form immer wieder vor (Abb. 4.16). Für die Bildung von Hydroxyprolin wird Vitamin C benötigt. Zur Gesunderhaltung der Lederhaut wird die Zufuhr von 75 mg Vitamin C pro Tag als ausreichend angesehen.

Diese repetitiven Strukturen ermöglichen die Bildung einer geordneten Kollagenüberstruktur (Abb. 4.17), indem sich die einzelnen Tropokollagenstäbchen gestaffelt anordnen und zwischen den aufeinanderfolgenden Molekülen

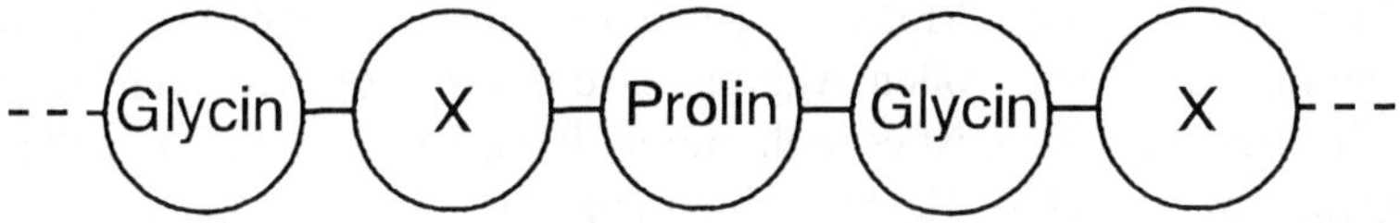

Abb. 4.16 Ausschnitt aus der rund 870 Aminosäuren langen α1(I)- oder α2(I)-Kette im Tropokollagen. Es fällt auf, dass regelmäßig jede dritte Position mit Glycin besetzt ist. Häufig steht neben Glycin die Aminosäure Prolin oder Hydroxyprolin. X steht für eine der übrigen Aminosäuren, wobei jedoch die Aminosäure Tyrosin und die Schwefel-haltige Aminosäure Cystein nur sehr selten vorkommen.

stets einen gleichbleibenden Abstand einhalten. Die Zugfestigkeit der Lederhaut beruht in erster Linie auf den mechanischen Eigenschaften der kollagenen Fasern, die sich bei der Aggregation der Tropokollagenmoleküle aus regelmäßig angeordneten Mikrofibrillen bilden. Junges Bindegewebe enthält vorwiegend unvernetztes Kollagen, so dass die Biegbarkeit der Kollagenfibrillen und -netze gewährleistet ist. Mit zunehmendem Lebensalter nimmt die Zahl der Querbrücken zwischen den Tropokollagen-Molekülen zu, wodurch die Wasserbindung und die Quellbarkeit des Kollagens abnehmen. Durch UV-Strahlen, besonders in dem in Solarien üblichen Spektralbereich UV-A, nimmt die Quervernetzung zu, deren Folgen als vorzeitige Hautalterung oder Lichtalterung bezeichnet werden.

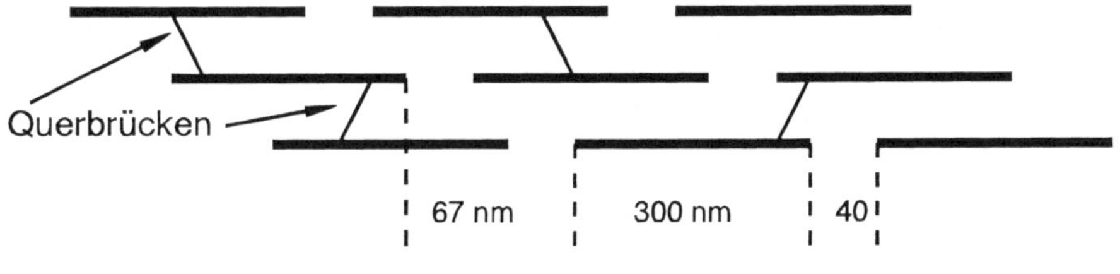

Abb. 4.17 Aufbau einer Kollagenfibrille durch die regelmäßige Stapelung einzelner Tropokollagenmoleküle, die als Balken (allerdings nicht maßstäblich) dargestellt sind (nm = Nanometer = 10^{-9} m). Die einzelnen Tropokollagenmoleküle werden im Bindegewebe älterer Tiere durch nichtpeptidartige Querbrücken miteinander vernetzt, weshalb Löslichkeit und Flexibilität des Kollagens mit dem Lebensalter abnehmen.

Bei der Narbenbildung wird in der Haut vermehrt Kollagen synthetisiert, wobei – unterstützt durch eine entsprechende Veranlagung – **Keloide** entstehen können, die wegen ihres wulstigen Aussehens besonders im Gesicht und Dekolleté als sehr unangenehm empfunden werden. Auch nach der chirurgischen Entfernung der Keloide kommt es häufig erneut zu überschießender Kollagenbildung.

Wegen des hohen Molekulargewichtes des Tropokollagens, das rund 300.000 beträgt, und der großen Aggregate, die aus Tropokollagen in Form der Kollagenfibrillen entstehen, ist es nicht möglich, dass Kollagen, von außen auf die Haut aufgebracht, in tiefere Hautschichten eindringt. Deshalb kann man auch die Festigkeit des Bindegewebes nicht mit Kollagen-haltigen Hautpflegemitteln beeinflussen. Die kosmetische Wirkung von Kollagen beruht vielmehr auf der Eigenschaft, einen wasserbindenen Film auf der Haut herzustellen. Da Kollagen in gewissem Umfang in die Hornschicht eindringt, ist dieser Film auch relativ wasserfest. Die Fähigkeit von Kollagen und Kollagenhydrolysaten (das sind verkürzte Kollagenmoleküle), sich an die Keratinstrukturen der Haut anzulagern, bezeichnet man als **Substantivität**. Durch die Hautglättung kommt es dabei zu einer subjektiven Verbesserung des Hautgefühls; außerdem erhöht der Kollagenfilm die Verträglichkeit der Haut gegenüber den in die Kosmetika eingearbeiteten Tensiden, das heißt Kollagen verhält sich wie ein „Schutzkolloid“.

Kollagen war das erste brauchbare **Befeuchtungsmittel** für die Hautpflege. Eine außerordentlich gute Wasserbindung findet man auch bei der **Gelatine**, die aus Kollagen durch Behandlung mit Säuren oder Laugen hergestellt wird und je nach Herstellungsverfahren aus Peptidfragmenten mit maximal 300 Aminosäuren in einer Tripelhelix besteht. Gelatine kann bis zur 27fachen Gewichtsmenge Wasser aufnehmen und bleibt dennoch ein festes Gel. Sie wird als Konsistenzgeber Hautcremes, Glyceringelen und anderen Hautpflegemitteln beigemischt.

Im Bereich der kosmetischen Medizin wird schon seit längerer Zeit durch Injektion von Kollagen die Festigkeit von „gealtertem“ Bindegewebe erhöht sowie der Ausgleich im Bereich ästhetisch störender Narben angestrebt. Allerdings wird der größte Teil des injiziertes Eiweißes mit der Zeit resorbiert und abgebaut, so dass höchstens 30 % des Kollagens in körpereigenes Bindegewebe integriert werden. Aus diesem Grunde müssen Kollageninjektionen von Zeit zu Zeit wiederholt werden, wenn die erstrebten Korrekturen dauerhaft sein sollen.

Während die kollagenen Fasern für die Zugfestigkeit des Bindegewebes sorgen, sind die in erster Linie aus **Elastin** bestehenden **elastischen Fasern** für die reversible Dehnbarkeit der Gewebe verantwortlich, wobei die elastischen Fasern um mindestens das 1,5fache ihrer Länge dehnbar sind. Während die kollagenen Fasern stets unverzweigt sind, bilden die elastischen Fasern Verzweigungen und dreidimensionale Netze. Elastin wird ebenso wie Kollagen von den Fibrocyten gebildet und ausgeschieden. Elastin ähnelt dem Kollagen insofern, als es zu einem Drittel aus der Aminosäure Glycin besteht und reichlich Prolin enthält. Jedoch fehlt im Gegensatz zum Kollagen die Aminosäure Hydroxyprolin. Stattdessen enthält Elastin einen relativ großen Anteil an apolaren Aminosäuren, wie Valin, Leucin und Alanin. Von kosmetischer Bedeutung ist die Tatsache, dass Elastin erstens durch Quervernetzung mit zunehmendem Lebensalter seine elastischen Eigenschaften verliert und zweitens nur bis etwa zur Pubertät kontinuierlich gebildet wird. Da also die elastischen Fasern nicht erneuert werden, verschlechtern sich allmählich die elastischen Eigenschaften der Lederhaut, so dass es zusammen mit der Kollagenalterung zu einem Elastizitäts- und Feuchtigkeitsverlust des Gewebes und damit zur Faltenbildung kommt. Diese Bindegewebsveränderungen sind durch kosmetische Maßnahmen nur indirekt beeinflussbar. In Hautpflegemitteln dient Elastin ebenso wie Kollagen als wirksames Befeuchtungsmittel. Allerdings müssen Kollagen- und Elastin-haltige Zubereitungen gut gegen den Bewuchs durch Mikroorganismen konserviert werden.

4.7.5 Keratin

Keratin ist zwar das charakteristische Eiweiß der Hornschicht, wird aber von fast jeder Körperzelle gebildet und dient zusammen mit anderen **Intermediärfilamenten** zur Stabilisierung der intrazellulären Struktur und Gestalt der Zellen (Cytoskelettbildung). Nachdem sich die **Keratinocyten** in der Epidermis soweit von der Basallamina entfernt haben, dass sie nicht mehr ausreichend ernährt werden können und damit nicht mehr lebensfähig sind, entleeren sich die Zellen, so dass nun das intrazelluläre Keratin außerhalb der Zellen erscheint und einen wesentlichen Teil der Hornschicht bildet. Dort garantiert Keratin aufgrund seiner besonderen chemischen Struktur die hohe mechanische und chemische Widerstandsfähigkeit der Epidermis sowie von Haaren und Nägeln. Die komplexen Vorgänge bei der Keratinisierung werden von B. HÄRTEL beschrieben [1]).

Die Keratinfasern ähneln bei der mikroskopischen Untersuchung den Kollagenfasern, bestehen also ebenfalls aus drei miteinander verwundenen Proteinketten. Jedoch stimmen die räumlichen Daten der Keratin-Tripelhelix nicht mit denen des Kollagens überein, zumal die Keratinketten wesentlich kürzer und über Disulfid-Brücken miteinander vernetzt sind. Hinsichtlich der chemischen Zusammensetzung fällt der relativ hohe Gehalt der schwefelhaltigen Aminosäure **Cystin** auf. Keratin der Haut enthält rund 6 %, Keratin der Wolle sogar 20 % Cystin. Diese Aminosäure besteht aus zwei Cystein-Resten (Formel s. Abb. 4.10) auf zwei nebeneinanderliegenden Keratin-Ketten, zwischen denen eine S–S-Brücke (Dischwefel- oder Di-thio-ether-Bindung) geknüpft wird (Abb. 4.18). Diese Brücken sorgen zusammen mit anderen Bindungskräften für die straffe, geordnete Struktur des Keratins und dessen Elastizität. Gleichzeitig werden die Keratinfasern so eng miteinander „verfilzt“, dass die Einlagerung und Bindung von Wasser nur noch begrenzt möglich ist. Daher quillt Keratin im Gegensatz zum Kollagen nur wenig in Wasser und widersteht den meisten eiweißspaltenden Enzymen, weshalb dieses Eiweiß keinen Nährwert besitzt.

---

[1]) B. HÄRTEL: Wirkung kosmetischer Formulieren auf der Haut. Von der Hypothese zur definitiven Wirkung. Teil I: Anatomie Der Epidermis und Biochemie der Keratinisierung. *Parfümerie und Kosmetik* **76**, 308-313 (1995).

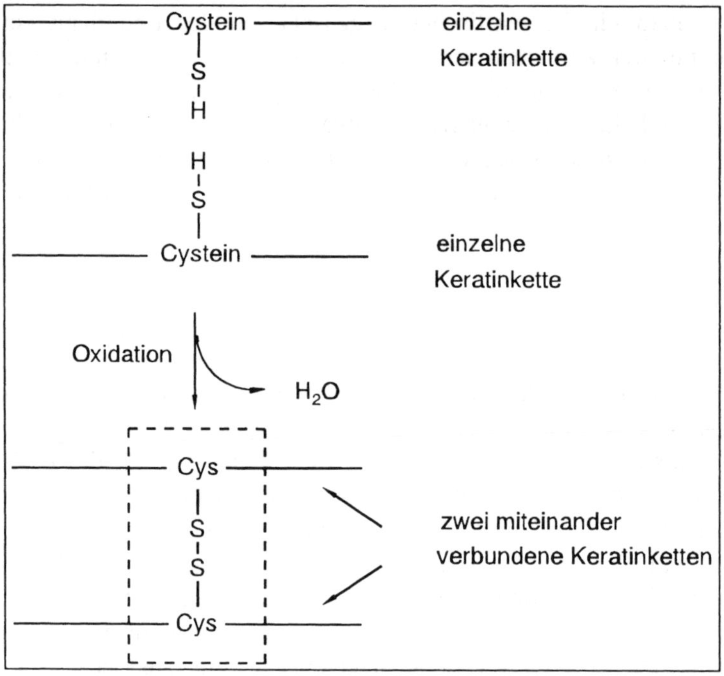

Abb. 4.18 Bildung von Dischwefelbrücken zwischen zwei Cysteinresten auf vorher getrennten Keratinketten. Aus zwei Molekülen Cystein entsteht durch Oxidation ein Molekül Cystin (eingerahmter Molekülteil). Keratin ist nur als Einzelstrang dargestellt; in Wirklichkeit besteht Keratin jedoch wie Kollagen oder Elastin aus drei schraubenartig verwundenen Strängen, die eine Superspirale (Tripelhelix) bilden.

Eine zu starke Keratinbildung erfolgt bei der Entstehung von Schwielen. Diese **Hyperkeratosen** kann man mit **Keratolytika** oder **Keratoplastika** behandeln. Als Keratolytikum verwendet man das Natriumsalz der Thioglycolsäure. Diese Verbindung ist ein schwaches Reduktionsmittel und löst im Keratin die Dischwefelbrücken auf, so dass Keratin mechanisch abhebbar wird. Die Thioglycolsäure wird bei der Reaktion oxidiert (Abb. 4.19). Thioglycolsäure wird in erster Linie zur Haarerweichung und -entfernung verwendet (Depilatorien). Da bei der chemischen Depilation nur die Haarteile im oberen Haarfollikeltrichter erreicht werden, muss die Behandlung regelmäßig wiederholt werden. Weitaus häufiger verwendet man bei der Behandlung von Hornhaut und Schwielen Keratoplastika, die nicht primär das Keratin sondern die „Kittsubstanz" zwischen den verhornten Zellen herauslösen. Meist werden hierfür Salicylsäure und deren Derivate oder Resorcin verwendet.

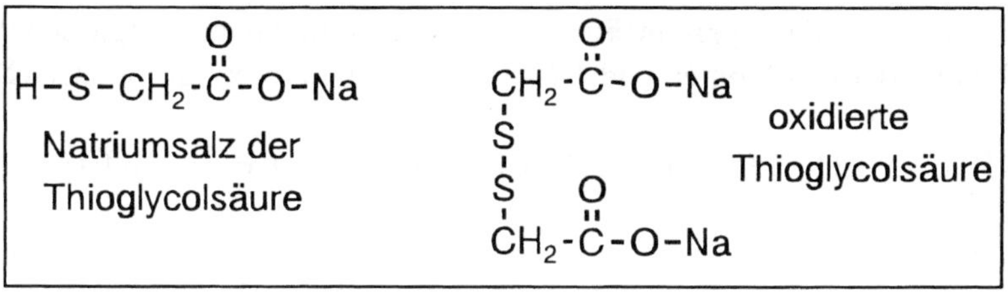

Abb. 4.19 Das Natriumsalz der Thioglycolsäure und die durch Oxidation entstandene Verbindung. Bei dieser Reaktion werden im Keratin die Dischwefelbrücken gespalten und jeweils in zwei -SH-Gruppen überführt.

4.8 Carbonsäuren und Fettsäuren

Im Abschnitt Oxidationsprodukte der Alkohole (Kap. 4.3) wurden bereits die Carbonsäuren mit der allgemeinen Formel R–COOH vorgestellt. Das Symbol R entspricht im einfachsten Fall einem H-Atom; dann handelt es sich um Ameisensäure, die in 0,5 %iger Lösung manchmal als Konservierungsmittel verwendet wird. Entsprechend der Definition von Säuren (siehe Abschnitt 3.8) dissoziiert Ameisensäure in wässriger Lösung unter Bildung des Formiat-Anions und eines Protons (Abb. 4.20).

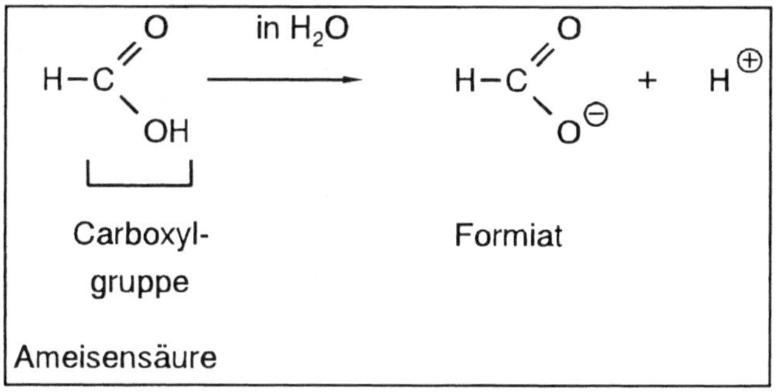

Abb. 4.20 Dissoziation einer einfachen Carbonsäure: Ameisensäure zerfällt in das Formiat-Anion und Proton. Weil sie eine schwache Säure ist, bleibt allerdings ein erheblicher Teil der Ameisensäure undissoziiert. Die Dissoziation verläuft als Gleichgewichtsreaktion, wobei die linke Seite – die unveränderte Ameisensäure – begünstigt ist.

Wenn R nicht einem H-Atom sondern einem Alkylrest (siehe Tab. 4.3) entspricht, erhält man Carbonsäuren mit zwei oder mehreren C-Atomen. Die Essigsäure enthält zwei, die Propionsäure drei und die Buttersäure vier C-Atome (Tab. 4.8). Carbonsäuren mit acht bis zwanzig C-Atomen bezeichnet man als

Fettsäuren, von denen die wichtigsten in Tab. 4.10 aufgeführt sind. Die aus 14 C-Atomen bestehende **Myristinsäure** weist eine lange unverzweigte Kohlenwasserstoffkette aus 13 C-Atomen und 1 C-Atom in der Carboxylgruppe COOH auf:

$$CH_3–CH_2–CH_2–CH_2–CH_2–CH_2–CH_2–CH_2–CH_2–CH_2–CH_2–CH_2–CH_2–COOH$$

Die Stearinsäure enthält in der Seitenkette vier weitere CH_2-Reste, ist also eine C-18-Säure. Diese Säuren enthalten zwischen den C-Atomen nur Einfachbindungen und heißen **gesättigte Fettsäuren**.

Tab. 4.8 Einige kurzkettige Carbonsäuren und deren Verwendung

Name	Formel	Eigenschaften und Verwendung
Ameisensäure	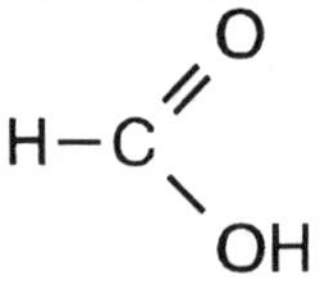	ätzende Flüssigkeit, als 0,5 %ige Lösung zur Konservierung
Essigsäure	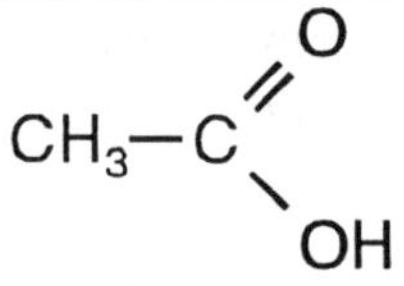	ätzende Flüssigkeit, in 1 %iger Lösung als Adstringens; als 3 %ige Lösung im Haushalts-Essig
Propionsäure	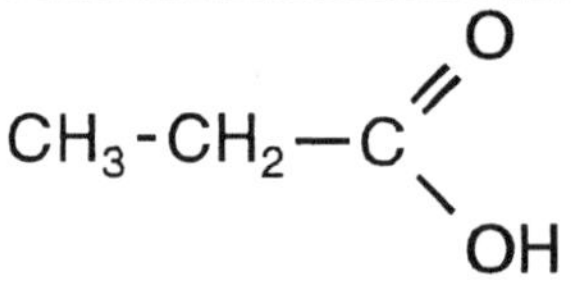	in der Kosmetik ohne Bedeutung; in Lebensmitteln zur Konservierung
Buttersäure	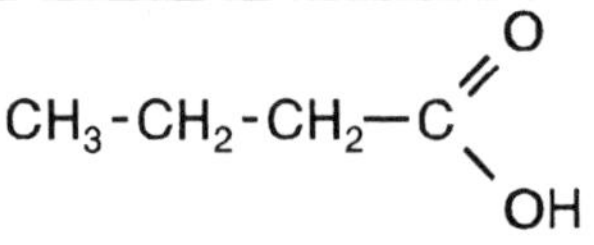	übel riechende Flüssigkeit; entsteht aus langkettigen Fettsäuren beim biolog. und chemischen Verderb

Sind in der Seitenkette R bestimmte Kohlenstoff-Atome durch Doppelbindungen miteinander verknüpft, so handelt es sich um **ungesättigte Fettsäuren**. Einfach ungesättigte Fettsäuren enthalten 1 Doppelbindung, von denen in der Natur die Palmitoleinsäure (mit 16 C-Atomen) und die Ölsäure (mit 18 C-Atomen) am häufigsten vorkommen. Mehrfach ungesättigte Fettsäuren enthalten mehrere Doppelbindungen in der Seitenkette (Tab. 4.9).

Die mehrfach ungesättigten Fettsäuren Linol- und Linolensäure gehören zu den essentiellen Nahrungsbestandteilen, da sie im Stoffwechsel des Menschen nicht gebildet werden, aber für den Aufbau der Plasmamembran sowie für die Biosynthese des Hormonvorläufers Arachidonsäure und vieler weiterer Verbindungen benötigt werden. Linol- und Linolensäure werden manchmal fälschlicherweise als Vitamin F bezeichnet. Der Bedarf an diesen Fettsäuren liegt aber weit höher als es für echte Vitamine der Fall ist.

Tab. 4.9 Liste von einigen hochungesättigten Fettsäuren

Name	Anzahl der C-Atome	Anzahl der Doppelbindungen	Symbol
Linolsäure	18	2	18:2
Linolensäure	18	3	18:3
Arachidonsäure	20	4	20:4

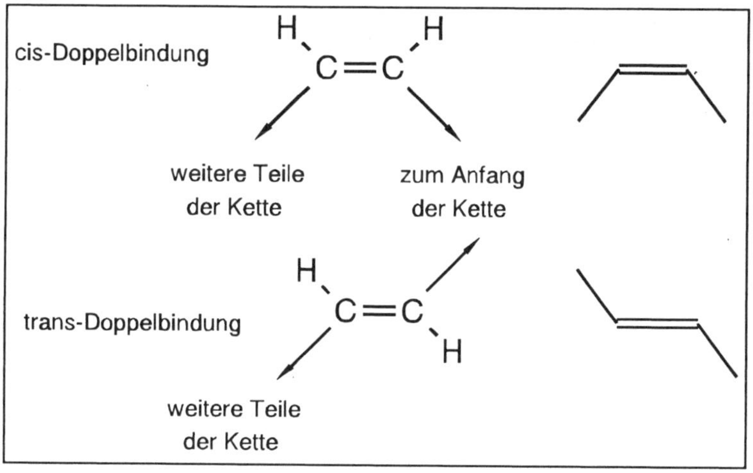

Abb. 4.21 Die beiden Verknüpfungsmöglichkeiten an zwei über eine Doppelbindung verbundenen C-Atomen. Durch die Doppelbindung sind die C-Atome starr miteinander verbunden und können sich nicht mehr entlang der Verbindungslinie zwischen den C-Atomen drehen. Wenn die beiden H-Atome auf der gleichen Seite der Bindung stehen, handelt es sich um eine cis-Bindung, wenn sie dagegen auf den gegenüberliegenden Seiten der Doppelbindung verblieben sind, ist eine trans-Doppelbindung entstanden. Auf der rechten Seite sind die beiden Kurzsymbole für die cis- und trans-Doppelbindung dargestellt.

Um die Formeln der Fettsäuren übersichtlicher zu gestalten, zeichnet man die Ketten als Zickzack-Linien, wobei in jeder Ecke ein (nicht abgebildetes) C-Atom steht. Mit dieser Darstellung berücksichtigt man die Tatsache, dass nach der Verknüpfung von C-Atomen tatsächlich eine zickzackförmige Kette entsteht (siehe Tab. 4.2). Wenn zwei C-Atome durch eine Doppelbindung miteinander verknüpft sind, kann entweder eine cis- oder trans-Doppelbindung vorliegen (Abb. 4.21). Alle natürlichen ungesättigten Fettsäuren bilden Doppelbindungen in der cis-Form. In dieser Anordnung können sich die Kettenteile links und rechts von der Doppelbindung einrollen, so dass sich die Berührungsfläche zu den Nachbarmolekülen verkleinert. Deshalb sind die ungesättigten Fettsäuren (und die daraus gebildeten Fette) bei Zimmertemperatur flüssig (Abb. 4.22). Trans-Doppelbindungen zwischen den C-Atomen kommen im Squalen (siehe Abchnitt 4.1) sowie in zahlreichen Pflanzenfarbstoffen (wie den Carotinoiden, Abb. 5.2) vor.

Tab. 4.10 Übersicht über die wichtigsten gesättigten und ungesättigten Fettsäuren, die in der Natur an Glycerin gebunden als Fette und Öle vorkommen sowie in Form der Phospholipide die Plasmamembranen bilden (siehe auch Abschnitt 4.9.2 und 4.9.3)

Anzahl d. C-Atome	Fettsäure	Strukturformeln
	gesättigte Fettsäuren	
12	Laurinsäure	
14	Myristinsäure	
16	Palmitinsäure	
18	Stearinsäure	
	einfach ungesättigte Fettsäuren	
16	Palmitoleinsäure	
18	Ölsäure	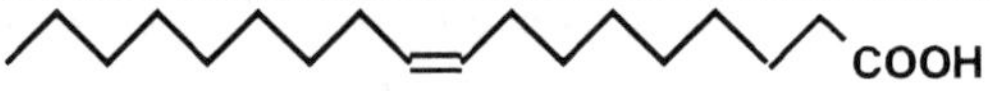
	mehrfach ungesättigte Fettsäuren	
18	Linolsäure	
18	Linolensäure	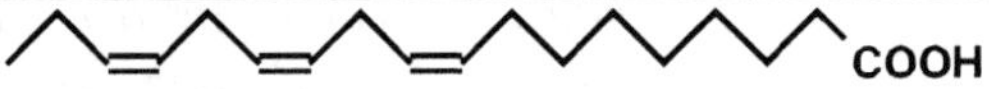
18	γ-Linolensäure +	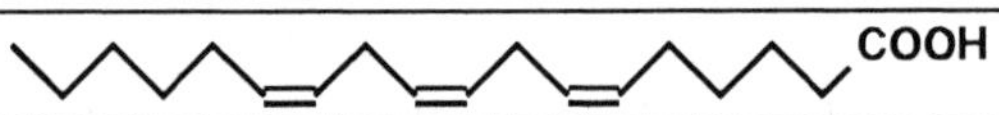
20	Arachidonsäure	

+ gesprochen: Gamma-Linolensäure; im Triglycerid des Nachtkerzenöls enthalten. Entsteht auch im menschlichen Körper aus Linolsäure im Verlauf der Arachidonsäure-Biosynthese

Für die mehrfach ungesättigten Fettsäuren ist typisch, dass ihre Doppelbindungen nicht nebeneinander stehen, sondern durch eine $-CH_2-$Gruppe getrennt sind. Man bezeichnet diese Doppelbindungen als **isoliert**, während in den Carotinoiden und anderen ungesättigten Verbindungen die Doppelbindungen an benachbarten C-Atomen beginnen, so dass sie **konjugiert** sind (Abb. 4.23).

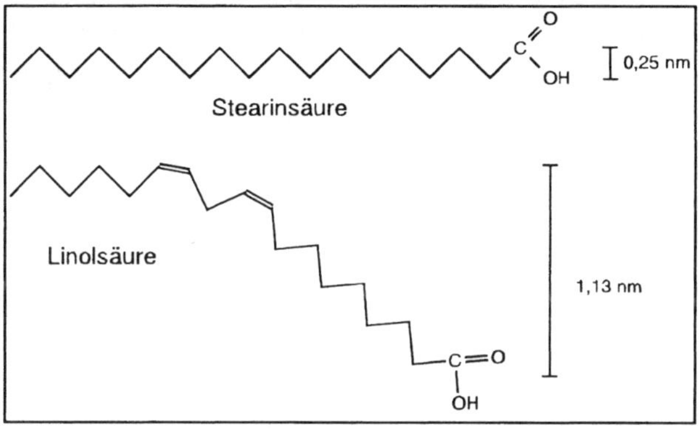

Abb. 4.22 Räumliche Anordnung der Stearinsäure und der zweifach ungesättigten Linolsäure.

Da Fettsäuren zu den schwachen Säuren zählen (s. Abschn. 3.8 und 3.11), dissoziieren sie nur in geringem Umfang in Säurerest und Proton (siehe Abb. 4.20), so dass sie vorwiegend als undissoziierte Moleküle der allgemeinen Formel R–COOH vorliegen und keine elektrische Ladung tragen. Daher verhalten sich Fettsäuren wie hydrophobe Moleküle und sind in Wasser nur schlecht löslich.

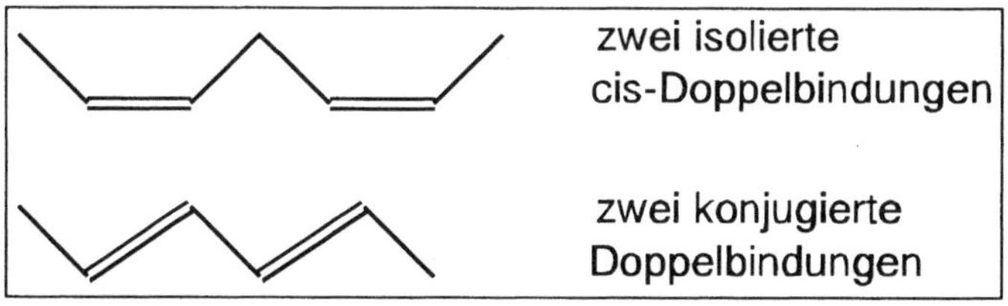

Abb. 4.23 Vergleich der Molekülstrukturen im Bereich der isolierten bzw. konjugierten Doppelbindungen. Die isolierten cis-Doppelbindungen sind durch eine $-CH_2-$Gruppe voneinander getrennt.

4.9 Ester

Alkohole bilden mit beliebigen Säuren **Ester** (Abb. 4.24). So entsteht der Ester Cellulosenitrat nach Umsetzung der Alkoholgruppen an den Glucoseresten der Cellulose mit der anorganischen Säure Salpetersäure.

Alkohol + Säure ⇌ Ester + Wasser

Abb. 4.24 Umsetzung eines Alkohols mit einer Säure unter Bildung eines Esters

Obwohl die Esterbildung viel Ähnlichkeit mit der Salzbildung aus Lauge und Säure hat, besitzen die gebildeten Produkte völlig andere Eigenschaften. Während die Salze als polare Verbindungen wasserlöslich sind, haben die Ester nur noch hydrophobe Eigenschaften, weil die hydrophilen Gruppen des Alkohols und der Säure bei der Esterbildung „verbraucht" worden sind.

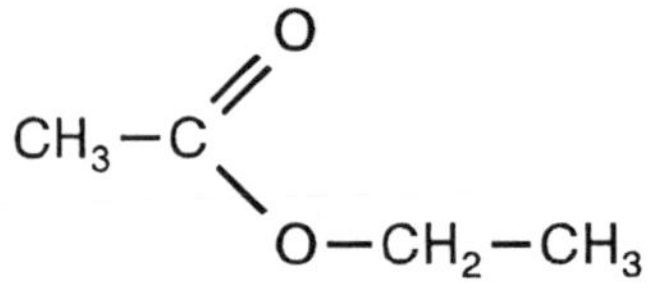

Essigsäureethylester

Ester, die aus kurzkettigen Alkoholen und kurzkettigen Carbonsäuren gebildet werden, gehören zur Gruppe der **Fruchtester**. So entsteht bei der Umsetzung von Ethanol (einem kurzkettigen Alkohol) mit Essigsäure (einer kurzkettigen Carbonsäure) der Essigsäureethylester (auch Ethylacetat genannt). Diese angenehm riechende Flüssigkeit dient im Nagellack und Nagellackentferner als ungiftiges Lösungsmittel.

Andere Ester mit kurzem Alkylrest sind die Inhaltsstoffe von Fruchtaromen, die zur Herstellung von Fruchtessenzen herangezogen werden (Tab. 4.10, siehe auch Kap. 9.4). Die Fruchtester entstehen aus der Verbindung zwischen **einwertigen** Alkoholen und einer Carbonsäure.

Tab. 4.11 Zusammensetzung und Eigenschaften einiger Fruchtester

Name	Anzahl der C-Atome der Carbonsäure	Anzahl der C-Atome des Alkohols	Verwendung
Essigsäure-ethylester	2	2	Lösungsmittel im Nagellack
Buttersäure-ethylester	4	2	Pfirsicharoma
Buttersäure-amylester	4	5	Birnenaroma

4.9.1 Wachse

Ursprünglich bezeichnete man nur solche Ester als Wachse, die aus der Reaktion eines langkettigen einwertigen Alkohols mit einer langkettigen Carbonsäure hervorgegangen sind. Heute werden auch solche Verbindungen als Wachse angesehen, bei denen der Alkohol oder die Carbonsäure oder auch beide Reaktionspartner kürzere Alkylreste aufweisen. Der Aggregatzustand des Esters und die Konsistenz des Produktes (weich, hart, spröde, ölig) hängen von der Länge und Struktur der Alkylreste des Alkohols und der Carbonsäure ab. Eine wichtige Gruppe von Estern entsteht aus der Verbindung zwischen einem kurzkettigen Alkohol mit einer Fettsäure. Sie bilden die Gruppe der **flüssigen Wachse** (Tab. 4.12).

Tab. 4.12 Zusammensetzung und Eigenschaften einiger flüssiger Wachse

Name	gebundene Fettsäure*	gebundener Alkohol*	Fp. und Verwendung
Isopropyl-myristat	C-14	C-3	3 °C; Rückfettungsmittel, zieht rasch in die Haut ein
Cetiol A	C-12	C-6	unter 0 °C; hautfreundlicher Grundstoff für Cremes
PCL-Liquid	C-16 u. C-18	C-8	unter 0 °C; gut spreitend, temperaturunabhängige Viskosität
Jojobaöl	C-20 u. C-22	C-20 und C-22	12 °C; zieht gut in die Haut ein, chemisch stabil, hautfreundlich

Erklärung der Abkürzungen:
gebundene Fettsäuren: C-12, Laurinsäure; C-14, Myristinsäure; C-16, Palmitinsäure; C-18, Stearinsäure; C-20, Eicosensäure, enthält 1 Doppel-bindung; C-22, Docosensäure, enthält 1 Doppelbindung.
gebundene Alkohole: C-3, Isopropanol; C-6, Hexanol; C-8, 2-Ethylhexanol (verzweigt); C-20, Eicosenol, enthält 1 Doppelbindung; C-22, Docosenol, enthält 1 Doppelbindung.

Beim Vergleich der chemischen Strukturen fällt das **Jojobaöl** insofern aus der Gruppe der flüssigen Wachse heraus, weil sowohl die Alkohol- als auch die Carbonsäure-Komponente dieser Estermischung langkettige Alkylreste enthalten. Der Ester ist bei Zimmertemperatur flüssig, weil beide Alkylreste je eine Doppelbindung besitzen. Aber trotz der Doppelbindungen wird dieses flüssige Wachs nicht ranzig (siehe Kap. 4.9.5). Jojobaöl wird aus den olivenähnlichen Früchten des Jojobastrauches (SIMMONDSIA CHINENSIS) gewonnen, der zu den Buchsbaumgewächsen gehört. Bei der Hautpflege zieht Jojobaöl rasch ein und vermittelt ein angenehmes samtiges Gefühl auf der Haut.

Der aus Myristinsäure und Isopropanol gebildete Ester **Isopropylmyristat** ist dünnflüssig und mit Paraffinen und pflanzlichen Ölen mischbar. Er verbessert das Eindringvermögen der Pflegemittel einer Creme in die Haut, ohne dass dabei ein klebriger Film entsteht. In Seifen und Shampoos dient Isopropylmyristat als **Rückfettungsmittel**, da es nach einer Seifenwäsche (oder allgemein nach einer

Tensidbehandlung) die vorübergehende Hautentfettung mildert. Weiterhin wirkt Isopropylmyristat als Lösungsvermittler für Verbindungen, die in flüssigen Paraffinen oder pflanzlichen Ölen nur schwer löslich sind. So macht Isopropylmyristat Parfümöle mineralöllöslich oder ermöglicht stabile Dispersionen von Farbstoffen bei der Lippenstift-Herstellung. Aufgrund der bemerkenswerten chemischen Stabilität dieses flüssigen Wachses werden zur Herstellung kosmetischer Zubereitungen immer öfter die herkömmlichen und leicht verderblichen fetten Öle zumindest teilweise gegen Isopropylmyristat ausgetauscht. Als Rückfettungsmittel werden neuerdings auch der Linolsäureethylester und PEG-Fettsäure-Derivate sowie Wachsdispersionen, wie Lamesoft® PW45, eingesetzt.

Ein hervorragendes Beispiel eines synthetischen Wachses ist PCL-Liquid, ein Gemisch der Ester von Palmitinsäure und Stearinsäure mit dem verzweigtkettigen C-8-Alkohol 2-Ethylhexanol. Ursprünglich nannte man dieses flüssige Wachs Purcellinöl in Anlehnung an die Inhaltsstoffe der Bürzeldrüse von Schwimmvögeln. Wie das Bürzeldrüsenöl bildet PCL-Liquid auf der Haut eine dünne, nicht fettig oder klebrig wirkende Schicht. Neben hohem Spreitvermögen besitzt es eine über große Temperaturbereiche hinweg gleichbleibende Viskosität, ist enzymatisch nicht abbaubar und erzeugt keine Hautreizungen. Das flüssige und geruchlose Präparat verbessert nach Zugabe zu sehr verschiedenen Produktgruppen – wie zu Reinigungsmilch, Badepräparaten, dekorativen Kosmetika – die Konsistenz und die kosmetisch relevanten Eigenschaften dieser Präparate. Besonders wichtig ist die filmauflockernde Wirkung von PCL-Liquid auf Paraffin- und Paraffin-Wollwachs-Gemische, wobei es einer Okklusion entgegenwirkt und Öle bzw. ölreiche Cremes hautverträglicher macht.

Unter der Gruppenbezeichnung **Cetiol®** gibt es ein Sortiment synthetischer Wachse; so wird der Laurinsäurehexylester unter dem Namen Cetiol A bei der Herstellung von Cremes, Lippenstiften und anderen Kosmetika eingesetzt und dient als Ersatzstoff für andere Naturprodukte. Als Cetiol V wird der Ölsäuredecylester bezeichnet, bei dem also der aus 10 C-Atomen bestehende Fettalkohol Decylalkohol mit Ölsäure in ein flüssiges Wachs überführt worden ist. Auch dieses Produkt verbessert das Spreitvermögen und die Penetration von Wirkstoffen aus den Pflegemitteln in die Haut.

In den **echten Wachsen** sind sowohl die Alkohol- als auch die Carbonsäurekomponenten langkettig, und es fehlen in den Alkylketten Doppelbindungen (Tab. 4.13). Der bekannteste Vertreter ist das **Bienenwachs**. Es besteht zu ¾ aus einer Mischung verschiedener Ester von langkettigen Fettsäuren mit langkettigen Alkoholen, die mehr als 18 C-Atome enthalten und als **Wachsalkohole** zusammengefasst werden. Die mengenmäßig wichtigste Komponente des Bienenwachses besteht aus einem Ester zwischen Palmitinsäure und dem 30 C-Atome enthaltenden Myricylalkohol. Zu den Wachsalkoholen zählen außerdem der 26 C-Atome enthaltende Cerylalkohol, der im Wollwachs als Ester vorkommt (s. unten), und der 24 C-Atome enthaltende Carnaubylalkohol im Carnaubawachs. Die langkettigen Carbonsäuren in den Wachsen bezeichnet man als Wachssäuren;

zu den wichtigsten Vertretern zählen Lignocerinsäure (aus 24 C-Atomen), Cerotinsäure (26) und Montansäure (28). Aus Preisgründen gibt es inzwischen Bienenwachsersatzprodukte, bei denen entweder, wie im Cetylpalmitat, kürzere Fettsäuren gebunden sind, oder synthetische Fettalkohole zur Wachsbildung verwendet werden. Bienenwachs enthält noch unveresterte Fettsäuren und Wachsalkohole, deren Anteil jedoch so niedrig ist, dass Bienenwachs kaum emulgierende Eigenschaften aufweist. Es dient in erster Linie als Konsistenzgeber in Cremes; in Lippenstiften verbessert Bienenwachs (oder Cetylpalmitat) die Haftfestigkeit der Farbstoffe auf der Haut („kussechte Lippenstifte").

Tab. 4.13 Zusammensetzung, Schmelzpunkt und Verwendung einiger Wachse

Name	gebundene Fettsäure*	gebundener Alkohol*	Schmelzpunkt und Verwendung
Bienenwachs	C-16	C-30	62 °C; Lippenstift
Carnaubawachs	C-26	C-30	86 °C; Augenbrauenstift
Walrat	C-16	C-16	43 °C; Cremes
Wollwachs	C-10 bis C-30	C-18 bis C-27	40 °C; Cremes

* Erklärung der Abkürzungen:
gebundene Fettsäuren: C-10, Caprinsäure; C-16, Palmitinsäure; C-26, Cerotinsäure; C-30, Lanocerinsäure.
gebundene Alkohole: C-16, Cetylalkohol; C-18, Stearylalkohol; C-27, Cholesterin; C-30, Myricylalkohol.

Wollwachs, das manchmal fälschlicherweise auch Wollfett genannt wird, ist das Ausscheidungsprodukt der Talgdrüsen des Schafes und besteht zu rund 95 % aus Wachsen. Der Rest entfällt auf freie Wollwachsalkohole, Kohlenwasserstoffe, Fettsäuren und andere Lipide. Wollwachs wird aus der geschorenen Wolle mit Isopropanol sowie Hexan extrahiert. In erster Linie enthalten diese Wachse als Fettsäuren Palmitinsäure, Ölsäure, Lanocerinsäure (eine C-30-Säure) und Myristinsäure. Die zweite Esterkomponente wird unter der Bezeichnung **Lanolinalkohole** oder **Wollwachsalkohole** zusammengefasst, die Handelsbezeichnung hierfür ist **Eucerit**®. Es enthält vor allem Cholesterin, Lanosterin und weitere Sterine, auf die zusammen rund 55 - 75 % der Wollwachsalkohole entfallen. Mit einem Anteil von 15 - 25 % kommen als Esterkomponente außerdem langkettige **Fettalkohole** (mit Kettenlängen zwischen 16 und 36 C-Atomen) vor, wie Cetylalkohol (C-16) und Cerylalkohol (C-26). Aus Wollwachsalkoholen wird unter Zusatz von Vaseline und Cetyl- sowie Stearylalkohol **Eucerin® anhydricum** hergestellt, das als vielseitige Salbengrundlage dient. Aus Eucerin kann man durch Zugabe geeigneter Emulgatoren die Grundlage für O/W- oder W/O-Emulsionen herstellen (siehe 6.2.2). Im pH-5-Eucerin wird durch einen Zusatz von Citronensäuresalzen der Gehalt an H^+-Ionen dem pH-Wert der Haut angeglichen. Die Mischung aus 65 % Wollwachsalkoholen, 15 % Paraffinöl und 20 % Wasser heißt Lanolin und wird als Cremegrundlage besonders für die Herstellung von Nachtcremes bzw. als Konsistenzgeber für die Kosmetikaherstellung herangezogen.

Carnaubawachs wird aus der Wachspalme COPERNICA CERIFERA gewonnen. Von allen natürlichen Wachsen weist es den höchsten Schmelzpunkt von 86 °C auf. Dieses Wachs wird zur Herstellung von Lippenstiften sowie Nagelpoliermitteln verwendet.

Speziell für die Herstellung hochwertiger Kosmetika benutzte man früher das aus dem Körperöl des Pottwals (PHYSETER CATODON) abgeschiedene Wachsgemisch **Walrat**. Es besteht vorwiegend aus dem Palmitinsäureester mit Cetylalkohol. Zur Artenerhaltung darf kein kosmetischer Grundstoff mehr aus Walfischen gewonnen werden. Daher werden heute nur noch der synthetische Ester Cetylpalmitat (Walratersatz) oder andere Austauschstoffe, wie Cutina CP®, als Konsistenzgeber verwendet.

4.9.2 Triglyceride

Eine kosmetisch wichtige Gruppe von Estern entsteht aus Fettsäuren nach Umsetzung mit dem **dreiwertigen** Alkohol Glycerin. Bei der Synthese dieser Ester reagieren **drei** Fettsäure-Moleküle mit **einem** Molekül Glycerin unter Bildung der **Triglyceride**, zu denen alle wichtigen pflanzlichen Öle sowie die pflanzlichen und tierischen Fette zählen. Zur Unterscheidung von den **Mineralölen** (Paraffinölen) fasst man die Triglyceride unter der Bezeichnung **fette Öle** zusammen (Abb. 4.25).

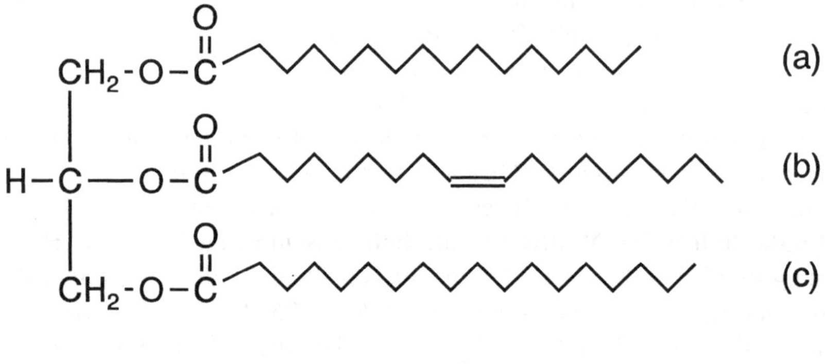

Abb. 4.25 Struktur eines Fettes oder fetten Öles. Man erkennt die Kohlenwasserstoffketten dreier Fettsäuren, von denen die in der Mitte stehende Fettsäure fast immer mindestens eine Doppelbindung enthält (z. B. im vorliegenden Beispiel Ölsäure). Die drei Fettsäuren sind mit jeweils einer Alkoholgruppe des Glycerins unter Esterbildung verknüpft, z. B. (a) Palmitinsäure, (b) Ölsäure und (c) Stearinsäure.

Die Hautlipide bestehen zu rund 1/3 aus Triglyceriden. An den drei Alkoholgruppen des Glycerins stehen in der Regel verschiedene Fettsäuren. Die häufigste, in den Hautfetten vorkommende Fettsäure ist die Palmitinsäure; allerdings enthalten die Hautfette charakteristischerweise auch viele seltene, zum Teil verzweigte Fettsäuren, die antibakterielle und fungizide Wirkungen haben sollen (Tab. 4.14).

Tab. 4.14 Anteil der in den Triglyceriden des Hautfettes gebundenen Fettsäuren (in Klammern: Anzahl der C-Atome; nach dem Doppelpunkt: Anzahl der Doppelbindungen)

Fettsäure	%
Palmitinsäure (16:0)	25
6-Hexadecensäure (16:1)	22
8-Octadecensäure (18:1)	9
Myristinsäure (14:0)	7
Pentadecensäure (15:1)	4
Stearinsäure (18:0)	3
Ölsäure (18:1)	2
Heptadecansäure (17:0)	1
Linolsäure (18:2)	0,5
220 weitere (auch verzweigte Fettsäuren)	26,5

Triglyceride, in denen hauptsächlich die gesättigten Fettsäuren Palmitinsäure und Stearinsäure vorkommen, bilden bei Zimmertemperatur **feste** Verbindungen, nämlich die **Fette**. Dagegen sind Triglyceride, die vor allem ungesättigte Fettsäuren enthalten, flüssig und heißen fette **Öle**. Je mehr Doppelbindungen in den im Triglycerid gebundenen Fettsäuren vorkommen, umso flüssiger ist das daraus gebildete Öl. Die charakteristische Verschiebung des Gehaltes an kurzen und gesättigten Fettsäuren in den Fetten zugunsten der ungesättigten Fettsäuren in den fetten Ölen geht aus der Abbildung 4.26 hervor. Alle (festen) Fette haben einen Fp. unter 37 °C, so dass bei Körpertemperatur auch die Fette flüssig sind.

Bermerkenswert ist ein relativ hoher Gehalt an den 6, 8, 10 und 12 C-Atome enthaltenden gesättigten Fettsäuren Capron-, Capryl-, Caprin- und Laurinsäure im Butter- und Milchfett sowie im Kokosfett. Da speziell die kurzkettigen Fettsäuren, wenn sie durch Fettspaltung aus den Fetten freigesetzt werden, hautirritierend wirken, zählt Kokosfett zu den minderwertigen Grundstoffen für Hautpflegemittel. Langkettige gesättigte Fettsäuren, wie die Arachinsäure (20:0), Behensäure (22:0) und Lignocerinsäure (24:0), haben im Vergleich zu den übrigen gesättigten Fettsäuren höhere Schmelzpunkte und sind Bestandteile der Triglyceride von Erdnussöl, Sojabohnenöl bzw. Keimölen. Die ungesättigten Fettsäuren Ölsäure (18:1), Linolsäure (18:2) und Linolensäure (18:3) sind typische Bestandteile der Triglyceride von pflanzlichen Ölen; Arachidonsäure (20:4) und andere längerkettige mehrfach ungesättigte Fettsäuren kommen charakteristischerweise in Fischölen vor und sind in Form von Phospholipiden (siehe folgender Abschnitt) Bestandteile der tierischen Zellmembranen.

Die biologische Bedeutung der Fette und fetten Öle liegt in ihrem hohen Nährwert, der rund doppelt so hoch ist wie der einer gleich großen Menge an Kohlenhydraten oder Eiweiß. Die wasserunlöslichen Fette und Öle stellen für Pflanzen und Tiere einen konzentrierten Nährstoff dar, der z. B. in Pflanzensamen als raumsparende Reservesubstanz gespeichert wird und daraus für die Kosmetik in Form von Keimölen zur Verfügung steht.

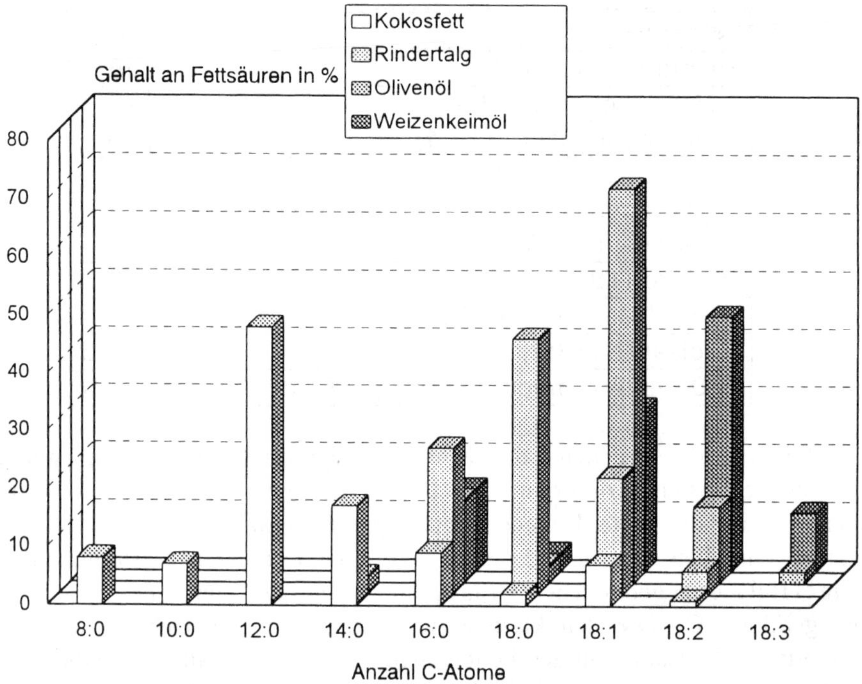

Abb. 4.26 Anteil gesättigter und ungesättigter Fettsäuren in einigen Fetten und Ölen in %. Auf der x-Achse sind die in den Triglyceriden vorkommenden Fettsäuren aufgetragen, deren Gehalt 1 % übersteigt. Als Symbol für die Fettsäuren wird die Anzahl der C-Atome und im Fall der ungesättigten Fettsäuren zusätzlich die Anzahl der Doppelbindungen angegeben: 8:0 Caprylsäure; 10:0 Caprinsäure; 12:0 Laurinsäure; 14:0 Myristinsäure; 16:0 Palmitinsäure; 18:0 Stearinsäure; 18:1 Ölsäure; 18:2 Linolsäure; 18:3 Linolensäure. Man erkennt, dass in den Fetten die kürzeren und gesättigten Fettsäuren überwiegen, während in den Ölen die ungesättigten Fettsäuren (Ölsäure, Linolsäure und Linolensäure) besonders reichlich vorkommen.

Fette und Öle werden in erster Linie durch Kaltpressung bzw. durch Ausschmelzen gewonnen. Allen Fetten und Ölen sind folgende Eigenschaften gemeinsam: sie sind in Wasser unlöslich, wenig löslich in Ethanol und gut löslich in apolaren Lösungsmitteln. Ihr spezifisches Gewicht ist kleiner als 1, so dass Öle auf dem Wasser schwimmen. Während feste Fette (Palmfett, Rindertalg usw.) in erster Linie zur **Seifen**herstellung verwendet werden, dienen fette Öle zur Herstellung von **Cremes** und **Hautölen**. Hautöle enthalten kein Wasser und sollen der Haut das durch Baden entzogene Fett wieder zuführen. Ähnliche Zusammensetzung haben **Massageöle**, welche die Gleitfähigkeit der Haut erhöhen sollen. Die Triglyceride ziehen im Vergleich zu den Paraffinölen tiefer in die Hornschicht ein. Für die Herstellung von Hautpflegemitteln werden vorwiegend folgende Öle herangezogen:

Erdnussöl (Schmelzpunkt [Fp.] 2 °C) wird aus den Samen von ARACHIS HYPOGEA (Erdnuss) sowohl durch Pressung als auch durch Extraktion gewonnen. In den Trigylceriden dieses Öls kommt Ölsäure zu rund 50 % und Linolsäure zu 30 % vor. Wegen der im Erdnussöl enthaltenen natürlichen Anti-Oxidationsmittel (s. Abschnitt 4.9.5 und 6.8) wird das Öl nur langsam ranzig. **Olivenöl** (Fp. ca. 0 °C) wird aus Olivenfrüchten (OLEA EUROPAEA) gepresst und enthält als Triglycerid außer Ölsäure (68 %) noch Linol- (13 %) und Palmitinsäure (14 %). Olivenöl erster Pressung wird zur Herstellung hochwertiger Cremes und Hautpflegemittel verwendet. **Sojaöl** (aus dem Samen von GLYCINE MAX.) enthält rund 50 % Linolsäure, 30 % Ölsäure sowie 10 % Linolensäure. Sojaöl wird auch zur Herstellung von Pflanzenextrakten verwendet. So entsteht Calendulaöl als Extrakt der Ringelblume mit Hilfe von Sojaöl. **Weizenkeimöl** wird aus Weizenkeimen (TRITICUM AESTIVUM) gepresst. Mindestens 60 % der Fettsäuren sind mehrfach ungesättigt. Das Öl enthält neben Vitamin E noch bis zu 3 % Lecithin (s. Abschnitt 4.9.3), Carotin (Provitamin A) und bis zu 2 % Phytosterine (vor allem Ergosterin). Weizenkeimöl wird besonders für Präparate zur Behandlung trockener Haut herangezogen. Die Phytosterine haben eine hauterweichende und -glättende Wirkung. **Mandelöl** (Fp. -10 °C) wird aus süßen Mandeln (PRUNUS AMYGLADUS) durch Kaltpressung gewonnen. Es gilt als mildes und bestes Grundöl für die Herstellung feiner Hautpflegemittel. **Avocadoöl** wird wegen des hohen Gehaltes an Anti-Oxidantien (vor allem an Vitamin E) nur selten ranzig. Avocadoöl wird in Präparate eingearbeitet, die besonders für die Behandlung von trockener Haut geeignet sind. Die Wirkstoffe in diesem Öl unterstützen die Granulation nach Hautverletzungen; die im Avocadoöl enthaltenen Phytosterine (maximal 1 %) entwickeln die bereits beim Weizenkeimöl erwähnte hauterweichende Wirkung.

Ricinusöl (Schmelzpunkt -12 °C) aus den Samen von RICINUS COMMUNIS kann wegen seines ausgeprägten Eigengeruchs nur in geringer Menge oder nach Zumischung von Parfümölen verwendet werden. Wegen seiner guten Lösungseigenschaften für Farbstoffe wird es bei der Lippenstift-Herstellung eingesetzt. Das Triglycerid enthält in erster Linie (zu fast 90 %) Ricinolsäure (12-Hydroxy-Ölsäure) gebunden. In zunehmendem Maße verwendet man Cetiol R oder den verzweigtkettigen Fettalkohol Eutanol G (2-Octyl-dodecanol) als Ricinusöl-Austauschstoff. Im Gegensatz zu den übrigen Ölen ist Ricinusöl ziemlich viskos und in Ethanol löslich, so dass Ricinusöl in alkoholischen Lösungen (wie Haarwasser oder Nagellackentferner) als Rückfettungsmittel verwendet wird.

Eine Mittelstellung zwischen Triglyceriden und den Wachsen nimmt die **Shea-Butter** (Schibutter) ein. Die Fettmasse wird durch Kaltpressung aus der pflaumenähnlichen Nussfrucht von BUTYROSPERMUM PARKII Kotschy gewonnen und besteht zu 50 % aus Triglyceriden, 7 % aus Wachsen und rund 30 % aus **Nichtverseifbarem** (einschließlich freier Fettsäuren), das ganz wesentlich für die hervorragenden dermatologischen Eigenschaften der Shea-Butter verantwortlich ist. Hierzu gehören Squalen (s. Abschnitt 4.1) und die bereits erwähnten Phytosterine, wie Stigmasterin und Sitosterin. Shea-Butter ist ziemlich sauerstoffempfindlich und muss durch Zugabe von Anti-Oxidantien (s. Abschnitt 6.8) stabilisiert werden. Zu den bemerkenswerten Eigenschaften der Shea-Butter gehören ihre hauterweichenden Wirkungen und ihr lindernder Effekt bei Verbrennungen, wie Sonnenbrand.

Die aus Kakaobohnen (THEOBROMA CACAO) gewonnene **Kakaobutter** wird nur noch selten für die Herstellung hautpflegender Kosmetika herangezogen, weil sie einen relativen großen Anteil an freien (unveresterten) kurzen Fettsäuren aufweist, die hautirritierend wirken. In Lippenstiften und Lippenpflegestiften ist gelegentlich noch Kakaobutter enthalten.

Tab. 4.14 Haltbarkeit verschiedener Öle

Öl	Haltbarkeit	Bemerkungen
Avocadoöl	sehr gut	enthält Vitamin E
Erdnussöl	gut	enthält Vitamin E
Weizenkeimöl	sehr gut	enthält Vitamin E
Ricinusöl	sehr gut	Ricinolsäure wirkt als Anti-Oxidationsmittel
Mandelöl	mittel	benötigt Zusatz von Anti-Oxidationsmitteln

Die Öle unterscheiden sich nicht nur durch den Gehalt an Phytosterinen und anderem Nichtverseifbaren sondern auch durch ihrer Haltbarkeit (Tab. 4.15), was in erster Linie auf den natürlichen Gehalt an Anti-Oxidantien zurückzuführen ist (siehe Abschnitt 4.9.5).

4.9.3 Phosphatide, Sphingolipide

Wenn Glycerin nicht mit drei sondern nur mit zwei Fettsäure-Molekülen und an der dritten Alkoholgruppe mit Phosphorsäure verestert wird, entsteht Phosphatidsäure als der Grundkörper der Phosphatide. Im Gegensatz zu den apolaren Triglyceriden trägt die Phosphatidsäure mindestens eine elektrische Ladung am Phosphatrest, so dass dieser Molekülteil hydrophile Eigenschaften entwickelt, während der Rest des Moleküls nach wie vor stark hydrophob (apolar) ist.

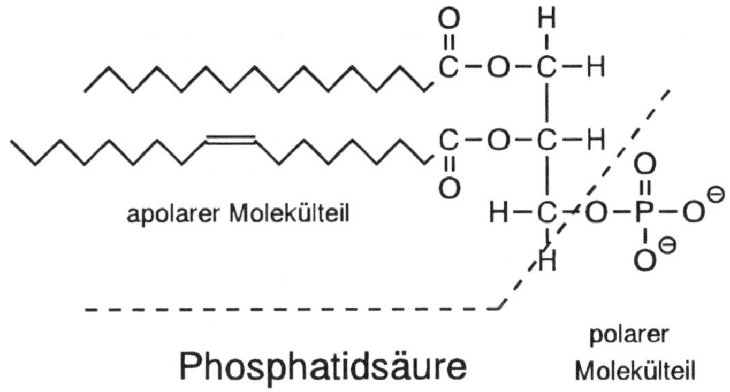

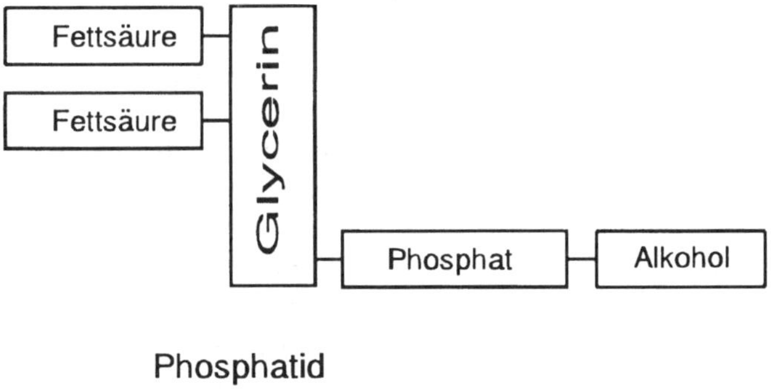

Abb. 4.27 Allgemeiner Aufbau der Phosphatidsäure und eines Phosphatides nach Veresterung einer der zwei (polaren) Gruppen am Phosphatrest mit einem Alkohol (siehe Tab. 4.15).

Im Stoffwechsel des Organismus wird die Phosphatidsäure in Verbindungen umgewandelt, in denen eine der zwei noch freien Säuregruppen der Phosphorsäure mit einem weiteren Alkohol verestert ist (Abb. 4.27). Als Alkohol kommen die in der Tab. 4.16 genannten Verbindungen in Frage. Ebenso wie die Phosphatidsäure besitzen alle Phosphatide, die zu den Phospholipiden zählen, sowohl hydrophobe als auch hydrophile Strukturanteile, weshalb man sie **amphiphile** Moleküle nennt (griech. amphi = sowohl als auch). Solche Moleküle sind in hervorragendem Maße in der Lage, doppelschichtige Membranen zu bilden, wobei sich die hydrophoben Anteile in der Doppelschicht innen befinden, während sich die polaren Anteile nach außen in die wässrige Umgebung erstrecken. Mit diesen Molekülen lassen sich geschlossene Vesikel bilden, die im Inneren hydrophile Stoffe enthalten können. Auf diesem Prinzip beruht die Herstellung und Anwendung der **Liposomen** (s. Abschnitt 6.2.2, Abb. 6.11).

Tab. 4.16 Bildung von Phosphatiden aus Phosphatidsäure und einem weiteren Alkohol sowie einige Eigenschaften des gebildeten Phosphatides

Alkohol	damit gebildetes Phosphatid	Eigenschaften
Cholin	Lecithin	Bildung zweischichtiger Membranen, z. B. von Plasmamembranen
Ethanolamin	Kephaline	besonders in Nervenzellmembranen
Serin	Serinkephaline	Nervenzellmembranen
Inosit	Phosphatidylinosit	in Plasmamembranen

Die Fähigkeit, spontan Schichten zu bilden, die sich zwischen zwei wässrigen Bereichen wie mehr oder weniger undurchlässige Membranen verhalten, wird durch eine einfache Symbolik dargestellt: ein „runder Kopf“ steht für den hydrophilen Anteil, während der stäbchenartige Molekülteil die hydrophoben Reste markiert, die häufig aus den langen Alkylketten der Fettsäuren bestehen. Die Eigenschaften amphiphiler Moleküle und ihre Bedeutung als Tenside werden ausführlich im Abschnitt 6.1.2 beschrieben.

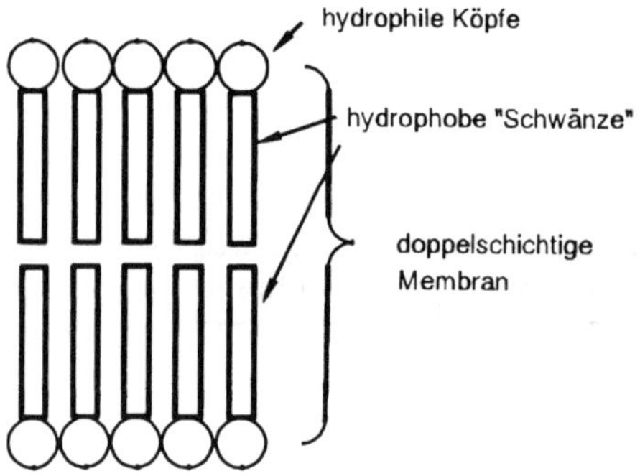

Lecithin gehört zu den wichtigsten Vertretern der Phosphatide und ist Bestandteil jeder Zellmembran. Es kommt in den aus Pflanzen gewonnenen Ölen, in der Milch, im Eigelb und in tierischen Geweben reichlich vor. In Hautpflegemitteln entwickelt Lecithin bei trockener Haut eine günstige Wirkung, was wohl in erster Linie auf die Fähigkeit zur Wasserbindung zurückzuführen ist. Verschiedentlich wird behauptet, dass Lecithin auch die Resorption von Wirkstoffen durch die Haut verbessert.

Phosphatidylinosit kommt in den Plasmamembranen zwar in geringerer Menge vor, spielt aber bei intakten Zellen eine wichtige Rolle bei der Weitergabe von Signalen, die zwischen den Zellen ausgetauscht werden bzw. von Hormonen nach Bindung an der Zelloberfläche ausgehen. Phosphatidylinosit kommt in geringer Menge im Sojaöl vor. Ebenso wie die übrigen Phosphatide verbessert auch dieser Vertreter die elastischen Eigenschaften der Hornschicht und macht sie geschmeidig.

Eine weitere Gruppe von komplexen Lipiden wird von den **Cerebrosiden** und **Sphingolipiden** gebildet (Abb. 4.28). Wie die Phosphatide sind auch diese Lipide amphiphil und in den Plasmamembranen nahezu aller Zellen zu finden. Wichtiger ist aber die Beobachtung, dass die Zellen des Stratum lucidum und granulosum (siehe Kap. 5) in der Epidermis diese Lipide ausscheiden. Sie bilden zusammen mit den Resten der Plasmamembranen untergegangener Keratinocyten die lipidhaltige „Kittsubstanz", die lamellenförmig angeordnet den engen Zusammenhalt der Hornschicht gewährleistet und damit ganz wesentlich den Stoffdurchsatz durch die Epidermis begrenzt. Zum Teil sind die Cerebroside durch Abspaltung ihres Zuckerrestes in **Ceramid** übergegangen. Wenn durch berufliche Exposition oder aus anderen Gründen die Haut häufig mit fettlösenden Lösungsmitteln in Kontakt kommt, werden die lamellären Lipide der Barrierezone herausgelöst, so dass nun die Haut verstärkt Wasser verliert und austrocknet.

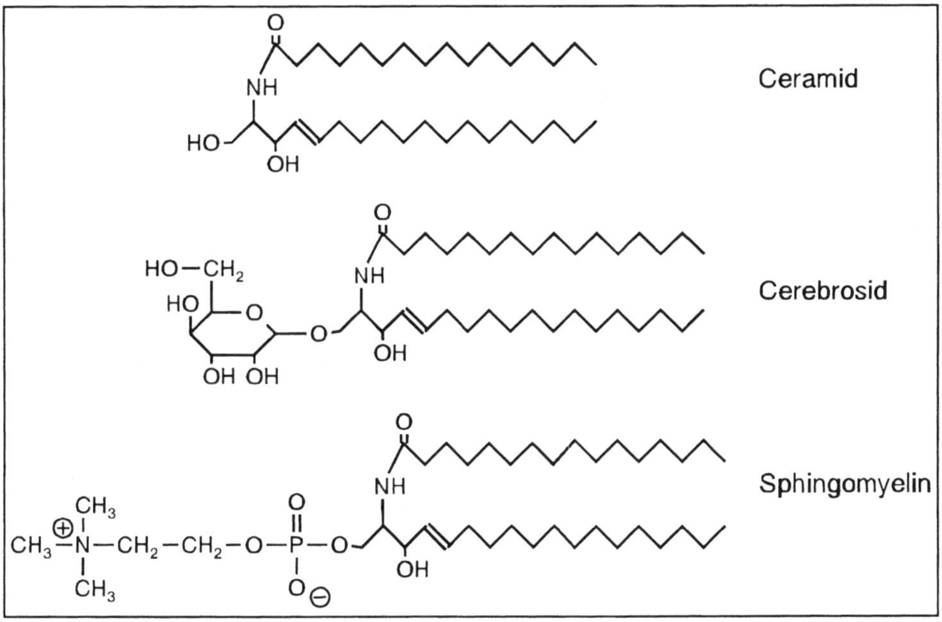

Abb. 4.28 Die Strukturen eines Ceramides sowie eines Cerebrosides und von Sphingomyelin.

4.9.4. Verseifung von Fetten

Die Umsetzung eines Alkohols mit einer Säure zum Ester, also die Veresterung (siehe Abb. 4-24), ist eine Gleichgewichtsreaktion, die mit der Rückreaktion, also der Spaltung des Esters, konkurriert.

$$\text{Alkohol} + \text{Säure} \underset{\text{Verseifung}}{\overset{\text{Veresterung}}{\rightleftharpoons}} \text{Ester} + \text{Wasser}$$

Während die Esterbildung dadurch begünstigt werden kann, indem der Ester wegen seiner besseren Flüchtigkeit aus dem Reaktionsgemisch abdestilliert oder das gebildete Wasser an einem Trockenmittel gebunden wird, kann man umgekehrt die Rückreaktion erzwingen, indem man die Säure mit Natronlauge in ihre Salze überführt. Bei dem schon seit dem Altertum bekannten Prozess der Fettspaltung mit Natronlauge entstehen aus Fetten die Salze von Fettsäuren, die wegen ihrer Waschwirkung als Seifen bezeichnet werden. In der Chemie hat sich für die Spaltung eines beliebigen Esters generell die Bezeichnung **Verseifung** eingebürgert, also auch für solche Reaktionen, bei denen während der Esterspaltung keine Seifen sondern andere Produkte entstehen.

Bei der Seifenherstellung werden in erster Linie tierische Fette und in geringerem Maße auch pflanzliche Öle durch Natronlauge gespalten (Abb. 4.29). Die Eigenschaften der dabei gewonnenen Fettsäuresalze und die Zusammensetzung und Wirkungsweise von Seife werden im Abschnitt 6.1.1 ausführlich behandelt. Die Fettspaltung erfolgt sowohl bei der Fettverdauung im Darm als auch beim biologischen Verderb von Fetten (siehe nächster Abschnitt) unter der Einwirkung von fettspaltenden Enzymen, den **Lipasen**. Dabei entstehen freie Fettsäuren sowie Glycerinteilester, z. B. Glycerinmonopalmitat. Bei der Bildung dieser Verbindungen aus den Triglyceriden sind also nicht alle drei Fettsäuremoleküle abgelöst worden, sondern es sind stark emulgierende amphiphile Stoffe entstanden. Bei der Verseifung von Fetten und Ölen geht daher ein für die hautpflegenden Eigenschaften wichtiger Bestandteil der kosmetischen Emulsion verloren.

$$\underset{\text{Ester}}{\text{Triglycerid}} + \underset{\text{Lauge}}{3\ \text{NaOH}} \xrightarrow{\text{Verseifung}} \underset{\text{Seife}}{3\ \text{Fettsäuresalze}} + \underset{\text{Alkohol}}{\text{Glycerin}}$$

Abb. 4.29 Seifenbildung aus Fett (Triglycerid) und Natronlauge. Dabei entstehen die freien Fettsäuren in Form ihrer Salze und Glycerin.

Andererseits müssen die Fette im Darm verseift werden, ehe sie die Darmwand passieren können. Auch die im Fettgewebe gespeicherten Fette werden als Reservestoffe erst dann an das Blut abgegeben, wenn sie zuvor durch Lipolyse in Fettsäuren und Glycerin gespalten worden sind. Im Blut werden die hydrophoben Fettsäuren an Albumin gebunden transportiert.

In einem natürlichen Fett- oder Ölgemisch kommen in wechselnden Mengen weitere Bestandteile vor, die keine Ester sind. Hierzu gehören Cholesterin, Phytosterine, Squalen, Carotine, fettlösliche Vitamine usw. Da diese Verbindungen keine Esterbindung enthalten, werden sie auch nicht durch Lauge gespalten und daher als **Nichtverseifbares** der Fette und Öle bezeichnet (siehe auch Abschn. 4.9.2). Häufig zählen diese Lipide zu den kosmetisch wichtigen Wirkstoffen, da sie hauterweichend (Phytosterine) oder antioxidativ (Vitamin E) und damit hautschützend wirken (siehe Kap. 7.2).

4.9.5 Ranzidität der Fette und Öle

Wegen ihrer begrenzten chemischen Stabilität werden Fette und Öle ranzig, wobei Geruchs- und Geschmacksveränderungen erfolgen, und das Fett oder Öl seine hautpflegenden Eigenschaften verliert. Die Ranzidität kann zwei Ursachen haben, die auch gleichzeitig wirksam sein können:

1) Der **biologisch bedingte Fettverderb**

Er ist auf die Tätigkeit von Mikroorganismen, wie Bakterien, Hefen und Schimmelpilzen, sowie auf die Aktivität von **Lipasen** zurückzuführen. Diese von den Mikroorganismen ausgeschiedenen fettspaltenden Enzyme zerlegen die Fette in einer als **Lipolyse** bezeichneten Reaktion. Da Mikroorganismen als Lebenselement Wasser benötigen, kommt der biologisch bedingte Fettverderb nur bei wasserhaltigen (d. h. emulgierten) Fetten und Ölen sowie Phosphatiden vor. Besonders bei Ölen mit hohem Gehalt an kurzkettigen Fettsäuren, z. B. Kokosnussfett, erfolgt die Lipolyse unter Freisetzung von Glycerin und Fettsäuren. Das verdorbene Fett schmeckt seifig. Die Mikroorganismen bauen schließlich die Fettsäuren und das Glycerin bis zu kurzkettigen oder sogar gasförmigen Stoffwechselprodukten ab (Geruchsranzidität). Bei der biologischen Spaltung von Phospholipiden entstehen unter anderem Amine, die nach verdorbenem Fisch riechen (**Vertranen** der Lipide). Der biologische Fettverderb wird durch Zusatz von Konservierungsstoffen verhütet, die zur Haltbarmachung von Lebensmitteln zugelassen sind (siehe Abschnitt 6.7).

2) Der **chemisch bedingte Fettverderb**

Er wird durch Einwirkung von Luft-**Sauerstoff** ausgelöst und durch verschiedene Faktoren, wie Licht, erhöhte Temperatur, Metallspuren (besonders Kupfer, Eisen und andere Schwermetalle) beschleunigt. Der Vorgang findet auch in wasserfreien Fetten und Ölen statt. Nach dem Start des oxidativen Abbaus bilden sich hoch reaktive Zwischenprodukte (Lipidradikale), durch die weitere Fettmoleküle destabilisiert werden (**Autoxidation**). Schließlich entstehen niedermolekulare Zerfallsprodukte, die sich insbesondere durch Spaltung der ungesättigten Fettsäuren an den Doppelbindungen bilden. Ebenso wie beim biologischen Verderb riechen und schmecken die Spaltprodukte schlecht (Abb. 4.30).

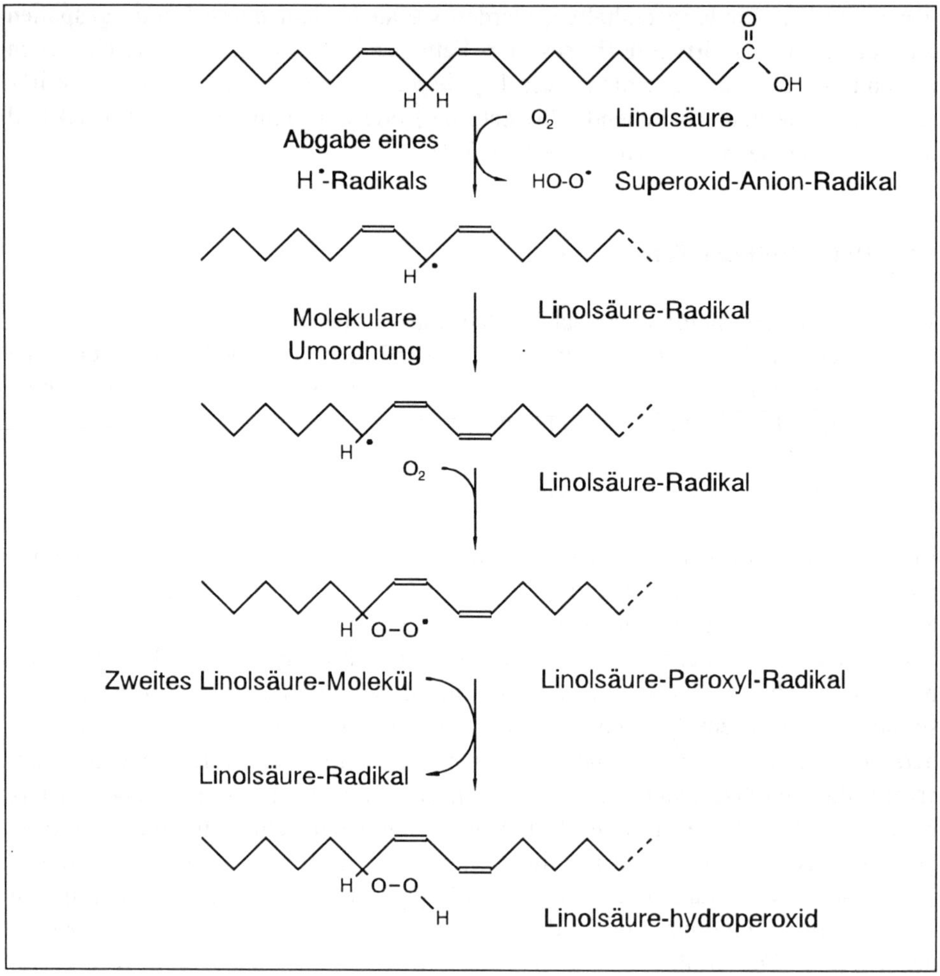

Abb. 4.30 *Oxidation von Linolsäure unter Bildung eines Radikals, Peroxyl-Radikals und von Linolsäure-Hydroperoxid. Die Oxidation beginnt mit dem Abzug eines H-Atoms, das noch ein „einsames" e^- trägt (H-Radikal). Das gleichzeitig gebildete Superoxid-Anion-Radikal oxidiert weitere Fettsäuremoleküle. Die Fettsäureoxidation unterhält sich selbst, weil am Ende der Reaktionskette ein weiteres Linolsäure-Radikal entsteht. Linolsäure-hydroperoxid zerfällt anschließend in kurzkettige Aldehyde und andere Oxidationsprodukte. (Nur das Linolsäure-Molekül der ersten Zeile ist komplett dargestellt, während in den übrigen Formeln der Molekülrest mit der Carboxylgruppe fehlt, was durch die gestrichelte Linie angedeutet ist. Der Punkt an den radikalischen Molekülen symbolisiert das für diese Verbindungen typische „einsame" Elektron.)*

Besonders ungesättigte Fettsäuren verlieren auch unter dem Einfluss energiereicher Strahlen (einschl. UV-Strahlen) oder in Gegenwart von Eisen- oder Kupferionen ein H-Radikal, d. h. der Fettsäurezerfall muss nicht unbedingt durch Sauerstoff ausgelöst werden. Da sich die Reaktion durch Bildung des Zwischenproduktes Linolsäure-Radikal am Schluss selbst unterhält, wird sie auch als **Autoxidation** bezeichnet. Der chemisch bedingte Fettverderb ist durch Konservierungsmittel nicht beeinflussbar, da Mikroorganismen hieran nicht beteiligt sind. Vielmehr müssen Anti-Oxidantien verwendet werden, welche die zu Beginn der Autoxidation entstehenden Radikale abfangen und damit die Kettenreaktion abbrechen. Ein bereits ranzig gewordenes Fett lässt sich nicht mehr durch Anti-Oxidantien stabilisieren oder gar regenerieren. Das wichtigste natürliche Antioxidans ist Vitamin E (s. Abschn. 6.8 u. 7.2). Einige Öle enthalten von Natur aus einen hohen Gehalt an Anti-Oxidationsmitteln und sind daher ohne weitere Zusätze gut haltbar (s. Tab. 4.15).

4.10 Fragen zur Selbstkontrolle

4-1 Kohlenwasserstoffe einer bestimmten Kettenlänge sind in kosmetischen Präparaten enthalten. Nennen Sie einige Vertreter.

4-2 Welcher Kohlenwasserstoff ist natürlicher Bestandteil des Hydrolipidmantels der Haut?

4-3 Was versteht man unter einem Alkohol?

4-4 Welcher Unterschied besteht zwischen einem einwertigen und einem mehrwertigen Alkohol?

4-5 Wovon hängt die Wasserlöslichkeit eines Alkohols ab?

4-6 Wie heissen die Oxidationsprodukte von Alkoholen? Nennen Sie einige kosmetisch wichtige Vertreter.

4-7 Welche Aufgabe haben Polysaccharide in kosmetischen Zubereitungen?

4-8 Nennen Sie einige Grundbausteine, aus denen Polysaccharide bestehen.

4-9 Was versteht man unter einem Polypeptid?

4-10 Wovon hängt die biologische Funktion eines Eiweißes ab? Was versteht man unter Eiweißdenaturierung?

4-11 Durch welche Kräfte wird die intakte Tertiärstruktur von Eiweiß stabilisiert?

4-12 Was versteht man unter einem Enzym?

4-13 Welche Eigenschaften besitzen Kollagen und Elastin in der Lederhaut?

4-14 Welche Wirkungen entfalten Kollagen und Elastin als Bestandteile von Hautpflegemitteln?

4-15 Was versteht man unter einer ungesättigten Fettsäure?

4-16 Wie heißt die einfach ungesättigte Fettsäure mit 18 C-Atomen? Welche gesättigte Fettsäure entsteht daraus nach Hydrierung?

4-17 Zu welchen chemischen Verbindungsklassen gehören die folgenden Lipide: a) Isopropylmyristat; b) Jojobaöl; c) Olivenöl; d) Lecithin; e) Cholesterin; f) Squalen.

4-18 Woraus gewinnt man Fettsäuren und wie bezeichnet man diesen Vorgang?

5. AUFBAU UND BIOLOGISCHE LEISTUNGEN DER HAUT

Die Haut bildet einerseits die Schutzhülle des Körpers gegen physikalische, biologische und chemische Einflüsse von außen und bietet andererseits auch eine Vielzahl von Syntheseleistungen und biologischen Reaktionen, wie die Sinneswahrnehmung verschiedener Reize, die Bildung und Umwandlung verschiedener Hormone sowie die Bereitstellung immunologisch aktiver Zellen in der ersten Abwehrfront des Immunsystems. Diese Funktionen lassen sich folgendermaßen zusammenfassen:

- Schutz- und Abwehrfunktion

  Durch die Festigkeit der Hornschicht, Elastizität der Lederhaut und die Wirkung der Fettpolster im Unterhautgewebe als mechanischen Puffer bietet die Haut Schutz gegen mechanische Einwirkungen, wie Druck oder Stoß. An Stellen mit starker mechanischer Belastung verdickt sich die Hornhaut.

  Die Haut verhindert, dass Flüssigkeiten und darin gelöste Stoffe in zu großem Maße die Haut passieren können. In gewissem Umfang können auf der Haut Säuren durch Pufferung „neutralisiert" werden. Gegen Basen bietet die Haut nur einen geringen Schutz, zumal konzentrierte Laugen das Hauteiweiß auflösen können. Durch die Verdickung der Hornschicht zur Lichtschwiele und die verstärkte Pigmentierung mit Melanin schützt sich die Haut gegen UV-Strahlen.

  Durch die besondere Zusammensetzung des Öl-Wasser-Films (des Hydrolipidmantels, siehe Abschnitt 5.2) auf der Haut erfolgt eine Abwehr gegen den Bewuchs durch Mikroorganismen.

  Zu den Schutzfunktionen der Haut zählt ferner die Aktivität lymphatischer Zellen, eingedrungene Antigene (Mikroorganismen, Allergene und andere körperfremde Stoffe) zu identifizieren und den Lymphocyten zu präsentieren, damit das Antigen in einer effektiven und zugleich schonenden Immunreaktion eliminiert werden kann.

- Regulationsfunktion für den Wärmehaushalt

  Die Haut isoliert gegen zu hohe Wärmeaufnahme und -abgabe. Hieran sind besonders die Schweißdrüsen und die durch das vegetative Nervensystem gesteuerte Durchblutung der Lederhaut beteiligt. Die Differenz zwischen Umgebungs- und Körpertemperatur regelt das merkbare Schwitzen (Transpiration) und die unmerkliche Wasserabgabe (Perspiratio insensibilis). Wegen der hohen

Verdampfungswärme des Wassers genügen bereits geringe Mengen an Schweiß, um den Körper effektiv abzukühlen.

- Sinnesfunktion

  Eine Vielzahl von Nervenzellen vermittelt Schmerz-, Juck-, Tast-, Wärme-, Kälte- und Lageempfindungen.

- Speicher- und Auscheidungsfunktionen

  Die Hautdrüsen ermöglichen eine nach außen gerichtete Stoffabgabe. Auch die transepidermale Ausscheidung von Wasser (Perspiratio insensibilis) und die Bereitstellung und Abschilferung der Keratinocyten erfolgen von innen nach außen. In gewissem Umfang ist auch eine transfollikuläre (also über die Drüsenausgänge erfolgende) und transepidermale Resorption (Aufnahme) von hydrophoben Stoffen möglich.

- Stoffwechselfunktion

  Die Haut ist Umwandlungsort verschiedener körpereigener Stoffe. Hierzu zählen nicht nur der Prozess der Keratinisierung und die Bereitstellung der natürlichen Befeuchtungsfaktoren, sondern es gibt noch weitere hautspezifische Leistungen, wie die Bildung von Cholecalciferol (fälschlich als „Vitamin" D bezeichnet) und von weiteren Hormonen und Wuchsfaktoren.

- Personalitätsfunktion

  Die Haut besitzt einen angeborenen Persönlichkeitsausdruck (Identitätsfunktion), zu denen die individualspezifischen Fingerabdrücke und die Lipidzusammensetzung im Hydrolipidmantel der Haut gehören. Dabei bestimmen Farbe, Glanz, Behaarung und das Oberflächenrelief der Haut einschließlich der Falten das Erscheinungsbild des Menschen. Das entsprechende gilt auch für den erworbenen Persönlichkeitsausdruck durch Mimik, Gesichtszüge, Hautstruktur und Körpergestalt. Die Summe dieser Eindrücke gehört zu den wichtigen Aspekten, mit denen das Gesamtbild des Menschen beurteilt wird.

Die Haut eines Erwachsenen nimmt eine Fläche von 1,5 bis 1,8 m^2 ein und wird sowohl aufgrund der unterschiedlichen Herkunft während der Embryogenese als auch durch ihre charakteristischen Strukturen und Funktionen in folgende Schichten unterteilt:

Oberhaut, Epidermis
Lederhaut, Dermis oder Corium
Unterhaut, Subcutis

Die Kosmetik versucht, die Eigenschaften der Oberhaut so zu stabilisieren bzw. zu verbessern, dass die aufgrund von Hautalterung und schädlichen Einflüssen (UV-Bestrahlung, Mangeldurchblutung, hormonelle Störungen usw.) eingetretenen Aktivitätseinbußen der Leder- und Oberhaut korrigiert werden.

Epidermis und Dermis sind an einer **Basallamina** fest miteinander verwachsen und werden gemeinsam als Cutis oder Integument bezeichnet. Die Basallamina ist keine aus Phospholipiden aufgebaute Membran sondern eine mehr oder weniger feste Bindegewebsschicht, die im Gegensatz zu den echten Membranen den Stofftransport – in diesem Fall aus der Lederhaut zur Epidermis – erleichtert. Um die Kontaktfläche zwischen Lederhaut und Epidermis zu vergrößern, ragen zapfenförmige Ausläufer der Lederhaut in die Epidermis. Diese Zapfen dienen nicht nur der mechanischen Festigkeit, sondern sie vergrößern auch die Kontaktfläche zwischen Keimzellschicht und Lederhaut. Je größer diese Kontaktfläche ist, desto intensiver kann zwischen beiden Hautschichten der Stoffaustausch erfolgen, also der Antransport von Nährstoffen und Sauerstoff und der Abtransport von Stoffwechsel-Endprodukten einschließlich CO_2. Dies ist für die Keimzellschicht von großer Bedeutung, denn sie besitzt keine eigenen Blutgefäße und ist daher in ihrer Ernährung auf die feinen Kapillaren der Lederhaut angewiesen. Die zapfenförmigen Einbuchtungen verflachen mit zunehmendem Lebensalter, weshalb sich die Ernährung der Oberhaut und deren Zusammenhalt mit der Lederhaut im Alter verschlechtern.

Die Durchblutung der Lederhaut wird durch das vegetative Nervensystem reguliert, das nicht unserem Willen unterstellt ist. Kälte bewirkt z. B. ohne unser Zutun eine Verengung der Hautgefäße, wodurch die Wärmeabgabe an die Oberfläche verringert und eine Unterkühlung vermieden wird. In einer warmen Umgebung erweitern sich dagegen die Gefäße, so dass nun die Wärmeabgabe erleichtert ist. Die Blutgefäße der Haut dienen also nicht nur zum Nährstofftransport, sondern sie erfüllen auch eine Aufgabe bei der Wärmeregulation unseres Körpers. Die Eng- oder Weitstellung der Gefäße wird außerdem durch seelische Faktoren beeinflusst, denn Hektik, Aufregung und Angst bewirken eine manchmal lang andauernde Engstellung der Hautgefäße.

Die Cutis ist je nach Körperregion 1 bis 4 mm dick. Davon macht die Epidermis zwischen 0,03 bis 1 mm und die Dermis 0,8 bis 3 mm aus, wobei sie an der Stirn am dünnsten und in der Hohlhand und an der Fußsohle am dicksten ist. Bis an die Epidermis reichen die Enden zahlreicher Nervenzellen: bis zu 200 Schmerzrezeptoren, 20 Druckrezeptoren, 12 Kälterezeptoren und 2 Wärmerezeptoren pro cm^2 Haut. Ferner findet man bis zu 200 Schweißdrüsen und 15 Talgdrüsen pro cm^2 Haut, so dass sich die Haut wie ein Ausscheidungsorgan für Wasser und die darin gelösten Stoffe sowie für Lipide verhält. Es ist bekannt, dass bei Patienten mit gestörter Nierenfunktion der Schweiß nach Urin riechen kann.

Abbildung 5.1 gibt den Aufbau der **Epidermis** wieder. Nur die beiden unteren Lagen der Epidermis, das **Stratum germinativum** (Keim- oder Basalzellschicht) und das **Stratum spinosum** (Stachelzellschicht), bestehen aus aktiven

Hautzellen, die das mehrschichtig verhornte Plattenepithel der Körperoberfläche bilden. Die Zellen der Keimzellschicht sind säulen- oder quaderförmig und in der Basallamina verankert, die von den Keratinocyten selbst produziert wird. Die über der Keimzellschicht liegenden Zellen bilden Ausläufer, mit denen sie sich aneinander festhalten. Im **Stratum granulosum** ist der Inhalt der Zellen schon soweit verändert, dass nur noch eine geringe Stoffwechselaktivität nachweisbar ist.

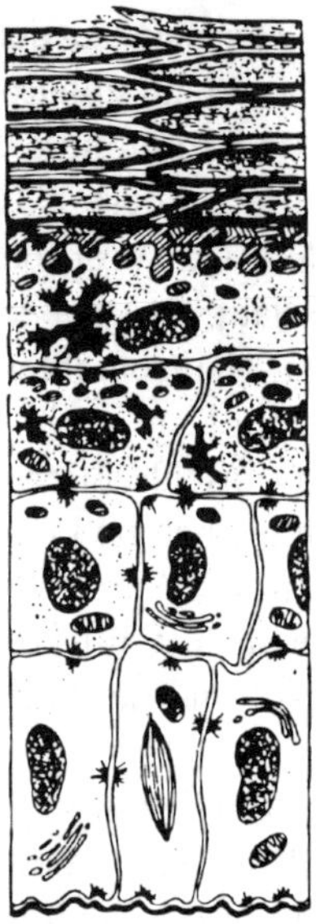

Abb. 5.1 Schemazeichnung der Epidermis. Sie besteht aus mehreren Zell-Lagen, beginnend mit dem Stratum germinativum (Keimzellschicht mit den sich teilenden Keratinocyten). Es folgen das Stratum spinosum (Stachelzellschicht) und das Stratum granulosum (Körnerzellschicht), an deren Oberseite sich das lichtbrechende und -reflektierende Stratum lucidum (nicht eingezeichnet) befindet. Den äußeren Abschluss bildet das Stratum corneum (Hornschicht), in dem die verhornten Zellreste der Keratinocyten in unterschiedlichem Ausmaße durch „Zellkitt" miteinander verbunden sind. Die sich in der Keimzellschicht teilenden Keratinocyten werden allmählich durch die bei der nächsten Teilung nachrückenden Zellen nach oben gedrängt, durchlaufen den Verhornungsprozess und erreichen etwa nach 30 Tagen die Außenseite der Hornschicht. Während der Verhornung werden die Zellen immer flacher und bilden eine dichte Lage dünner Zellreste. Verändert nach: *D. D. Bikle and S. Pillai, Endocrine Reviews* **14**, 3 (1993).

Das **Keratin** wird in Form kleiner Körnchen (Granula) gespeichert. Darüber hinaus bilden die Zellen des Stratum spinosum Lipid-haltige Vesikel

(Odland-Bodies), aus denen die epidermalen Lipide in die Zellzwischenräume des Stratum granulosum freigesetzt werden, wonach sie schließlich als interzellulärer Zellkitt oder **Kittsubstanz** unter Bildung von **Lipidlamellen** die Zellen des Stratum corneum (Corneocyten) verbinden. Die Lipidlamellen sind besonders reich an Ceramiden (siehe Abb. 4.28), Cholesterin und freien Fettsäuren und bilden die Permeabilitätsbarriere des Stratum corneum. Die Lipidlamellen bestehen aus einer oder sogar aus zwei Doppelmembranen und entwickeln eine mehr als 100fach geringere Durchlässigkeit für Wasser als herkömmliche Plasmamembranen *.

Die völlig flachen Zellreste im **Stratum corneum** (Hornschicht) bestehen aus Keratin und weiteren Zellproteinen (etwa 58 %), 20 % Fetten, Phosphatiden und weiteren Lipiden sowie 15 % wasserlöslichen und wasserbindenden Stoffen sowie 7 % Wasser. Die Umwandlung der zuvor lebenden Zellen und die Anreicherung der Hautschicht mit Keratin wird als **Verhornung** bezeichnet. Die Zellreste werden schließlich kontinuierlich als Schuppen abgegeben, die mit bloßem Auge auf der gesunden Haut nicht erkennbar sind. Die **Keratinocyten** der Keimzellschicht teilen sich nach rund 24 Stunden und gelangen innerhalb von etwa 30 Tagen als verhornte Zellreste an die Oberfläche der Epidermis. Die Zellteilung wird durch Wachstumsfaktoren gesteuert, wie den epidermalen Wachstumsfaktor und andere Cytokine, die zum Teil in der darunterliegenden Basallamina gespeichert werden, sowie durch **Retinsäure**. Unter gleichbleibenden Stoffwechselbedingungen halten sich die Neubildung der Zellen und die Abstoßung von Hornschuppen die Waage, so dass die Dicke der Oberhaut unverändert bleibt. Für einen normalen Ablauf der Verhornung sorgt vor allem Retinsäure, die im Organismus aus β-Carotin (Provitamin A) bzw. Vitamin A entsteht (Abb. 5.2). Retinsäure steuert zusammen mit 1,25-Dihydroxycholecalciferol – dem aus „Vitamin" D gebildeten aktiven Hormon – sowohl die Differenzierung als auch die Syntheseleistungen der zur Hautoberfläche vorrückenden Keratinocyten, wobei die Bildung derjenigen Proteine verlangsamt wird, die für das Stratum corneum typisch sind. Daher kommt es bei einem Mangel an Retinsäure zur Verdickung der Hornschicht (**Hyperkeratose**). Im Alter dauert der Weg der Keratinocyten aus der Keimzellschicht bis in die Oberfläche der Haut etwa 45 Tage, wobei sich in entsprechendem Maße auch die Verweildauer der Zellen auf der Oberfläche erhöht. Mechanischer Druck sowie UV-Bestrahlung (siehe Abschnitt 8.1) beschleunigen die Zellteilung und verdicken die Hornschicht, wobei sich Lichtschwielen bilden.

Die in der Basalzellschicht vorhandenen **Melanocyten** (je nach Hautregion ca. 1 Melanocyt pro 8 bis 30 Keratinocyten der Basalzellschicht) leiten sich entwicklungsgeschichtlich von Nervenzellen ab und bilden den Hautfarbstoff

* N. KITSON, J. THEWALT, M. LAFLEUR und M. BLOOM: A model membrane approach to the epidermal permeability barrier, *Biochemistry* **33**, 6707-6715 (1994).

Melanin, den sie „paketweise“ in Melanosomen über Zellfortsätze in die benachbarten Keratinocyten injizieren. Auf diese Weise kommt das Melanin der Haut vorwiegend in den Keratinocyten vor, mit denen der Farbstoff allmählich auch an die Hautoberfläche gelangt und dort abgestoßen wird. Die unterschiedliche Hautfärbung der verschiedenen Rassen beruht auf der unterschiedlichen Aktivität der Melanocyten und auf dem Verteilungsgrad des Melanins in den Zellen, nicht jedoch auf einer unterschiedlichen Anzahl der Melanocyten. (Einzelheiten zur Hautpigmentierung siehe Abschnitt 8.2). Im Bereich der Basalzellschicht kommen außerdem noch die **Langerhanszellen** vor. Sie nehmen eindringende Krankheitserreger und andere Antigene auf und präsentieren sie nach teilweisem Abbau auf der Zelloberfläche den Lymphocyten. Die Langerhanszellen gehören demnach zur großen Gruppe der Antigen-präsentierenden Zellen.

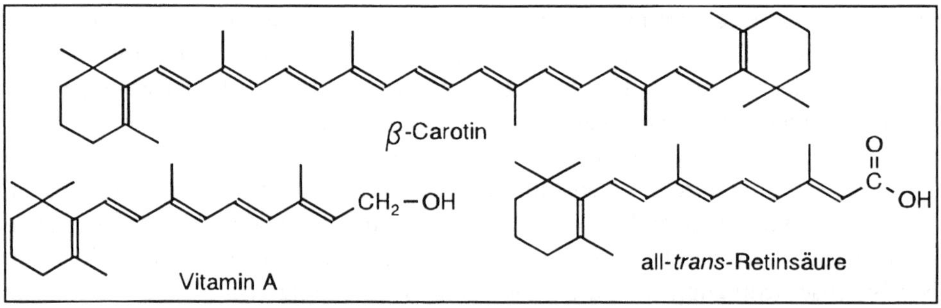

Abb. 5.2 Die Strukturen von β-Carotin, Vitamin A (Retinol) und Retinsäure. Die Doppelbindungen aller drei Carotinoide stehen in trans zueinander, was als all-trans-Retinsäure noch besonders hervorgehoben wird. Eine weitere biologisch aktive Form der Retinsäure (die 9-cis-Retinsäure) besitzt anstelle der zweiten trans-Doppelbindung eine cis-Doppelbindung.

In der **Lederhaut** (Corium) lassen sich nach Struktur und Form drei Fasertypen unterscheiden: die zugfesten **kollagenen Fasern** (aus Kollagenen vom Typ I bis III, siehe Abschnitt 4.7.4), welche dieser Hautschicht die Festigkeit verleihen; die **elastischen Fasern** (aus zugelastischem Elastin), die für die bis zu 1 1/2-fache reversible Dehnbarkeit des Gewebes sorgen, und die **„retikulären“ Fasern** (aus Kollagenen, besonders vom Typ IV, VI und XII bis XVIII) mit Gitternetz-artigen Strukturen, die kaum dehnbar sind, sondern wie die Kollagene vom Typ I bis II für die Strukturstabilität und Festigkeit sorgen. Die kollagenen Fasern bilden ein Flechtwerk, dessen Fasern parallel zur Hautoberfläche verlaufen und wegen ihres schrägen Verlaufs rhombische „Maschen“ bilden. Der Zusammenhang der Kollagenfasern wird durch die begleitenden elastischen Fasern gefördert. Wenn sich die Lederhaut dehnt, verstellt sich das Fasergitter, und es entstehen „Maschen“ mit einer veränderten Form. Während die Fibrocyten auch eines Erwachsenen noch Kollagene bilden können, wird Elastin praktisch ausschließlich von embryonalen Fibrocyten als Tropoelastin bereitgestellt und in reifes Elastin überführt. Die Elastizitätseinbuße der Lederhaut mit zunehmendem Lebensalter hängt mit der fehlenden Nachbildung von Elastin und der stetigen Abnahme der elastischen Eigenschaften des Elastins durch die Bildung von Querbrücken zwischen den Elastinfasern zusammen. Zwischen den Fasern sind die Bindegewebszellen (Fibrocyten), Immunabwehrzellen (Granulocyten, Mastzellen, Lymphocyten) und andere Zellen „aufgehängt" und unter anderem durch das hochmolekulare Protein **Fibronektin** an den Fasern fixiert.

Der Interzellularraum wird von der **Grundsubstanz** ausgefüllt, die im wesentlichen aus Wasser und Wasser-bindenden Stoffen, wie Hyaluronsäure, Proteoglycanen (z. B. Chondroitinsulfat) und Glycoproteinen besteht. Alle nichtzellulären Bestandteile des Bindegewebes, also die Fasern und die wasserbindenden Stoffe der Grundsubstanz, werden von den Fibrocyten gebildet. Während die Lederhaut durch Blutgefäße mit Nährstoffen ausreichend versorgt wird, gelangen die Nährstoffe nur noch durch transepidermalen Transport – hauptsächlich durch Diffusion – in die Epidermis, so dass die Zellen im Bereich des Stratum granulosum nicht mehr lebensfähig sind. Die Glycosaminoglycane, Proteoglycane und Glycoproteine des Bindegewebes spielen eine wichtige Rolle, da sie sowohl Wasser als auch Ionen und Wachstumsfaktoren sowie weitere Hormone binden sowie speichern und beispielsweise die Wundheilung steuern. Die Gesamtheit dieser Stoffe entscheidet über die Aufrechterhaltung der Zellstrukturen in der Lederhaut sowie in der Epidermis unterhalb des Stratum granulosum und reguliert dabei den Spannungszustand der Haut, den man auch als **Turgor** bezeichnet.

Aufbau und Zusammensetzung der Unterhaut sind im Zusammenhang mit der Wirkungsweise von Kosmetika nur von geringer Bedeutung und werden daher hier nicht erörtert. Ihre Eigenschaften sind allerdings für die Beweglichkeit der Haut (Massage, Lymphdrainage) sowie für die Einlagerung von Fett und die Aufnahme von subkutan applizierten Medikamenten wichtig. Durch eine Änderung des osmotischen Druckes in den Zellen der Subcutis kommt es zu einer Modifikation des Fettgewebes, was als Orangenhaut, Pannikulose oder Cellulite bezeichnet wird.

Im Alter ändern sich sowohl die Zusammensetzung der Glycosaminoglycane als auch die Struktur der kollagenen und elastischen Fasern, so dass sich auch die biologischen und mechanischen Eigenschaften der Lederhaut und damit auch der Epidermis verändern. Die Haut wird dünner, speichert weniger Wasser, bildet Falten, regeneriert schlechter, und es kommt zu unregelmäßigen Verhornungen. Hinzu kommen die ebenfalls altersabhängigen Veränderungen der elastischen Fasern, die mit den Quervernetzungen und der fehlenden Nachbildung des Elastins nach Abschluss der Embryogenese zusammenhängen.

5.1 Der Wasserhaushalt der Haut

Die Epidermis ist im Mittel 0,04 mm dick, kann sich aber nach Sättigung mit Wasser erheblich ausdehnen. Bei einem Wasseranteil von 20 % fühlt sich die Epidermis geschmeidig an, während sie bei niedrigerem Wassergehalt rissig und rauh wird. Die Hornschicht erhält ihr Wasser durch Diffusion aus tieferen Hautschichten. Lediglich bei hoher relativer Luftfeuchtigkeit kann die Haut ihren Wassergehalt auch aus der Luft ergänzen. In der jugendlichen Haut enthält das Stratum corneum 2 % Wasser, das Stratum granulosum etwa 10 % und das Stratum basale 72 % Wasser. Die Epidermis bildet im Bereich des Stratum lucidum (also oberhalb des Stratum granulosum) eine Sperre gegen die Abdunstung größerer Wassermengen. Diese aus Lipidlamellen bestehende Schicht verhindert außerdem, dass Wasser beim Baden über die Haut in den Körper gelangen kann. Dies gilt ebenfalls für hydrophile Stoffe, die nicht ohne weiteres in tiefere Schichten der Epidermis eindringen können. Bei der Barriere handelt es sich um dicht gepackte Zellen und Zellreste, zwischen denen Lipidlamellen wie ein interzellulärer Mörtel die Weitergabe von Wasser und hydrophilen Stoffen verhindern. Diese „Kittsubstanzen" bestehen in erster Linie aus Ceramiden, Cerebrosiden und Gangliosiden (siehe Abschnitt 4.9.3), die zweischichtige membranähnliche Strukturen bilden können, die zwischen den eng gepackten Zellresten fixiert sind. Die Barrierefunktion der Haut ist immer dann gestört, wenn sich die Zusammensetzung der „Kittsubstanzen" ändert und beispielsweise der Anteil an ungesättigten Fettsäuren zurückgeht, die in den genannten komplexen Lipiden gebunden sind.

Während demnach die Epidermis für den Durchgang von Wasser und hydrophiler Stoffe weitgehend undurchdringlich ist, werden lipophile Stoffe, wie öllösliche Vitamine sowie hydrophobe Wirkstoffe und Medikamente, über die Haut aufgenommen. Wenn eine Substanz die Epidermis durchdrungen hat, wird sie von den Blut- und Lymphgefäßen der Lederhaut übernommen und gelangt in den großen Kreislauf des Körpers (Penetration und Stoffresorption s. Kap. 6).

Selbst unter ungünstigen Verhältnissen verhindern der Hydrolipidmantel der jugendlichen Haut (siehe nächster Abschnitt) und die Cerebroside und Ganglioside der Kittsubstanz zwischen den Hornzellresten des Stratum corneum eine völlige Austrocknung der Haut. Wenn man allerdings diese Lipide durch Waschen, Baden oder Duschen entfernt, trocknet die Haut aus, sofern nicht durch die in Seifen oder Bade- und Duschpräparaten eingearbeiteten Rückfettungsmittel (siehe Abschnitt 4.9.1 und 6.1.1) oder durch die Verwendung von Badeölen der Lipidverlust wieder ausgeglichen wird. Der Wasserhaushalt der Haut wird von der ausgeprägten Penetrationsbarriere gegen Wasser und hydrophile Stoffe geprägt. Über die gesamte Haut eines Erwachsenen werden höchstens 300 bis 500 mL Wasser/Tag als unmerkliches Schwitzen (Perspiratio insensibilis) abgegeben. Bei diesem auch als **Verdunstung** bezeichneten Vorgang handelt es sich um einen zwangsläufigen Prozess, der an der Hautoberfläche stattfindet und von der

Temperaturdifferenz zwischen Körperoberfläche und Umgebungstemperatur sowie von der Luftfeuchtigkeit abhängt. Sie nimmt zu, wenn in der Epidermis der Gehalt an natürlichen Befeuchtungsfaktoren erniedrigt oder die Lipid-Barriere nicht dicht genug ist. Dies beobachtet man z. B. bei der Altershaut, die nicht mehr im normalen Maße die Bestandteile der Kittsubstanz zur Verfügung stellt.

Wenn andererseits der Wassergehalt der Haut hoch ist oder durch abdekkende Kosmetika (z. B. durch Anwendung von Masken) oder durch Befeuchtungsmittel erhöht wird, steigt auch die Wasseraufnahme durch die Haut. Darüber hinaus kann die Aufnahme wasserlöslicher Stoffe in Gegenwart von sog. „Gleitschienen“ verbessert werden, die auch als Permeationsbeschleuniger bezeichnet werden und die Barrierefunktion der Haut vermindern. Die wichtigsten Stoffe mit diesen Eigenschaften sind die im Abschnitt Wachse (4.9.1) beschriebenen PCL-Produkte, Isopropylmyristat, die Cetiole und weitere **Rückfettungsmittel**.

Die **Schweißabsonderung** (Transpiration) erfolgt aufgrund der sekretorischen Aktivität der Schweißdrüsen, die im Rahmen des Wärmehaushaltes (bei Erhöhung der Umgebungstemperatur) und durch das vegetative Nervensystem (emotionales Schwitzen) gesteuert wird. Die Schweißsekretion beträgt etwa 0,5 bis 1 L pro Tag, kann aber kurzzeitig auf bis zu 4 L pro Stunde ansteigen. Wegen der hohen Verdampfungswärme des Wassers (siehe Abschntit 3.5) ermöglicht die Schweißdrüsensekretion eine effiziente Temperaturregulation. Frischer Schweiß ist geruchlos und besteht zu 99 % aus Wasser und 0,5 % Kochsalz. Der Rest von 0,5 % entfällt auf verschiedene Stoffwechselprodukte einschließlich Harnstoff. Erst durch bakterielle Zersetzung dieser Ausscheidungsprodukte entsteht der manchmal unangenehme Geruch von Schweiß.

5.2 Der Hydrolipidmantel der Haut

Auf der Hautoberfläche befindet sich eine dünne wasserhaltige Emulsion, die zur Elastizität und Geschmeidigkeit der Haut, zur Erhaltung des Wassergehaltes der Epidermis und zur Abwehr von Mikroorganismen beiträgt. Dieser als **Hydrolipidmantel** (HLM) bezeichnete dünne Film wirkt wie ein Schutzmantel gegen zahlreiche Einflüsse aus der Umwelt, so dass es nach der Zerstörung des Hydrolipidmantels zu sichtbaren Veränderungen der Hautoberfläche kommt. Die Elastizität der Hornschicht lässt nach, die Haut wird rauh und trocken, und Juckreiz, sowie Spannungsgefühle können bis zu Ekzem-artigen Hautveränderungen führen. Der Hydrolipidmantel enthält folgende Hauptbestandteile:

- Das **Keratin** der Hornschicht bildet das schwammartige Gerüst, in dem die übrigen Bestandteile des HLM gespeichert werden
- **Wasserlösliche Inhaltsstoffe** der Hornschicht, zu denen die **Natürlichen Befeuchtungsfaktoren** (NMF) und die Inhaltsstoffe des **Säureschutzmantels** der

- Haut sowie **Salze** und hydrophile Stoffwechselprodukte der Haut zählen, wie Harnstoff, Aminosäuren, Zucker, Milchsäure usw.
- **Wasser** aus der transepidermalen Wasserabgabe, der Aktivität der Schweißdrüsen und aus dem Stoffwechsel der Hautzellen und Mikroorganismen
- **Hauttalg** aus den Talgdrüsen und weitere Lipide, die aus den Kittsubstanzen stammen und während des Verhornungsprozesses aus den Keratinocytmembranen freigesetzt werden

Alle HLM-Komponenten bilden ein für jeden Menschen verschiedenes und ein individuelles, vom jeweiligen Hautbereich abhängendes System. Durch zu häufiges und zu langes Baden wird der Hydrolipidmantel gestört oder ganz entfernt, wodurch die Haut trocken und schuppig wird, weil die Hornschicht nur noch geringe Mengen an Wasser binden kann. Für die kosmetische Hautpflege gilt daher der folgende Grundsatz:

Elastizität, Geschmeidigkeit und Straffheit der Haut werden erst dann erreicht, wenn sowohl Durchfettung als auch Durchfeuchtung der Haut optimal sind

Innerhalb des Hydrolipidmantels lassen sich drei funktionell verschiedene Komponenten unterscheiden. Der Begriff **Säureschutzmantel** ergibt sich zunächst aus der Beobachtung, dass im Hydrolipidmantel pH-Werte im Bereich zwischen 5 und 6 gemessen werden. An Hautstellen mit geringerer Verdunstung, also zwischen den Zehen, im Anal- und Genitalbereich und überall da, wo Hautfalten eng aufeinander liegen, wie im Achselbereich, werden höhere pH-Werte gemessen. Man spricht deshalb von den „natürlichen Lücken" des Säuremantels der Haut. In tieferen Schichten der Epidermis (Stratum lucidum) sinkt der pH-Wert sogar bis auf 4,5 ab, während in der Keimzellschicht der pH-Wert des Blutes gemessen wird (pH 7,4). Die saure Reaktion der Haut wird vor allem durch **Pyroglutaminsäure** (einem Abbauprodukt der Aminosäure Glutaminsäure, aus der sie durch Abzug von einem Molekül Wasser entsteht), verschiedene Aminosäuren, Salze und **Milchsäure** bedingt, die zu den wasserlöslichen Inhaltsstoffen der Hornschicht zählen.

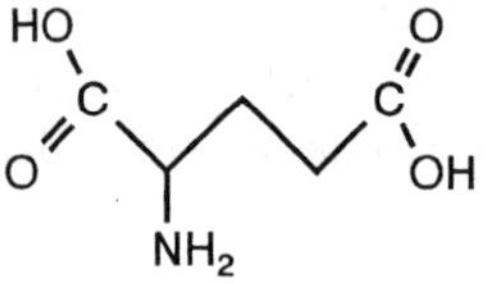

Glutaminsäure

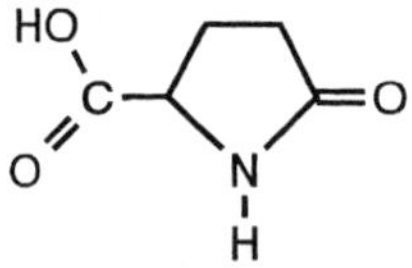

Pyroglutaminsäure
(2-Pyrrolidon-5-carbonsäure)

Da am mittleren C-Atom der Milchsäure vier verschiedene Reste gebunden sind, nämlich H, COOH, OH und CH_3, existieren in der Natur zwei verschiedene Varianten, die als L(+)- und D(−)-Milchsäure bezeichnet werden. Der

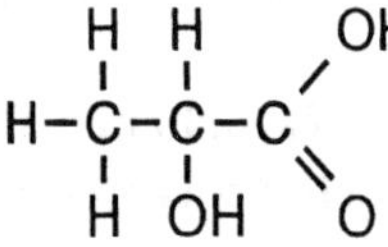

Milchsäure

werden. Der Mensch produziert im Rahmen des Kohlenhydratstoffwechsels täglich rund 120 g L(+)-Milchsäure. In Kosmetika soll die Milchsäure-Konzentration unter 10 % liegen (pH > 3,5), weil anderenfalls Hautirritationen beobachtet werden. Auch freie Fettsäuren, die vorzugsweise aus der bakteriellen Fettspaltung (Lipolyse) des Talgs stammen, stabilisieren den sauren pH-Wert des Hydrolipidmantels.

Das Gemisch der genannten Säuren und Salze kann sowohl gegen Säuren als auch Basen puffern (siehe Abschn. 3.11). Da Seife den pH-Wert erhöht, stört eine Seifenwäsche den Säureschutzmantel, der allerdings in gewissem Umfang den pH-Wert aufgrund der Puffereigenschaften des Säureschutzmantels konstant halten kann. Der Säuremantel der Haut begünstigt das Wachstum bestimmter Mikroorganismen auf der Haut, zu denen besonders *Staphylococcus epidermidis* zählt. Dieser Mikroorganismus scheidet das Antibiotikum **Epidermin** aus, das die Besiedelung der Haut mit Anflugkeimen, zu denen auch Krankheitserreger gehören, behindert.

Das Feuchtigkeitsbindevermögen der Haut beruht auf den Eigenschaften eines Substanzgemisches, das sich im Keratin-Netzwerk befindet und als **Natürliche Befeuchtungsfaktoren** (**n**atural **m**oisturizing **f**actors **NMF**) bezeichnet wird. (In diesem Buch wird allerdings von Feuchthaltesubstanzen oder **Befeuchtungsmitteln** gesprochen, wenn es sich um synthetische oder natürliche Verbindungen handelt, die kosmetischen Zubereitungen zugemischt werden; siehe auch Abschn. 7.1.) Das Keratinnetz ist mit einem Schwamm vergleichbar, der Wasser aufnehmen und abgeben kann. In diesem System aus Keratin und wasserlöslichen Substanzen sind auch die Lipide an der Wasserbindung beteiligt, da sie mit dem Wasser und den darin gelösten Stoffen eine stabilisierende Emulsion bilden. Die NMF bestehen aus verschiedenen Substanzklassen (Tab. 5.1), die zu etwa 20 % aus den Schweißdrüsen, der überwiegende Teil dagegen aus den Keratinocyten im Laufe des Verhornungsprozesses sowie aus dem bakteriellen Stoffwechsel stammen. Der NMF-Gehalt der Haut nimmt durch Waschen ab, normalisiert sich allerdings ebenso schnell wie der Säuremantel der Haut.

Es gibt verschiedene Möglichkeiten, der Hornschicht zu einer Normalisierung des Wassergehalts zu verhelfen. Natürlich durchfeuchtet allein schon die Reinigung mit Wasser die Hornschicht. Dieser Effekt hält jedoch nur 30 min an und führt dann eher zu einer verstärkten Austrocknung, da das Wasser nicht nur die hydrophilen Schmutzpartikel, sondern auch die natürlichen Befeuchtungsfaktoren aus der Hornschicht herauslöst. Auch durch eine völlig wasserundurchlässige Schutzschicht, z. B. durch Vaseline, wird der Wassergehalt der Hornschicht erhöht, da das unmerklich verdunstende Wasser nun von der Außenluft durch den Kohlenwasserstoff-Film abgetrennt ist. Diese Methode ist jedoch wegen des starken Fettglanzes nicht praktikabel.

Wenn man von der Annahme ausgeht, dass eine trockene Hornschicht unter einem Mangel an natürlichen Befeuchtungsfaktoren leidet, setzt man den kosmetischen Präparaten synthetische Befeuchtungsmittel zu, wie Sorbit, Harn-

Tab. 5.1 Übersicht über die wichtigsten in den natürlichen Befeuchtungsfaktoren (NMF) vorkommenden Stoffgruppen

Verbindung oder Stoffgruppe	Herkunft	Gehalt in %
Carbonsäuren, Aminosäuren	Abbau von Fetten und Eiweiß	40
Ammoniumsalze, Harnsäure, Glucosamin und andere Prod. des Stickstoffstoffwechsels	Produkte des Stickstoffstoffwechsels der Haut u. Mikroorganismen	17
Lactat, Citrat, Formiat, Chlorid, Phosphate	Stoffwechselprodukte mit stabiler Hydrathülle	12
Pyroglutaminsäure	aus Glutaminsäure	12
Na^{+}, K^{+}, Ca^{++} und andere Kationen	wegen der stabilen Hydrathüllen gute Feuchtigkeitsbinder	12
Harnstoff	Stoffwechselendprodukt aller Aminosäuren	7

stoff oder Pyroglutaminsäure (siehe Abschn. 7.1). Diese Stoffe sollen zum einen die Creme selbst vor dem Austrocknen bewahren und zum anderen als Befeuchtungsmittel für die Hornschicht dienen. In den meisten Fällen ist hiermit jedoch nur eine kurzfristige Wasserbindung bis maximal 5 Stunden zu erreichen. Denn zusammen mit dem weiter verdunstenden Wasser wird auch dieses Depot an Befeuchtungsmitteln aus den oberen Hornschichtlagen wieder heraustransportiert. Hyaluronsäure und andere Polysaccharide gehen dagegen mit dem Keratin der Hornschicht eine enge Bindung ein. In ähnlicher Weise wird Kollagen fest an den oberen Schichten des Stratum corneum gebunden und entfaltet dort seine wasserbindende Wirkung. Dank dieser Verankerung ist eine längere Verweildauer der Feuchthaltesubstanzen über mindestens 12 Stunden gewährleistet. Allein durch Trinken kann der trockene Hautzustand nicht gebessert werden. Zwar ist eine regelmäßige und ausreichende Zufuhr von Flüssigkeiten in der normalen Ernährung wichtig, und Feuchtigkeitsverluste der Haut werden in erster Linie durch Körperwasser ausgeglichen. Aber bei fehlenden natürlichen Befeuchtungsfaktoren ändert auch eine ausreichende Wasserzufuhr aus dem Körper nicht die Trockenheit der Haut. Vielmehr können erst die mit den Hautpflegemitteln zugeführten Befeuchtungsmitteln die Normalisierung des „Wasserklimas“ auf der Haut einleiten.

Der **Lipidmantel** besteht aus dem von den Talgdrüsen ausgeschiedenen Hauttalg (Sebum), der in erster Linie aus Triglyceriden und den daraus durch Hydrolyse freigesetzten Fettsäuren besteht. Ferner gehören zum Lipidmantel die epidermalen Lipide, die aus den Phosphatiden der Zellmembranen und des Zellkittes, den Ceramiden der Lipidlamellen, Cholesterin und freien Fettsäuren zusammengesetzt sind. Während die epidermalen Lipide für die Barrierefunktion der Haut (siehe Abschn. 5.1) verantwortlich sind und die obersten Schichten der Epidermis vor Austrocknung schützen, hält der Hauttalg die bakterielle Mikroflora intakt, reguliert die Hautbenetzung und trägt zu Glätte und Glanz der Haut bei *). Pro Tag bildet der Mensch rund 2 g Talg, der bei Körpertemperatur flüssig ist und aus den umgebauten Basalzellen der Talgdrüsen entsteht, die sich zunächst „verfetten" und danach auflösen. Die meisten Talgdrüsen sind Anhangsorgane der Haarwurzeln, während sich die freien Talgdrüsen im Bereich des Lippenrots und an den Nasenflügeln befinden. Das umgewandelte Zellmaterial, zu dem auch Proteine, Reste der Zellmembranen und Zellorganellen gehören, wird in den Ausführungsgang der Talgdrüse geschoben und auf die Oberfläche gebracht. Der Anteil dieser beiden Fettgruppen beim Aufbau des Lipidmantels hängt von der Körperregion ab und ist außerdem individuell verschieden. Talgarm sind die unteren und oberen Extremitäten, während sich die größte Menge an Hautlipiden auf der Kopfhaut, im Gesicht (vor allem auf der Stirn) und auf den Schultern und Rückenpartien befindet (Tab. 5.2). In der Regel sind höchstens 4 % der Gesamtlipide des Stratum corneum epidermalen Ursprungs.

Squalen (siehe Abschnitt 4.1) und weitere Kohlenwasserstoffe stammen ausschließlich aus den Talgdrüsen und kommen bevorzugt im Talg der Kopfhaut vor. Die freien Fettsäuren werden aus Triglyceriden durch Lipasen freigesetzt, die in erster Linie von den auf der Haut lebenden Mikroorganismen ausgeschieden werden. Das Verhältnis der freien Fettsäuren zu den Triglyceriden ist daher ein Maß für die mikrobielle Fettspaltung (Lipolyse) auf der Haut. Cholesterin ist dagegen epidermalen Ursprungs und wird während der Verhornung aus den sich auflösenden Keratinocyten (Corneocyten) und anderen epidermalen Zellen abgelöst (Odland-Bodies, siehe S.117). Die im Lipidmantel enthaltenen und durch Lipolyse entstandenen Fettsäuresalze und Mono- bzw. Diacylglyceride sowie das Cholesterin haben emulgierende Eigenschaften, so dass die Lipidmischung in erheblichem Umfang Wasser binden kann und eine Emulsion vom Typ W/O bildet. Bei starkem Schwitzen verändert sich die Emulgatorzusammensetzung, so dass der Hydrolipidmantel eine Emulsion vom Typ O/W bildet. (Eigenschaften der Emulsionstypen siehe Abschn. 6.2.2). Man vermutet, dass die ungeradzahligen bzw. verzweigten Fettsäuren, die neben der Palmitinsäure und anderen „normalen" Fettsäuren im Hydrolipidmantel vorkommen, antibakterielle Wirkung entfalten.

Innerhalb der Hornschicht ist keine strenge Abgrenzung des Hydrolipidmantels möglich. Durch die Fixierung des Wassers in der Lipid-Wasser-Emulsion erlaubt der Hydrolipidmantel nahezu eine Sättigung der Hornschicht mit Wasser, schützt also zusammen mit der Lipidbarriere die Haut vor Austrockung und verleiht ihr Glanz, Glätte und Geschmeidigkeit.

*) T. GASSENMEIER, P. BUSCH und H. HENSEN: Was ist Rückfettung? *Henkel-Referate* **35**, 84-88 (1999)

Tab. 5.2 Zusammensetzung des Lipidmantels (Angaben gerundet)

Lipide	Rücken	Kopfhaut
Fette (Triglyceride)	40 %	30 %
Palmitinsäure und andere Fettsäuren	20 %	30 %
Wachse	25 %	20 %
Cholesterin	5 %	5 %
Squalen und andere Kohlenwasserstoffe	5 %	10 %
Diglyceride*	3 %	3 %
Cholesterinester und Phospholipide	2 %	2 %

* Diglyceride entstehen vor allem aus der partiellen Esterspaltung der Triglyceride unter dem Einfluss der Bakterienflora

Die Talgdrüsenaktivität ist erblich festgelegt, unterliegt einem tageszeitlichen Rhythmus und nimmt mit zunehmendem Lebensalter ab. Die Aktivität der Drüsen wird ebenso wie die der benachbarten Haarfollikel hormonell gesteuert. Für die Unversehrtheit des Hydrolipidmantels sind die klimatischen und jahreszeitlichen Einflüsse von großer Bedeutung. Eine Überproduktion von Talg führt zu unreiner, fettiger Haut, eine Unterproduktion schafft die Ausgangssitutation zur trockenen Haut. Im Winter kommt es wegen der geringeren relativen Luftfeuchtigkeit zu einer Verminderung des Wassergehaltes der Haut, so dass die Haut aufspringen kann und rissig wird. Im Sommer wird der Hydrolipidmantel durch Transpiration stärker mit Wasser versorgt und verliert auch weniger Wasser an die Umgebung. Durch UV-Bestrahlung wird die Talgdrüsenaktivität merklich vermindert, so dass nach einem Aufenthalt in südlichen Ländern mit großer Sonneneinstrahlung die Haut vorübergehend spröd und fettarm sein kann.

Die Anwendung von Reinigungsmitteln stellt einen wesentlichen „Störfaktor“ bei der Erhaltung des Hydrolipidmantels dar. Während bereits Wasser allein die im HLM enthaltenen Befeuchtungsmittel auslaugen kann, bewirken die in den Reinigungsmitteln enthaltenen Tenside eine Entfettung, so dass wegen der verminderten Wasserbindung die Haut austrocknet. Da sich der Lipidanteil des HLM bei normaler Talgdrüsenaktivität etwa nach 3 Stunden normalisiert, sollte man bei empfindlicher Haut zwischenzeitlich durch eine fetthaltige Emulsion einen „Ersatz“-Hydrolipidmantel aufbauen. In modernen Reinigungsmitteln sorgen Rückfettungsmittel in gewissem Umfang für diesen Ausgleich. Bei einer fettfeuchten Haut erfolgt die Regeneration des HLM so rasch, dass die Entfettung während der Hautreinigung keine Folgen für die Wasserbindung hat.

5.3 Fragen zur Selbstkontrolle

5-1 Welche Fasern der Lederhaut sind für die elastischen Eigenschaften der Haut verantwortlich?
5-2 Auf welchem Wege gelangen Nährstoffe aus dem Blut bis in die Epidermis?
5-3 Warum kann der Wassergehalt des Körpers nicht durch ein Bad erhöht werden?
5-4 Welche Verbindung trägt im Hydrolipidmantel (HLM) in besonders hohem Maße zur Wasserbindung bei?
5-5 Welche Aufgabe hat der Säureschutzmantel?
5-6 Was versteht man unter den Kittsubstanzen der Haut?
5-7 Welche natürlichen Emulgatoren stabilisieren die W/O-Emulsion des HLM?
5-8 Woher stammen die Lipide des HLM?
5-9 Aus welchen Lipiden sind die Lipidlamellen der Hornschicht zusammengesetzt?

6. DIE KOSMETISCHEN PRÄPARATE

In kosmetischen Zubereitungen lassen sich entsprechend dem Gehalt oder der Funktion folgende Stoffgruppen unterscheiden:

- als **Grundlage** bezeichnet man die mengenmäßig im Vordergrund stehenden Bestandteile von Kosmetika, beispielsweise Öle und Wasser für Emulsionen oder Wachse und Fettalkohole in Lippenstiften.

- **Wirkstoffe** sind solche Bestandteile von Kosmetika, die wichtige Funktionen bei der Hautreinigung und -pflege übernehmen, wie Befeuchtungs- oder Lichtschutzmittel. Ferner zählen Vitamine und weitere Substanzen zu den Wirkstoffen, auf die in Kapitel 7 näher eingegangen wird.

- **Hilfsstoffe** dienen zur Stabilisierungen der kosmetischen Zubereitungen, beispielsweise Konservierungsstoffe, Anti-Oxidantien, Tenside und Emulsionsstabilisatoren, Konsistenzgeber und Komplexbildner.

- **Duftstoffe** werden überwiegend zur Produktidentifikation zugesetzt. Da Riechstoffe häufig ausgesprochen reaktionsfähig sind, dürfen sie besonders in Pflegeprodukten nicht in zu hoher Konzentration vorhanden sein. Andernfalls verändern sie die Zusammensetzung und Wirkung der kosmetischen Zubereitung.

Für die **Penetration** der in den kosmetischen Zubereitungen enthaltenen lipophilen und hydrophilen Grundlagen sowie der Wirkstoffe stehen zwei unterschiedliche Wege zur Verfügung:

- Aufnahme der Stoffe durch die **Follikelöffnungen** der Haut sowie durch die Talg- und Schweißdrüsen. Weil der auf diese Öffnungen entfallende Anteil der Hautoberfläche wesentlich kleiner als 1 % ist, wird auf diesem Wege nur verhältnismäßig wenig Material in die unteren Hautschichten eingebracht.

- **Transzelluläre Aufnahme** durch die Hornzellen bzw. durch die Lipidlamellen in der Hornschicht.

Die Aufnahme nimmt mit steigendem Wassergehalt der Epidermis zu, weil die Hydratation der Eiweißmoleküle zur Auflockerung der äußeren Hautschichten führt. Ein ähnlicher Effekt wird durch **Salicylsäure** und andere **keratoplastische Wirkstoffe** (s. Abschn. 7.3) erreicht, die durch Lockerung der Lipidlamellen die Penetration durch die Epidermis erleichtern. Da die Stoffwanderung in der Haut in der Wärme beschleunigt erfolgt, lässt sich allein durch die Anwendung warmer Kompressen oder Thermomasken eine bessere Wirkstoffaufnahme erreichen. Auch Massagen fördern den Stofftransport in die Haut.

Während bei der Penetration lediglich ein Stofftransport in die Epidermis erfolgt, können andere Stoffe durch **Permeation** über die Epidermis bis in die Lederhaut gelangen und werden anschließend von den Blutgefäßen aufgenommen. Die Stoffaufnahme durch Penetration oder Permeation reicht nicht aus, um Nährstoffe in nennenswertem Umfang von außen bis an die Keimzellschicht oder gar in die Lederhaut einzuschleusen. Aus diesem Grunde gibt es keine „Hautnährcremes". Die mit den Hautpflegemitteln aufgetragenen Wirkstoffe verbleiben in den oberen Schichten der Epidermis und entfalten ihre pflegende Wirkung dadurch, dass die Menge an gebundenem Wasser zunimmt und die Geschmeidigkeit der Zellschichten bei der elastischen Bewegung der Haut verbessert wird.

Polare Wirkstoffe lassen sich durch **Iontophorese** unter Einwirkung eines elektrischen Gleichstroms in tiefere Hautschichten eintragen. Aber auch bei dieser Methode darf das Molekulargewicht des Stoffes nicht zu hoch sein, um eine nennenswerte Aufnahme durch die Haut zu erreichen. Überdies wird bei der Iontophorese die chemische Zusammensetzung der eingeschleusten Substanz verändert, weil die in die Haut wandernden Ionen während der Elektrophorese von ihrem Partner mit entgegengesetzter elektrischer Ladung getrennt werden und in der Haut ein anderes Gegenion binden müssen.

Bei einer verletzten Haut ist die Barriere in der Epidermis weitgehend aufgehoben, so dass nun die Inhaltsstoffe aus Cremes oder Gelen sowie die Lösungsmittel aus Lotionen und anderen flüssigen Zubereitungen weitgehend ungehindert bis in die Lederhaut und in das Gefäßsystem übertreten, was wegen des möglichen Einstroms zu großer Wirkstoffmengen zu Vergiftungen führen kann.

6.1 Reinigungsmittel

Die Pflege der Haut beginnt mit ihrer Reinigung. Während wasserlösliche Stoffe, Staub oder Schmutz sowie Mikroorganismen in der Regel bereits mit (warmem) Wasser entfernt werden können, benötigt man für die Entfernung von lipophilen Verunreinigungen einschließlich den Resten öl- oder fetthaltiger Kosmetika sowie von Hauttalg und den abschuppenden Hornzellen aus den obersten Lagen der Hornschicht Tenside (Detergentien oder Emulgatoren), die das wasserunlösliche Material so fein verteilen (emulgieren), dass es nun mit Wasser abgespült werden kann.

Während für die normale Körperreinigung überwiegend Seife verwendet wird, dienen besonders im Gesicht sowie auf trockener oder fetter Haut Emulsionen (Cremes, Milche oder Gele) zur Reinigung. Mit **Reinigungscremes** oder **Reinigungsölen** werden besonders Reste vom Make-up, Fett und Schmutzpartikel aufgenommen. Deren Anwendung empfiehlt sich besonders bei trockener Haut. **Reinigungslotionen** haben in der Regel einen geringeren Tensidgehalt als Reinigungscremes. Besondere Beachtung verdient die Tatsache, dass herkömmliche Seife den pH-Wert des Hydrolipidmantels der Haut in den alkalischen Bereich verschiebt, weshalb besonders bei trockener oder entzündeter Haut Waschstücke mit synthetischen Detergentien (**Syndets**) verwendet werden sollten (siehe Abschnitt 6.1.2). Bei älteren Menschen mit nachlassender Regeneration des Hydrolipidmantels ist diese Empfehlung besonders wichtig. Auf die **Hydrophilen Öle**, deren Reinigungseffekt auf der Wirkung spezieller Tenside beruht, wird im Abschnitt 6.3.2 eingegangen. Packungen gehören schließlich zu den kosmetischen Zubereitungen, die gleichzeitig reinigend und pflegend wirken (Abschnitt 6.4).

Mit dem Begriff **Peeling** (engl. schälen) fasst man verschiedene Methoden zur chemischen oder physikalischen Entfernung der oberen Zell-Lagen der Hornschicht zusammen. Mit **keratoplastisch** wirkenden Stoffen, wie Salicylsäure, wird die Kittsubstanz zwischen den Hornzellresten gelockert und damit Hornschuppen von der Haut gelöst. Ähnliche Wirkung erzielt man mit abrasiven Reinigungsprodukten, die durch einen Schmirgeleffekt die obere Schicht entfernen (z. B. Mandelkleiepräparate oder weichere Schleifpartikel aus Polyethylenglycol). Die **Enzymschälkur** ermöglicht eine auch für trockene und dünne Haut akzeptable Auflösung der Kittsubstanzen und damit eine schonende Ablösung der oberen Hautschicht. Diese Präparate werden erst vor dem Gebrauch angesetzt und enthalten eiweiß- und fettspaltende Enzyme (siehe Abschn. 4.7.3).

Tab. 6.1 Wichtige Reinigungsmittel und deren praktischer Einsatz

Reinigungsmittel	Anwendung
Seife	gründliche Körperreinigung, nicht für die Gesichtshaut empfohlen, erhöht den pH-Wert auf der Haut, wirkt hautaustrocknend, bildet in hartem Wasser Kalkseifen, reizt empfindliche Haut, Bildung von „angewaschenen Ekzemen“
Syndet	gründliche Reinigung, auch bei erkrankter Haut verwendbar, ändert nicht den pH-Wert der Haut, wirkt nicht austrocknend, auch in hartem Wasser anwendbar, bei zu langdauernder Einwirkung tiefe Entfettung der Haut möglich, gute Nachspülung der Haut erforderlich
Reinigungsmilch	besonders für normale Haut und bei Sebostase geeignet, schwache Rückfettung, nicht für fettige Haut geeignet
Reinigungscreme	gründliche Reinigung, Emulsionstyp zum Hauttyp auswählen: O/W bei Seborrhoe, W/O bei Sebostase (trockene Haut). meist gut rückfettend
Reinigungsöle und „Hydrophile Öle“	besonders bei trockener Haut, gründlich reinigend, mild rückfettend, anschließend kann die Pflege mit Tagescremes entfallen

In der Tabelle 6.1 werden einige Hautreinigungsmittel mit den wichtigsten Vor- und Nachteilen bei ihrer Anwendung gegenübergestellt. Nachfolgend werden zunächst die wichtigsten Eigenschaften der Seife beschrieben. Anschließend wird auf die Zusammensetzung und Wirkungsweise weiterer Reinigungsmittel für die Haut und die Haare eingegangen, wie Packungen und Shampoos. An späterer Stelle werden die Hauttypen definiert, die bei der Auswahl geeigneter Reinigungs- und Pflegemittel berücksichtigt werden müssen.

6.1.1 Zusammensetzung und Wirkungsweise von Seife

Lipophile (hydrophobe) Stoffe lösen sich nicht in Wasser, da sie weder polare Gruppen aufweisen (um die eine Hydrathülle entstehen könnte) noch Wasserstoffbrücken-Bindungen bilden können (mit denen eine Wechselwirkung mit dem Lösungsmittel Wasser möglich wäre). Die lipophilen Stoffe bilden daher im Kontakt mit Wasser eine zweite Phase, die besonders auf der Haut (und den Haaren) ein so großes Volumen bzw. eine so große Fläche bilden kann, dass die lipophilen Stoffe nicht mehr mit Wasser abgespült werden können.

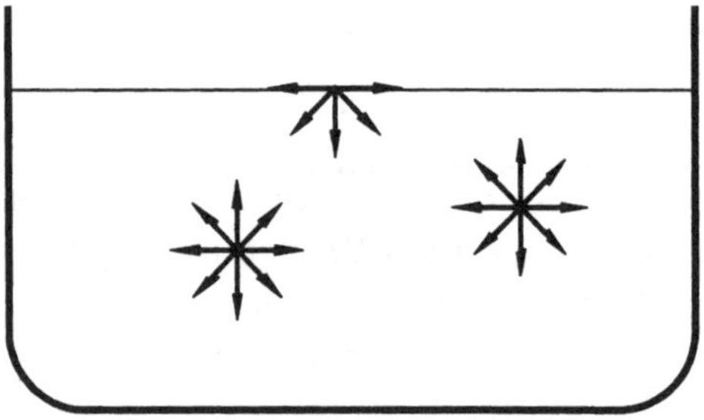

Abb. 6.1 Im Inneren einer Flüssigkeit erfährt ein Molekül von allen Nachbar-Molekülen Anziehungskräfte, die sich gegenseitig aufheben. Im Bereich der Flüssigkeits-Oberfläche verbleiben jedoch Anziehungskräfte, die zum Inneren der Flüssigkeit gerichtet sind. Die resultierende Zugkraft heißt Oberflächenspannung; die gleiche Kraft besteht auch an der Grenzfläche zwischen zwei nicht mischbaren Flüssigkeiten (Phasen) und heißt dann Grenzflächenspannung. Die Grenzflächenspannung von Wasser ist aufgrund der zahlreichen Wechselwirkungen zwischen den Wassermolekülen im Vergleich zu anderen Flüssigkeiten besonders hoch.

Im Inneren einer Flüssigkeit erfährt ein Molekül von allen Nachbarmolekülen gleichartige Anziehungskräfte, die sich daher gegenseitig aufheben. Wenn der Abstand eines Moleküls von der Oberfläche der Flüssigkeit kleiner ist als der „Wirkbereich" der Molekülkräfte, resultieren im Bereich der Oberfläche Anziehungskräfte, die zum Inneren der Flüssigkeit gerichtet sind (Abb. 6.1). Ein Molekül in der Nähe der Oberfläche besitzt daher im Vergleich zu einem Molekül im Inneren der Flüssigkeit eine höhere Energie. Da jeder Stoff einen Zustand mit möglichst kleiner (potentieller) Energie zu erreichen versucht, werden die Oberflächen von Flüssigkeiten so klein wie möglich gehalten. Die Zugkraft, welche die

die Oberfläche auf die kleinste Ausdehnung zu verringern versucht, ist die **Oberflächenspannung**. Von allen möglichen räumlichen Körpern gleichen Volumens hat die Kugel die kleinste Oberfläche. Bei zwei nicht miteinander mischbaren Flüssigkeiten bildet daher die eine Phase kugelförmige „Körper“, die in der umgebenden Phase der anderen Flüssigkeit schwimmen. Während chemisch gleichartig strukturierte Flüssigkeiten, wie die polaren Lösungsmittel Wasser, Glycerin oder Ethanol, vollständig ineinander mischbar sind, bilden polare und nichtpolare Flüssigkeiten, wie Wasser einerseits und Öl oder Ether andererseits, nicht mischbare Phasen. Die an der Grenze zwischen den beiden flüssigen Phasen bestehende **Grenzflächenspannung** verhindert eine dauerhafte Vermischung der Phasen.

Tenside haben die Aufgabe, das Volumen der kugelförmigen „Körper“ der einen Phase so klein zu halten, dass eine stabile gleichmäßige Verteilung dieser „Tröpfchen“ in der anderen Phase resultiert. Wenn unter dem Einfluss anderer Kräfte (z. B. bei Temperaturerhöhung oder nach Zusatz von Stoffen, welche die Dichteunterschiede zwischen den beiden Phasen erhöhen) die Tenside nicht mehr in ausreichendem Maße diese gleichmäßige Verteilung aufrechterhalten können, „bricht“ die Emulsion, d. h. die Phasen trennen sich und fließen unter Bildung einzelner Schichten zusammen (Aufrahmen der Phasen).

> Tenside besitzen sowohl hydrophile als auch hydrophobe Molekülbereiche. Sie sind daher **amphiphil**.

Das wichtigste Kennzeichen von Tensidmolekülen ist ihr Aufbau aus wasserlöslichen **und** fettlöslichen Strukturen, d. h. aus hydrophilen **und** hydrophoben Molekülbereichen. Während der hydrophile Anteil des Moleküls eine Wechselwirkung mit dem Wasser eingehen kann, verhindert der am gleichen Molekül befindliche hydrophobe Teil, dass sich das Molekül in Wasser in höherer Konzentration auflöst. Umgekehrt bestehen zwischen dem Molekül und der Fett- oder Ölphase hydrophobe Wechselwirkungen, die normalerweise die gleichförmige Verteilung in der hydrophoben Phase ermöglichen. Der hydrophile Strukturbereich des Tensides verhindert wiederum, dass sich das Tensid in der Ölphase merklich löst. Aus diesem Grunde halten sich Tenside (vorwiegend) in der Grenzfläche zwischen beiden Phasen auf, wobei sich die Moleküle mit ihren hydrophilen und hydrophoben Strukturen zur Wasser- bzw. zur Ölphase ausrichten. Der hydrophile Anteil ragt in die wässrige Phase, der hydrophobe in die Ölphase.

> Tenside sind in der Grenzfläche aktiv: sie sind **grenzflächenaktiv**.

Durch die Auffüllung der Grenzfläche mit Tensidmolekülen nimmt die Grenzflächenspannung ab, weil sich nun die Vektoren der Anziehungskräfte zwischen den zuvor im Grenzbereich befindlichen Lösungsmittelmolekülen auf die Tensidschicht ausdehnen und daher weitgehend gegenseitig aufheben. Öle (oder allgemein die hydrophoben Phasen) bilden nun sehr viel kleinere Tröpfchen in Wasser als in Abwesenheit eines Tensides.

Tenside **erniedrigen** die Grenzflächenspannung zwischen zwei nichtmischbaren Phasen.

Seife ist ein schon seit fast fünftausend Jahren zur Körperreinigung verwendetes Tensid, das durch Verseifung aus Fetten oder Ölen gewonnen wird (s. Abschnitt 4.9.4). Die Mehrzahl der festen Toilettseifen enthält als Tenside die Natriumsalze langkettiger Fettsäuren, wie Natriumpalmitat, Natriumstearat oder das Natriumsalz der Laurinsäure, wobei es sich immer um Gemische verschiedener Fettsäuresalze handelt. Seife reichert sich in der Grenzfläche zwischen Öl und Wasser an und richtet die Kohlenwasserstoffkette zur Ölphase aus, während die polare (geladene) Säuregruppe, nämlich das Carboxylat-Anion, in die wässrige Phase ragt (Abb. 6.2). Seife ist der wichtigste Vertreter der **anionenaktiven** Tenside, die neben der hydrophoben Kohlenwasserstoffkette (oder einer anderen hydrophoben Struktur) noch eine hydrophile Gruppe mit einer negativen Ladung (Anion) enthalten. Im Fall der Seife wird die Oberfläche des Öltröpfchens außerdem mit zahlreichen negativen Ladungen versehen, wodurch sich die Öltröpfchen gegenseitig abstoßen, was zusätzlich zur eigentlichen Tensidwirkung der Seife das Zusammenfließen der Ölphase verhindert, also die emulgierende Wirkung der Seife verstärkt.

Der guten Reinigungswirkung von Seifen steht deren schlechte Hautverträglichkeit gegenüber. Da Fettsäuren zu den schwachen Säuren zählen (Abschn. 3.8 und 3.11), vereinigt sich ein Teil der Fettsäureanionen, die durch Dissoziation der Fettsäuresalze (Seife) in Wasser entstehen, mit den Protonen des Wassers zu undissoziierten Fettsäuremolekülen. Bei dieser Reaktion werden also H^+-Ionen verbraucht, so dass in entsprechendem Maße der Anteil der Hydroxid-Ionen OH^- zunimmt, die Lösung basisch wird und der pH-Wert ansteigt (Abb. 6.3).

Die Haut vieler Menschen weist nur eine geringe **Alkali-Neutralisationsfähigkeit** auf, so dass die Seifenwäsche den Säureschutzmantel schädigt, die Hornschicht aufquellt und bei empfindlicher Haut darüber hinaus eine zumindest teilweise Denaturierung der Eiweiße in der Hornschicht einleitet. Gleichzeitig wird die Wasserverdunstung beschleunigt. Unter dem Begriff der Alkali-Neutralisationsfähigkeit versteht man die zur Wiederherstellung des normalen pH-Wertes der Haut nach Exposition mit einer alkalischen Lösung notwendige Zeit. Bei einer schlechten Alkali-Neutralisationsfähigkeit dauert es mehrere Stunden, bis der pH-Wert der Haut wieder unter 6 liegt, während dies bei einer gesunden Haut bereits nach 30 min erfolgt ist. Bei einem anhaltend hohen pH-Wert wird die Besiedelung der Haut mit pathogenen Keimen, z. B. *Staphylococcus aureus* und *Propionibacterium acnes,* erleichtert.

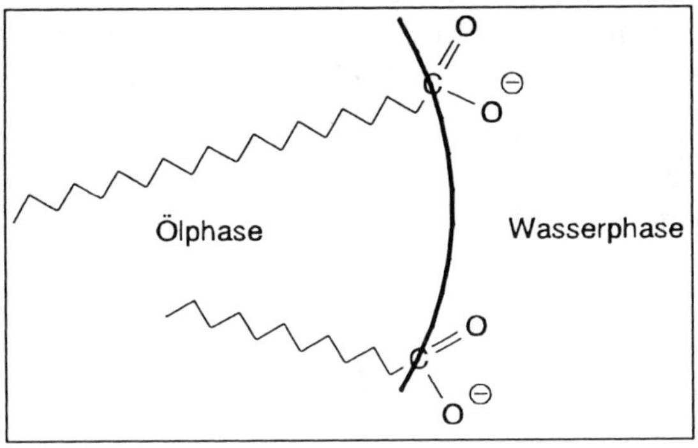

Abb. 6.2 Seife reichert sich in der Grenzfläche zwischen Öl und Wasser an und ragt mit der hydrophoben Kohlenwasserstoffkette in das Öl, während der hydrophile Molekülteil mit dem Carboxylat-Anion COO^- zum Wasser ausgerichtet ist. Durch die Beladung der Grenzfläche mit den Fettsäure-Salzen vermindert sich die Grenzflächenspannung des Wassers, so dass sich viele kleine, leicht mit Wasser abspülbare Öltröpfchen bilden können.

Alle Tenside, also auch Seife, bewirken eine unterschiedlich starke Entfettung der Haut. Ein weiterer Nachteil der Seife hängt mit der Bildung unlöslicher Kalkseifen in hartem Wasser zusammen. Dabei nimmt nicht nur die Reinigungswirkung der Seife ab, weil weniger lösliche Seifenmoleküle zur Verfügung stehen, sondern die unlöslichen Kalk- und Magnesiumseifen bilden einen feinen, hautreizenden Niederschlag auf der Haut.

Seifen werden entweder aus Fetten durch Kochen mit Natron- oder Kalilauge (siehe Abschnitt 4.9.4, Abb. 4.29) oder aus reinen Fettsäuren durch Neutralisation mit Natronlauge hergestellt. In diesem Fall werden die Fettsäuren aus den Fetten durch Spaltung mit überhitztem Wasserdampf freigesetzt (und nicht durch Lauge verseift). Dieses Verfahren ist unter anderem deshalb vorteilhafter, weil das bei dieser Form der Fettspaltung entstehende Glycerin reiner und damit als wichtiger industrieller Rohstoff wertvoller ist. Als Grundstoff für Seife dienen verschiedene Fette, die in der Reihenfolge ihrer Bedeutung für die Seifengewinnung aufgelistet sind:

1. Rindertalg
2. Schweinefett
3. Erdnuss- oder Olivenöl
4. Kokosfett

Eine gute Seife soll

hautschonend reinigen ohne zu stark zu entfetten
meist hell sein und glänzen
ausreichend hart sein
weder Augen noch Haut reizen
reichlich schäumen (obwohl die Schaumbildung nicht die Reinigungsaktivität widerspiegelt)

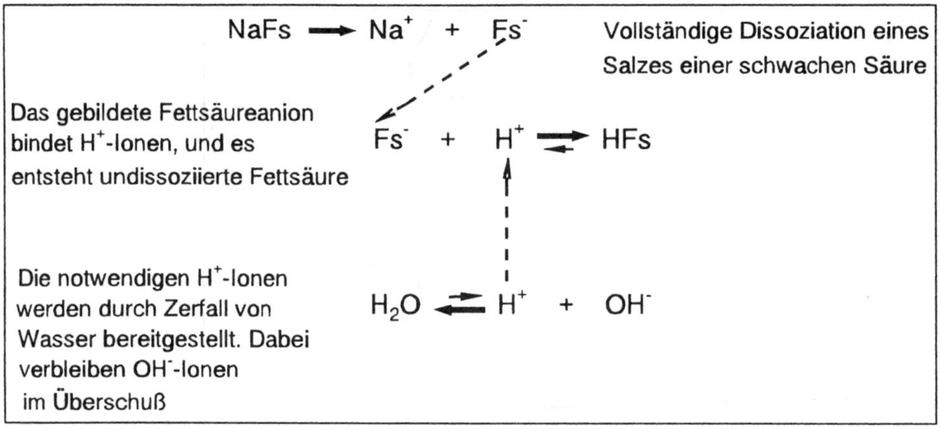

Abb. 6.3 Seifen sind Salze schwacher Säuren. Die Alkalisierung der Haut entsteht durch eine typische Eigenschaft dieser Verbindungen. Während Salze definitionsgemäß in Wasser vollständig in ihre Ionen zerfallen (erste Zeile; NaFs = Seife, Na^+ = Natrium-Ion, Fs^- = Fettsäure-Anion), bildet das Fettsäure-Anion wegen der hohen Affinität zum Proton H^+ die undissoziierte Fettsäure HFs (zweite Zeile). Dabei verbraucht Fs^- Protonen, so dass die wässrige Lösung durch den Überschuss an OH^--Ionen alkalisch wird (dritte Zeile).

Um diese und weitere Eigenschaften zu entwickeln, werden den Seifenstücken bei der Herstellung zahlreiche Hilfsstoffe zugemischt, die über die Qualität der Seife mitentscheiden. In der Tabelle 6.2 sind die Bestandteile von Nivea® Creme Seife zusammen mit den wichtigsten Funktionen im Seifenstück und auf der Haut aufgeführt. Es fällt auf, dass mehrere Inhaltsstoffe die Aufgabe haben, die entfettende Wirkung der anionenaktiven Seife durch **Rückfettung** zu mildern. Eine ganz entscheidende Bedeutung kommt in diesem Zusammenhang den **Wollwachsalkoholen** zu, die wegen ihrer Eigenschaften den Lipiden des Hydrolipidmantels der Haut (s. Abschn. 4.9.1 und 5.2) ähneln. Die Bestandteile des synthetischen Bienenwachses verstärken die pflegende Wirkung der Seife bei der Hautreinigung. Sie ziehen während der Seifenwäsche in die Haut ein und imitieren den natürlichen Lipidmantel, bis er regeneriert ist.

Da die Verbraucher eine rissige und fleckige Seife nicht akzeptieren, enthalten die Seifenstücke Komplexbildner, die mit mehrwertigen Metallionen lösliche Verbindungen bilden und dabei die schädlichen Wirkungen der im Wasser enthaltenen Ionen auf Aussehen und Stabilität der Seifenstücke sowie auf die Reinigungswirkung der Seife mildern. Da die Seife auch Natriumsalze von ungesättigten Fettsäuren enthält und daher durch chemische Ranzididät verderben kann, müssen Radikal-Fänger (Anti-Oxidantien) zugegeben werden (BHT sowie Etidronat, siehe Abschn. 6.8). Füllstoffe, wie modifiziertes Magnesiumsilikat, und Pigmente, wie im vorliegenden Beispiel Titandioxid, sind schließlich notwendig, um das glatte und weiße Aussehen der Seifenstücke zu erzielen.

Tab. 6.2 Zusammensetzung und Funktionen der Inhaltsstoffe von Nivea® Creme Seife (Angaben Beiersdorf AG)

Bestandteil	Funktion auf der Haut und im Seifenstück
Natriumsalze verschiedener Fettsäuren; aus Rindertalg und Kokosfett durch Verseifung gewonnen	Grundseife, dient zur Hautreinigung
Glycerin	Feuchthaltemittel in der Haut
Natriumchlorid	Feuchthaltemittel in der Seife
Octyldodecanol (verzweigter Fettalkohol)	Rückfettungsmittel
Synthetisches Bienenwachs aus geradzahligen und unverzweigten Carbonsäuren u. Alkoholen	Rückfettungsmittel
Pharmazeutisches Weißöl	Rückfettungsmittel
Hochgereinigte Wollwachsalkohole (Hauptbestandteil: Cholesterin)	Rückfettungsmittel, in mehrfacher Hinsicht den Hautlipiden ähnelnd, außerdem W/O-Emulgator
Mit einem organischen Rest modifiziertes Magnesiumsilikat	Konsistenzgeber
Dibutylhydroxytoluol (BHT)	Radikalfänger, mindert als Anti-Oxidationsmittel die chemische Ranzidität der Seife
Natriumthiosulfat und Ethylendiamintetraacetat (EDTA)	Komplexbildner, mindert die Rissigkeit des Seifenstückes
Natriumsalz der 1-Hydroxyethan-1,1-diphosphonsäure (Etidronat)	Komplexbildner, verhindert die Rissigkeit des Seifenstückes, wirkt auch als Antioxidationsmittel
Etherische Öle	Angenehmer Duft
Titandioxid	Aufhellung der Seifenmasse

Der Zusatz an etherischen Ölen oder Duftstoffen zur Seife dient zweifellos der Produktidentifikation, denn der Verbraucher verbindet den charakteristischen milden Geruch der Seife mit ihrer Qualität. Allerdings darf man nicht übersehen, dass manche etherische Öle – beispielsweise in stark parfümierten Seifen – als chemisch reaktionsfähige Verbindungen sowohl die Ranzidität der Seife beschleunigen als auch direkt hautreizend wirken können, weil sie als hydrophobe Verbindungen bis in tiefere Schichten der Epidermis gelangen können.

Transparentseifen entstehen nach der Fettverseifung durch Zusatz von Glycerin oder Sorbit. Diese Stoffe verhindern die Bildung der undurchsichtigen kristallinen Fettsäuresalze, so dass das feste Produkt durchscheinend bleibt.

Als **Metallseifen** bezeichnet man Verbindungen von Fettsäuren mit mehrwertigen Metallen, wie Al^{+++}, Zn^{++}, Mg^{++} oder Ca^{++}. Metallseifen sind im Gegensatz zu den Na- oder K-Verbindungen der Fettsäuren keine Salze und dissoziieren nicht in Wasser, so dass sie trotz ihres Namens keinerlei Seifenwirkung entfalten. Vielmehr handelt es sich um wasserunlösliche, feste Stoffe, die gut auf der Haut haften und als Gleit- und Haftmittel Puder und Make-up-Produkten zugemischt werden. In Syndetseifen und Shampoos dienen sie als Verdickungs- und Mattierungsmittel.

6.1.2 Synthetische Seifen und Tenside

In zunehmendem Maße kommen **Flüssigseifen** in Gebrauch, die in Plastikflaschen mit Dosierpumpe als Ersatz für Toilettseifen dienen. Die darin enthaltenen Tenside bilden im Gegensatz zu den anionenaktiven Seifen keine unlöslichen Kalkseifen in hartem Wasser, verändern den pH-Wert des Wassers nicht und ermöglichen daher eine schonendere Hautreinigung. (Im Haushaltsbereich werden allerdings Flüssigseifen angeboten, bei denen es sich um die K^{+}-Salze von Fettsäuren handelt, die ebenso wie die Kernseifen den pH-Wert stark erhöhen.) Man verwendet heute vorwiegend **Isethionate**, **Sulfosuccinate** und **Betaine** als Detergentien, die keine Hautirritationen auslösen.

Da rund 10 % der Bevölkerung dem sebostatischen Hauttyp angehören, wobei die Haut besonders leicht durch alkalische Lösungen angegriffen wird, kommt den Waschstücken, die synthetische Detergentien enthalten, große Bedeutung zu, weil sie den pH-Wert auf der Haut nicht erhöhen und daher die Haut schonend reinigen. Während bei normaler Haut für die Körperreinigung ohne weiteres herkömmliche Seife benutzt werden kann, ist zur Gesichtsreinigung der Gebrauch von Syndetseifen empfehlenswert. Besonders wichtig ist die Feststellung, dass durch die Erhaltung des sauren pH-Wertes die Austrocknung der Haut vermieden wird oder zumindest im Vergleich zu den Hautveränderungen bei Verwendung herkömmlicher Seife geringer ist. Es ist bisher noch nicht bekannt, warum alkalische Waschlösungen einen stärkeren Austrocknungseffekt auf die Haut haben als schwach saure.

Als besonders hautschonend und selbst bei Dermatosen einsetzbar hat sich die apothekenexklusive Serie Sebamed® bewährt (Tab. 6.3). Die festen Waschstücke aus dieser Serie enthalten drei verschiedene synthetische Detergentien, wobei die **Fettsäure-Isethionate** als relativ gut hautverträgliche anionenaktive Tenside dominieren und hohen dermatologischen Anforderungen genügen (Abb. 6.4).

Da die Isethionate schwer wasserlöslich sind, verhindern sie gleichzeitig, dass die Waschstücke beim Gebrauch aufweichen und sich verformen („Versumpfung“). Da beim alleinigen Gebrauch von Isethionaten die Waschstücke ein vom Verbraucher nicht akzeptiertes „kalkiges“ Aussehen haben, werden außerdem **Sulfosuccinate** zugemischt, z. B. das Dinatriumsalz des Sulfobernsteinsäureesters mit Laurylalkohol (Laurylsulfosuccinat), das ebenfalls zu den anionenaktiven Tensiden zählt.

Tab. 6.3 Zusammensetzung des Compactstückes Sebamed®

Bestandteil	Funktion auf der Haut und im Waschstück
Natriumsalz von Fettsäureestern d. 2-Hydroxy-1-ethan-sulfonsäure (Fettsäure-Isethionat)	Anionisches Tensid zur Hautreinigung
Dinatriumsalz des Sulfobernsteinsäureesters mit Laurylalkohol	Anionisches Tensid, zur Verbesserung der Hautverträglichkeit
Natriumsalz von Cocoamphodiacetat (Betain)	amphoteres Tensid, sehr gute Hautverträglichkeit
Paraffine	lipophil, verbessern die Festigkeit (Konsistenzgeber)
Triglyceridmischung	lipophil, Rückfettung
Weizenstärke	Konsistenzgeber
Behenylalkohol (C_{22}-Alkohol, Fettalkohol)	Konsistenzgeber
PEG 14M	Konsistenzgeber
Cetylpalmitat (mikrokristallines Wachs)	Konsistenzgeber
Jojobaöl	Hautpflegemittel
Squalan	Hautpflegemittel
Panthenol	Hautpflegemittel
Allantoin	Hautpflegemittel
Bisabolol	Hautpflegemittel
Tocopherylacetat (Vitamin E-Acetat)	Antioxidationsmittel
Natriumsalz der Ethylendiamintetraessigsäure (EDTA-Na_2)	Metallfänger, zur chem. Stabilisierung
Glycin, Asparaginsäure, Alanin, Lysin, Leucin (Aminosäuren)	Befeuchtungsmittel
Harnstoffphosphat	Befeuchtungsmittel
Milchsäure/Lactat	Stabilisierung des pH-Wertes
Parfümöl	zur Produktidentifizierung

Um die Haut- und Schleimhautverträglichkeit noch weiter zu verbessern, gibt man außerdem **Betaine** hinzu, die im gleichen Molekülrest sowohl positive als negative Ladungen tragen und daher als amphotere Tenside (oder kurz **Amphotenside**) bezeichnet werden.

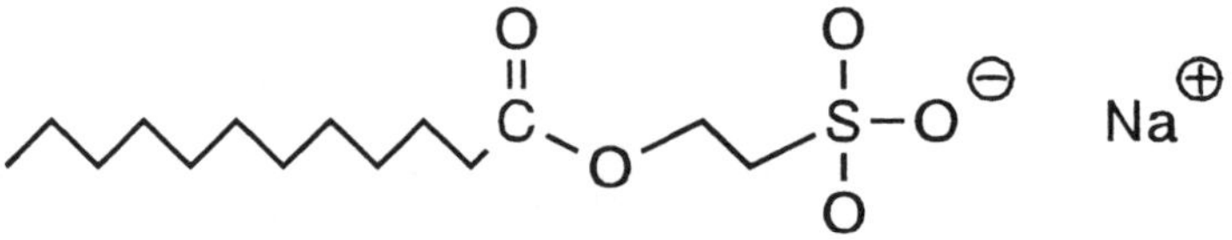

Lauroyl-Isethionat

Abb. 6.4 Natriumsalz des Laurinsäureesters der 2-Hydroxy-1-ethansulfonsäure. Das anionische Tensid besteht in der Regel aus einem Gemisch von Estern mit Fettsäuren, die 12 bis 18 C-Atome lang sind.

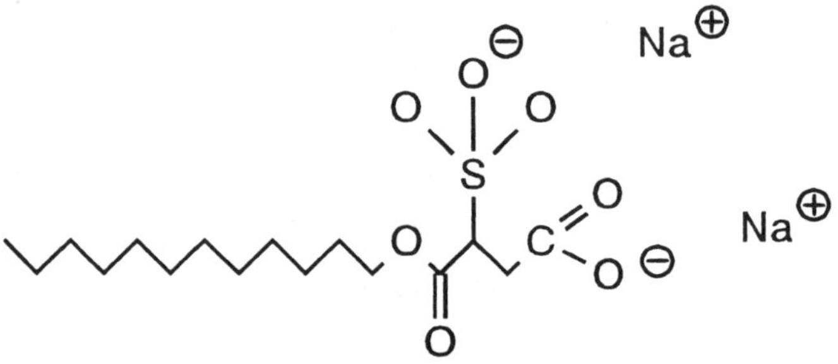

Laurylsulfosuccinat, Dinatriumsalz

Die Betaine, z. B. das im Sebamed Compact enthaltene Cocoamphodiacetat (N-Lauryl-N-methyl-aminopropan-diacetat, Natriumsalz), tragen unterschiedlich ionisierte Gruppen. Im alkalischen Bereich sind sowohl die positiven als auch negativen Ladungen nachweisbar, so dass sie sich wie Zwitterionen verhalten. Im sauren sind die negativen Ladungen protonisiert, weshalb sich das Betain nun als Kation verhält. Die Betain-Tenside gehören zu den wenigen Detergéntien, die auf der Haut keinen quellenden sondern einen zusammenziehenden Effekt entwickeln. Ein weiteres Betain wird in Abb. 6.10 gezeigt.

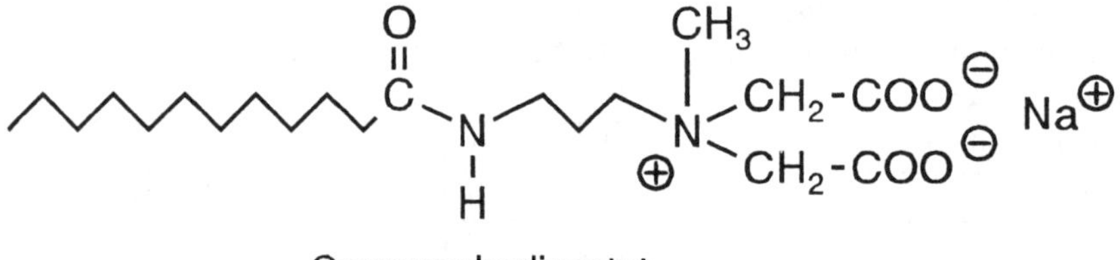

Cocoamphodiacetat

Von besonderer Bedeutung ist die Tatsache, dass durch die Erhaltung des sauren pH-Wertes der Haut eine selektive Reduktion von Hautkeimen, z. B. *Propionibacterium acnes*, erfolgt, während die physiologische Hautflora nicht zerstört wird. Die Inhaltsstoffe von Sebamed® Compact (und anderer Seifen-freier Waschstücke) lassen sich fünf Produktgruppen zuordnen, deren Gehalt innerhalb bestimmter Grenzen liegt (Tab. 6.4).

Tab. 6.4 Einteilung und Mengenanteil der Produktgruppen von seifenfreien Waschstücken

Produktgruppe	Anteil in %	Beispiele
Tenside	30 - 70	Isethionate, Sulfobernsteinsäureester, Fettalkohol-sulfate, Olefinsulfonate u. a.
Plastifizierungs- und Bindemittel	10 - 30	Fettalkohole, PEG 6000, Paraffin, reduzieren die Viskosität bei der Herstellung und verhindern das Aufbrechen (Rissigwerden) der Stücke
Füllstoffe	10 - 30	Natriumsulfat, Talkum, verbessern die Härte der Waschstücke,
Additive	0 - 20	Rückfettungsmittel (z. B. Isopropylmyristat, Tri-glyceride),. Feuchthaltemittel (Glycerin), Lanolin, Farbstoffe, Duftstoffe
Wasser	3 - 10	

Eine in der Zukunft wahrscheinlich immer größere Bedeutung haben Tenside aus sog. nachwachsenden Rohstoffen, zu denen vor allem die Kohlenhydrattenside gehören, für deren Herstellung Saccharose, Glucose und Stärkeprodukte herangezogen werden. Durch die Verwendung von Kohlenhydraten schont man die fossilen Rohstoffvorräte und erfüllt gleichzeitig weitgehend die heute geforderten Eigenschaften im Zusammenhang mit der Umweltverträglichkeit und biologischen Abbaubarkeit der Tenside. Zu den Kohlenhydrattensiden gehören die Sorbitanfettsäureester (s. Abb. 6.8 und 6.9), Saccharosemonofettsäureester und die **Alkylpolyglucoside**, deren Eigenschaften von K. HILL (*Henkel-Referate* **29**, 29-35 [1993]) und M. BIERMANN et al. (*Henkel-Referate* **30**:7-15 [1994]) beschrieben werden. Im Gegensatz zu den Fettalkohol-PEG-Verbindungen sind die Alkylpolyglucoside (Abb. 6.5) fest und verstärken die Tensidwirkung anderer Emulgatoren, so dass eine Tensideinsparung im Endprodukt erreicht wird. Kosmetisch wichtig ist die hautmilde Wirkung der Alkylglucoside sowie deren gute biologische Abbaubarkeit und außerordentlich geringe Giftigkeit.

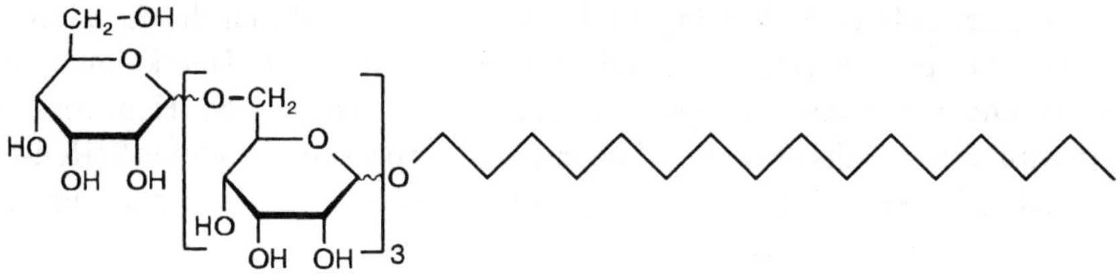

Abb. 6.5 *Hexadecylglucosid als Beispiel eines Alkylpolyglucosides*

6.1.3 Reinigungsmittel zum Baden und Duschen sowie Shampoos

Badeöle, die bis zu 90 % Weizenkeimöl sowie Ricinusöl oder Ricinusöl-Austauschstoffe enthalten, werden zusammen mit nichtionogenen Emulgatoren eingesetzt, um das Trockenheitsgefühl der Haut nach dem Baden zu beseitigen. Diese Emulsionen enthalten manchmal auch flüssige und feste Wachse. Sie bilden auf dem Badewasser eine dünne Schicht (sofern den Ölen keine Tenside zugesetzt worden sind), sollen nach dem Bad auf die Haut aufziehen und sie vor dem Austrocknen schützen. Für ein Vollbad benötigt man etwa 10 ml Badeöl.

Schaumbäder sollen reinigend und erfrischend wirken und dem Badewasser Wohlgeruch und Farbe verleihen. Ferner erwartet man, dass der durch Kalkseifen, Hautfett und Schmutz entstehende „Wannenschmutzrand" verhindert oder zumindest dessen mechanische Entfernung erleichtert wird. Schaumbäder enthalten als Tenside meist **Fettalkohol-polyglycolether-sulfate** oder **Fettsäuresarcosinate**.

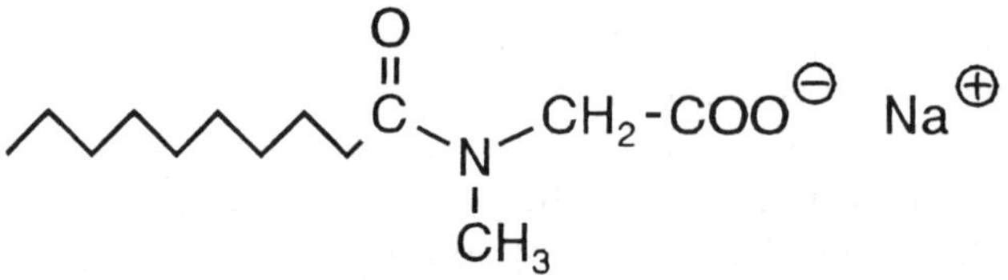

Lauroyl-sarcosinat

Den Schaumbädern werden **Schaumstabilisatoren** hinzugefügt, damit der Schaum länger gegen die Abkühlung des Badewassers isolieren kann. Die Präparate sind häufig dickflüssig und enthalten Konsistenzgeber, wie **Gummi arabicum**. Manchmal werden den Schaumbädern auch Vitamine und Pflanzenextrakte beigemischt. Um Hautschäden durch die meist stark entfettend wirkenden Tenside zu vermeiden, soll nach dem Bad gründlich mit Wasser nachgespült werden. Für ein 200 L-Schaumbad werden zwischen 10 und 30 g Schaumbadpräparat benötigt, was etwa 6 g Tensid entspricht.

Für **Duschbäder** verwendet man heute ausnahmslos synthetische Detergentien, wobei die Präparate auf schwach saure pH-Werte eingestellt sind und ihr

Gehalt an Syndets soweit verringert ist, dass keine zu starke Entfettung der Haut eintritt. Andererseits sollen zugesetzte Konsistenzgeber (z. B. Alginate und Cellulose-Derivate, siehe Abschn. 4.4) verhindern, dass die Duschpräparate zu schnell von der Haut abrinnen.

Für die Reinigung des Haarbodens und der Haare ist Seife wegen der stark entfettenden Wirkung und der Bildung von Kalk- und Magnesiumseife nicht geeignet. Die in den letzten Jahren für **Shampoos** entwickelten Tenside weisen vor allem zwei Verbesserungen auf: sie entfalten auch in hartem Wasser ihre Wirkung und sind augenverträglich.

Ein Zusatz von **Anti-Irritantien** soll die Augenverträglichkeit der Shampoos verbessern. Hierzu eignen sich Fettsäure-Sarkosinate. Diese anionenaktiven Tenside erzeugen einen feinblasigen Schaum, erweichen das Haar und verringern den mechanischen Widerstand bei der Haarwäsche. Da durch die Shampoos die Fettschicht von den Haaren entfernt wird, neigen die Haare dazu, sich beim Kämmen elektrisch aufzuladen. Dies wird durch Zusatz von kationenaktiven Tensiden zum Shampoo verhindert. Diese Tenside ziehen direkt auf das Keratin der Haare (hohe Substantivität dieser Tenside).

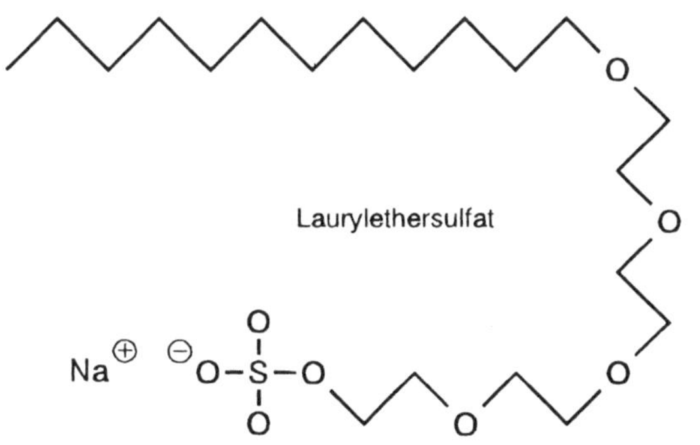

Die Fettalkohol-polyglycolether-sulfate (**Alkylethersulfate**) zählen als anionenaktive Tenside zu der nach der Seife mengenmäßig größten Tensidgruppe für kosmetische Präparate, z. B. Laurylethersulfat. Diese PEG-Derivate bewirken im Vergleich zu den Fettalkoholsulfaten eine geringere Hautquellung. Sie bilden keine unlöslichen Calciumverbindungen, so dass sie auch in hartem Wasser verwendet werden können. In Shampoos verwendet man außerdem Sulfobernsteinsäureester (Sulfosuccinate, s. Abschn. 6.1.2) als anionenaktive Tenside. Die in Shampoos enthaltenen waschaktiven Stoffe sind gegen Fettbelastung relativ empfindlich, so dass nach der ersten Haarwäsche der Schaum zusammenbricht oder sich nur ungenügend entfaltet. Shampoos für fettes Haar unterscheiden sich von Shampoos für normales Haar in der Regel nur durch den höheren Tensidgehalt.

Das Abschuppen der äußeren Hornschicht ist ein normaler Vorgang, der durch die Erneuerung der Hornschicht bedingt ist. Wenn die Zellbildungsgeschwindigkeit in der Keimzellschicht erhöht ist, bleiben die abzustoßenden Zellen noch in größeren Verbänden als Schuppen zusammen und sind nun auch für das Auge sichtbar, weil es sich um Aggregate aus mehr als 500 Einzelzellen handelt. Die Kopfschuppenbildung beruht im wesentlichen auf einer Zunahme der Zellteilungsrate. Daher sollen **Anti-Schuppenmittel** diesen Vorgang verlangsamen.

Überdies gehen Kopfschuppen häufig mit einem Juckreiz durch bakterielle Stoffwechselprodukte einher. Anti-Schuppenmittel hemmen daher auch das Wachstum der Mikroorganismen auf der Kopfhaut.

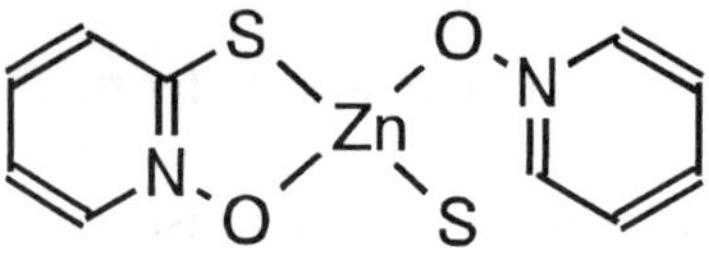

Zink-Pyrithion

Zu den ältesten Wirkstoffen bei der Bekämpfung von Kopfschuppen zählt **Zink-Pyrithion**. Diese extrem wasserunlösliche Verbindung, die in cremeförmigen Shampoos verwendet wird, verbleibt nach dem Waschen auf der Kopfhaut und hemmt sowohl das Wachstum von Bakterien als auch der Keratinocyten in der Keimzellschicht. Inzwischen gibt es auch wasserlösliche Antischuppenmittel, wie Octopirox (Piroctonolamin).

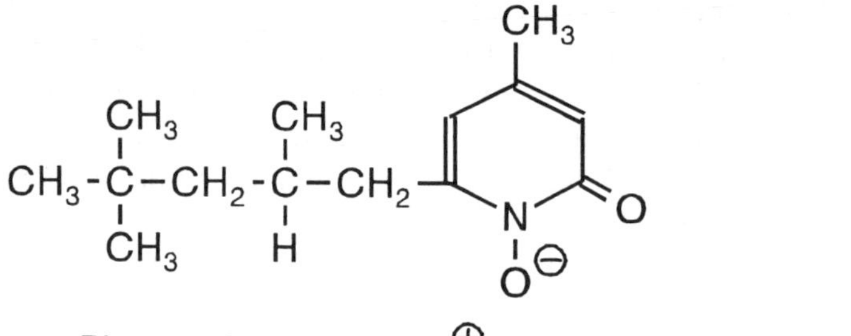

Piroctonolamin

1-Hydroxy-4-methyl-6-(2.4.4-trimethylpentyl)-
2(1H)-pyridon (als Salz mit 2-Aminoethanol, 1:1)

Shampoos enthalten noch weitere Zusätze, die Konsistenz, Aussehen und Wirkung des Präparates abrunden sollen. So werden zur Perlglanzgebung Fettsäureester des Glycols zugesetzt, beispielsweise Glycoldistearat.

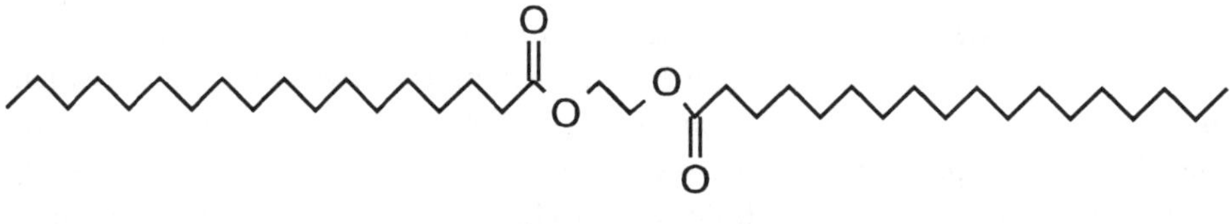

Glycoldistearat

Für den gleichen Zweck werden auch Glycerinfettsäurepartialester sowie Mischungen von Glycerinmono- und -dipalmitat bzw. -stearat verwendet. Die flüssigen Präparate werden durch Zugabe von Ammoniumchlorid, Agar-Agar, Celluloseether und vor allem durch Laureth-3 (Lauryl-triglycol-ether) verdickt.

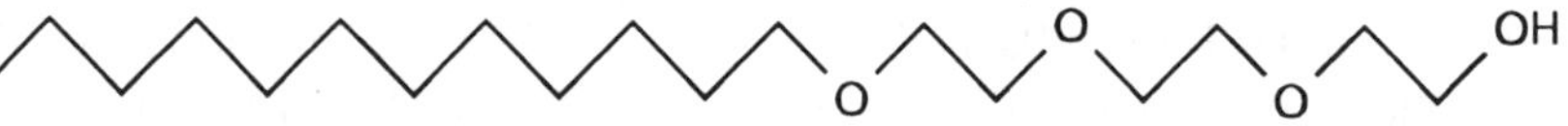

Laureth-3

Als **Schaumstabilisatoren** werden Fettsäurealkanolamide zugefügt. Obwohl das Schaumbildungsvermögen keinen Rückschluss auf die Reinigungswirkung erlaubt, wird durch die Schaumbildung die Reibung zwischen Haar und Händen vermindert. Um die Kämmbarkeit, den Glanz und den Griff der Haare nach dem Waschen zu verbessern, werden den Shampoos **Haarkonditierungsmittel** zugesetzt. **Konservierungsstoffe** sollen die Haltbarkeit der Shampoos verbessern, weshalb man in geringer Menge Formalin oder Formaldehyd-freisetzende Verbindungen zusetzt. Da in der Öffentlichkeit Formaldehyd kritisch bewertet wird und die Verunreinigung mit Dioxan (ein ringförmiger Diether mit sehr guten Lösungseigenschaften) als gesundheitsgefährend eingestuft wird, sind mittlererweile Shampoos entwickelt worden, die von diesen Stoffen sowie von Nitrosaminen frei sind. Hierzu gehört Sebamed® Shampoo, dessen Zusammensetzung aus der Tabelle 6.5 hervorgeht.

Tab. 6.5 Zusammensetzung von Sebamed® Shampoo

Bestandteil	Wirkung im Produkt bzw. auf die Kopfhaut
Natriumlaurethsulfosuccinat	anionisches Tensid
Cocamidopropylbetain	amphoteres Tensid
Eiweißfettsäurekondensations-produkt	anionisches Tensid
Polyquaternium-7	kationisches Tensid, verbessert die Kämmbarkeit
Glycoldistearat	Perlglanzmittel
PEG 150-Stearat	Konsistenzgeber
Piroctonolamin (Octopirox)	Antischuppenmittel
Salicylsäure	verhindert die Schuppenbildung (keratoplastische Wirkung)
Milchsäure/Natriumlactat	pH-Einstellung des Präparates
Glycerin	Feuchthaltemittel
Ethylendiamintetraacetat (EDTA,Na_2)	Komplexbildner zur Stabilisierung des Shampoos
Etherisches Öl	Produktidentifizierung

Das auf pH 5,5 eingestellte Shampoo entwickelt durch den Gehalt an Piroctonolamin und Salicylsäure eine milde Antischuppenwirkung und reinigt in der Mischung von drei Tensiden Haar und Kopfhaut schonend. Das in Sebamed® Shampoo enthaltene amphotere Tensid Cocamidopropylbetain weist ähnliche Zusammensetzung und Eigenschaften auf wie das in Tab. 6.3 erwähnte Cocoamphodiacetat und besteht aus einer Mischung verschiedener Verbindungen, die unterschiedlich lange Alkylketten enthalten. Auch Natriumlaurethsulfosuccinat hat eine ähnliche Zusammensetzung wie das im Abschn. 6.1.2 beschriebene Laurylsulfosuccinat, von dem es sich nur dadurch unterscheidet, dass zwischen Laurinalkohol und Sulfobernsteinsäure noch zwei bis vier Glycolreste über eine Etherbindung eingeschoben sind.

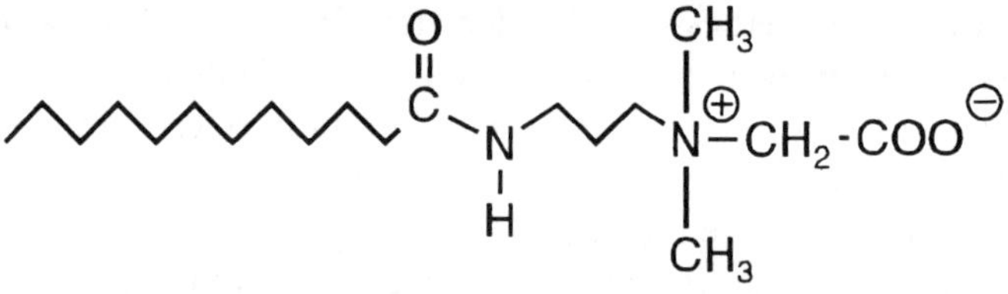

Cocamidopropylbetain, Laurinsäure enthaltend

Bei den Eiweißfettsäurekondensationsprodukten (Abb. 6.6) handelt es sich um besonders hautmilde Tenside, die außerdem sehr gut schleimhaut- und augenverträglich sind. Es handelt sich um Kondensationsprodukte aus der Reaktion von Fettsäuren (Laurin-, Myristin-, Palmitin-, Stearin- oder Ölsäure) mit Aminosäuren und Peptiden, die durch saure Hydrolyse von Proteinen erhalten wurden. Die Schleimhautverträglichkeit ist besonders gut, wenn die Peptidkette mindestens 20 Aminosäuren lang ist. Allerdings müssen diese Präparate gut gegen Mikroorganismen konserviert werden.

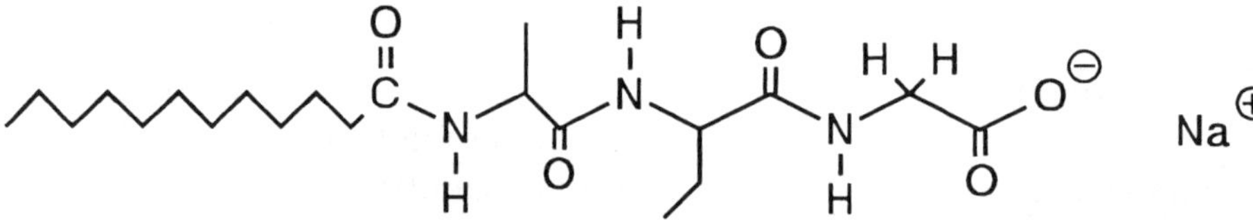

Abb. 6.6 Eiweiß-Fettsäurekondensationsprodukt am Beispiel der Laurinsäure, die mit einem 3 Aminosäuren langen Peptid verbunden ist

6.2 Hautpflegemittel

Zur Körperpflege gehören Reinigung und Pflege der Haut sowie besonders im Herbst und Winter der Hautschutz. Hautpflegemittel sollen verschiedene Aufgaben erfüllen, die sich nach folgenden Gesichtspunkten ordnen lassen:

- **Erhaltung** und **Wiederherstellung** des Hydrolipidmantels (HLM) der Haut, also Normalisierung des pH-Wertes; Stabilisierung der Fett-Wasser-Emulsion des HLMs, durch die ein ausgewogenes „Wasserklima“ auf der Haut gewährleistet wird; Behandlung übermäßig verhornter Hautbereiche und Entfernung bzw. vorbeugende Behandlung von Schuppen. Damit gehen auch eine Normalisierung der Bakterienflora und eine Förderung der Hautregeneration einher.

- **Schutz** der Haut vor den Folgen extremer Belastungen, wie Kälte oder Hitze, nach längerer Einwirkung von Wasser oder anderen Lösungsmitteln oder vor den Folgen einer zu starken UV-Bestrahlung.
- Zur optimalen Pflege gehört ferner eine dem jeweiligen Hauttyp entsprechende **Reinigung** der Haut, für die es eine Reihe von Empfehlungen gibt, deren Einhaltung unmittelbar die Erhaltung und Wiederherstellung des HLMs tangiert, worauf im Abschnitt 6.3 näher eingegangen wird.

Für die Pflege steht eine Vielzahl von unterschiedlichen kosmetischen Zubereitungen zur Verfügung, angefangen von **Cremes** und **Milchen** über **Hydrophile Öle** bis zu den **Packungen**, die jeweils ihr unterschiedliches Einsatzgebiet – nicht zuletzt auch in Abhängigkeit vom Hauttyp – in der Kosmetik haben. **Körperöle** dienen der schnellen Wiederherstellung des Hydrolipidmantels nach der Hautreinigung. Emulsionen werden in zunehmendem Maße auch als **Gesichtspackungen** eingesetzt (siehe Abschn. 6.4).

6.2.1 Hautcremes

Hautcremes zielen auf eine **Normalisierung des Wasserhaushaltes** der Haut. Dabei entfalten sie eine glättende und erweichende Wirkung, die besonders bei trockener Haut spürbar ist. Darüber hinaus erlauben die in den Hautpflegemitteln enthaltenen Öle in Kombination mit anderen Produkten einen vorübergehenden Ersatz der natürlichen Hautlipide, die durch die Hautreinigung entfernt worden sind. Die regelmäßige Hautpflege trägt wesentlich zur Gesunderhaltung der Haut bei, denn bei normalem Wassergehalt werden Austrocknung, Juckreiz und Infektionen der Haut verhindert.

Eine gute Hautcreme bewirkt, was der intakte Hydrolipidmantel erreicht: die Haut wird geschmeidig und glatt gehalten, die Austrocknung wird vermieden, und es wird eine Begrenzung des Bakterienbewuchses erreicht.

6.2.2 Emulsionstypen

Bei allen Cremes und Milchen handelt es sich um **Emulsionen**. Darunter versteht man ein (disperses) System aus mehreren, nicht ineinander löslichen – d. h. nicht miteinander homogen mischbaren – Flüssigkeiten (Phasen). Eine der beiden Phasen wird als Hauptphase oder **Dispersionsmittel** bezeichnet, in der eine weitere Phase – das **Dispergenz** oder die dispergierte Phase – fein verteilt ist. Die in der Kosmetik üblichen Emulsionen bestehen aus einer **Ölphase**, in der sich fette Öle,

Mineralöle, Wachse, Fettalkohole und andere öllösliche Stoffe befinden, und einer **Wasserphase**, die hauptsächlich aus Wasser besteht, in dem eine Reihe von wasserlöslichen Stoffen gelöst ist, wie Befeuchtungsmittel, Konservierungsstoffe usw. Wenn die eine Phase fest ist und beispielsweise aus festen Fetten, Wachsen oder festen PEG-Produkten (siehe Abschnitt 4.2) besteht, spricht man von einem **Gel**, in dem die flüssige Phase fixiert ist. Die feste Phase spielt dabei die Rolle eines Gerüstbildners. Zu den bekanntesten Gelbildnern gehören die Gelatine (siehe Abschnitt 4.7.4), die aus Kollagen-Bruchstücken besteht und sehr viel Wasser aufnehmen kann, sowie Agar-Agar und andere Polysaccharide (siehe Abschn. 4.4), die ebenfalls sehr wasserreiche Gele bilden.

Emulsionen spielen in der Kosmetik deshalb eine so hervorragende Rolle, weil Fette und andere Wirkstoffe aus einer Emulsion besser von der Haut resorbiert werden als aus einer wasserfreien Fett-Zubereitung, denn Emulsionen ähneln hinsichtlich ihrer funktionellen und physiologischen Eigenschaften dem Hydrolipidmantel der Haut. Emulsionen werden mit Hilfe von Tensiden stabilisiert, welche die Grenzflächenspannung der wässrigen Phase zur Ölphase erniedrigen. Außerdem enthalten Emulsionen manchmal Stabilisatoren, welche entweder die Grenzfläche stabilisieren (ohne direkt die Grenzflächenspannung zu beeinflussen) oder die Viskosität der Öl- oder Wasserphase erhöhen. Das Tensid reichert sich in der Grenzfläche zwischen den Phasen an (wie es bereits im Zusammenhang mit der Seifen-Wirkung erläutert wurde, siehe Abb. 6.2) und stabilisiert die fein verteilten Tröpfchen der dispergierten Phase im Dispersionsmittel.

Bei den Öl-in-Wasser-Emulsionen (**O/W-Emulsionen**) bildet Wasser die äußere, zusammenhängende (geschlossene) Phase, während die innere, disperse Phase vom Öl gebildet wird. Da die äußere Phase wässrig ist, wirken diese Emulsionen nicht fettend und hinterlassen auf der Haut keinen sichtbaren Fettglanz. O/W-Emulsionen werden daher für die Herstellung von Tagescremes (Mattcremes) und Puderunterlagen herangezogen. Da die äußere Phase aus Wasser besteht, trocknen Cremes vom O/W-Typ leicht ein, so dass sie in verschließbare Tuben abgefüllt werden. O/W-Emulsionen müssen gut gegen Mikroorganismen konserviert werden.

Bei Wasser-in-Öl-Emulsionen **(W/O-Emulsionen)** sind Wassertröpfchen in Öl verteilt und von einer äußeren Ölphase umschlossen. W/O-Cremes wirken daher fettend und trocknen auch in undichter Verpackung kaum aus (z. B. in Cremetiegeln). Nach dem Auftragen verbleibt häufig ein sichtbarer Fettfilm. Sie eignen sich besonders für trockene Haut. Stabile W/O-Emulsionen werden nur selten von Mikroorganismen befallen, neigen aber im Vergleich zu O/W-Emulsionen stärker zur Ranzidität.

Für die Feststellung des Emulsionstyps gibt es einige einfache Tests. Lässt sich zum Beispiel das Aufbewahrungsgefäß der Creme leicht mit Wasser reinigen, so spricht dies für das Vorliegen einer O/W-Emulsion. Gibt man eine kleine Menge der zu prüfenden Creme auf eine Glasplatte und berührt sie mit einem Wassertropfen, so breiten sich die emulgierten Teilchen aus, falls es sich um eine O/W-

Emulsion handelt (Verdünnungsmethode). Wenn sich dagegen eine Phasengrenze bildet, liegt eine W/O-Emulsion vor. Bei einer Variante der Verdünnungsmethode wird eine Probe der Emulsion in ein Glas mit wenig Wasser überführt und kräftig mit einem Glasstab gerührt. Bei einer O/W-Emulsion erzeugt man eine milchige Trübung der gesamten Flüssigkeit und leichtes Schäumen; W/O-Emulsionen lassen sich dagegen nicht gleichmäßig verdünnen. Bei der Farbprobenmethode wird mit einem öllöslichen Farbstoff die äußere Phase einer Emulsion gefärbt, wenn dies die Ölphase ist. Umgekehrt lässt sich die äußere Phase einer O/W-Emulsion mit einem wasserlöslichen Farbstoff rasch durchfärben. Eine einfache Bestimmungsmethode für den Emulsionstyp beschreibt R. HEUSCH in „Die Tenside", S. 237 (s. Kapitel 10). Danach werden ein roter fettlöslicher und ein grüner wasserlöslicher Farbstoff zunächst einzeln mit Talkum im Verhältnis 1:1 fein verrieben und gut miteinander vermischt. Das Gemisch stäubt man vorsichtig auf ein Filterpapier. Ein Wassertropfen färbt das bestäubte Papier grün, während ein Öltropfen eine Rotfärbung bewirkt. Beim Aufbringen eines Tropfens einer O/W-Emulsion wird das Zentrum grün und die Umgebung rot gefärbt. Bei Cremes, Pasten oder anderen festen Emulsionen wird ein Aufstrich auf einen Objektträger aufgetragen. Anschließend wird mit der Farbstoffmischung dünn bestreut, das Präparat auf etwa 50 °C erwärmt, wonach die erkennbaren Farbzonen bewertet werden.

Von zwei nicht miteinander mischbaren Phasen bildet diejenige die äußere (kontinuierliche) Phase, in der sich der Emulgator besser löst.

Der Emulsionstyp hängt nicht vom Mengenverhältnis der zu emulgierenden Öl- und Wasserphasen ab. Vielmehr entscheiden die gewählten Tenside darüber, welcher Emulsionstyp entstehen wird. Wenn Tenside als amphiphile Moleküle im Gleichgewicht zwischen den hydrophilen und hydrophoben Gruppen eine stärkere Tendenz zur Hydrophobie haben, eignen sie sich als W/O-Emulgatoren. Ist dagegen der Emulgator stärker hydrophil als hydrophob, so wird er für die Herstellung von O/W-Emulsionen herangezogen.

In den letzten Jahren sind auch **kosmetische Mehrphasensysteme** entwickelt worden, bei denen es sich um multiple Emulsionen handelt. Wenn man eine O/W-Emulsion, die also einen für die O/W-Emulsion geeigneten Emulgator enthält, in Öl einrührt, das ein für eine W/O-Emulsion typisches Tensid enthält, so bildet sich ein O/W/O-System mit drei getrennten Phasen, wobei eine innere und eine äußere Ölphase durch Wasser voneinander getrennt ist.

Analog entsteht mit einer W/O-Emulsion in Wasser, die einen für eine O/W-Emulsion geeigneten Emulgator enthält, eine W/O/W-Emulsion, wenn man sie in Wasser einrührt, in dem sich ein O/W-Emulgator befindet. Die zur Herstellung solcher Drei-Phasen-Systeme erforderlichen Verfahren müssen besonders schonend und die Viskosität der einzelnen Phasen muss ausreichend hoch sein, damit die entstehenden multiplen Emulsionen nicht durch Zusammenfließen der Phasen wieder in Zwei-Phasensysteme übergehen.

Solche Emulsionen setzen aus der innersten Phase einen dort gelösten Wirkstoff verzögert frei (Depoteffekt). Die in verschiedenen Phasen enthaltenen Wirkstoffe werden in einer bestimmten zeitlichen Reihenfolge abgegeben. Die Verteilung auf verschiedene Phasen erlaubt außerdem eine Mengenreduktion der zu applizierenden Wirkstoffe. Schließlich können Stoffe, die aus unterschiedlichen Gründen nicht miteinander in direkten Kontakt kommen sollen, in verschiedene Phasen eingearbeitet werden. Darüber hinaus können die beiden Wasserphasen einer W/O/W-Zubereitung unterschiedliche pH-Werte aufweisen, die für die darin gelösten Wirkstoffe jeweils optimal sind.

Der Zusammenhang zwischen einem Emulgator und dem zu erwartenden Emulsionstyp ergibt sich aus dem **HLB-Wert**. Die Bezeichnung leitet sich von **H**ydrophile-**L**ipophile **B**alance ab, wobei die Werte rechnerisch ermittelt wurden und zwischen 0 und 20 liegen. Emulgatoren mit einem HLB-Wert von < 10 neigen zur Öllöslichkeit, solche mit HLB-Werten > 10 zur Wasserlöslichkeit, bei HLB 10 besteht ein Gleichgewicht zwischen hydrophilen und hydrophoben Molekülgruppen im Emulgator (Abb. 6.7).

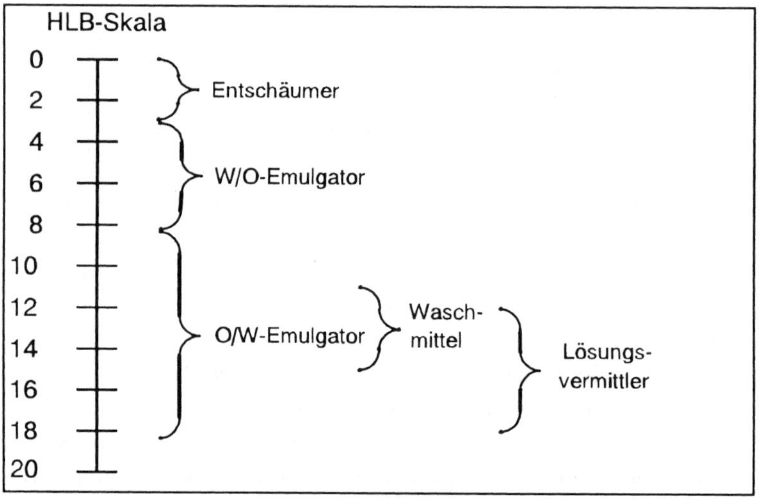

Abb. 6.7 Zusammenhang zwischen HLB-Werten und dem Einsatz der Tenside bei der Herstellung von Emulsionen.

Die HLB-Werte lassen sich nur für nichtionische Tenside korrekt vorausberechnen, während bei den ionischen Emulgatoren Korrekturfaktoren berücksichtigt werden müssen. Für den Praktiker ist es wichtig, dass die durch ihre HLB-Werte gekennzeichneten Tenside für das zu emulgierende Produkt ausgesucht werden können. Will man z. B. O/W-Emulsionen mit Vaseline herstellen, so benötigt man Emulgatoren mit einem HLB-Wert zwischen 10 - 12. Sollen dagegen auf der Grundlage von Vaseline W/O-Emulsionen zubereitet werden, so muss der Emulgator einen HLB-Wert um 5 - 8 aufweisen. Noch deutlicher ist der Unterschied bei der Emulgierung von Bienenwachs: für eine O/W-Emulsion muss der Emulgator einen HLB-Wert von 12 aufweisen, für eine W/O-Emulsion einen von 4. Die Emulgatormenge ist vom Volumen der inneren Phase abhängig. Je höher deren Volumen ist, desto mehr Emulgator ist erforderlich. Außerdem benötigt man für Emulsionen, deren Tröpfchengröße besonders klein sein soll, mehr Emulgator.

Meist verwendet man zur Herstellung kosmetischer Emulsionen Tensid-Mischungen, beispielsweise PEG 40-Sorbitan-peroleat (Abb. 6.8) zusammen mit Sorbitanmonolaurat. Sorbitane entstehen aus dem sechswertigen Zuckeralkohol Sorbit durch Abspaltung von Wasser, wobei sich (im Gegensatz zu den echten Zuckern) ein innerer Ether bildet (Abb. 6.9).

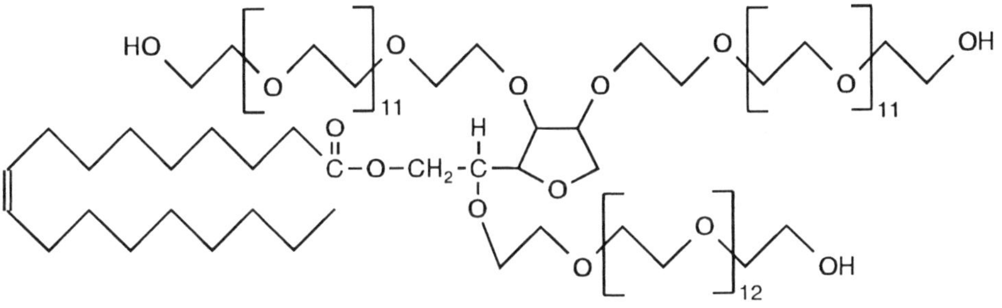

Abb. 6.8 *PEG 40-Sorbitan-peroleat (PEG 40-1,4-Sorbitan-6-oleat). Besteht aus einer Mischung verschiedener Ölsäureester mit Sorbitan, an denen insgesamt 40 mol Ethylenoxid gebunden sind, so dass durch die Polymerisation von jeweils 13 bis 14 Ethylenoxid-Molekülen drei PEG-Ketten entstanden sind.*

In der Tabelle 6.6 sind die wichtigsten hydrophilen und hydrophoben Gruppen aufgeführt, die in Tensiden vorkommen. **Kationenaktive Tenside** werden nicht als Emulgatoren sondern als antistatisch wirksame, gut auf Haare aufziehende Stoffe Haarpflegemitteln zugesetzt (**Substantivität** der **Quats**). Das in der Tabelle genannte Zephirol® gehört zu den wichtigen quartären Ammoniumverbindungen, die als Desinfektionsmittel wirken, indem sie nach der Bindung an die negativen Ladungen auf der Oberfläche von Mikroorganismen die Denaturierung von Proteinen einleiten.

Aus der Abbildung 6.7 geht hervor, dass Emulgatoren mit HLB-Werten von 8 bis 18 für die Herstellung von O/W-Emulsionen geeignet sind. Zu dieser Tensidgruppe gehören sowohl Seifen als auch Fettalkoholsulfate und einige PEG-Ester von Fettsäuren. Bei den ersten beiden Emulgatoren handelt es sich um anionenaktive Tenside, bei denen das amphiphile Molekül eine negative Ladung trägt.

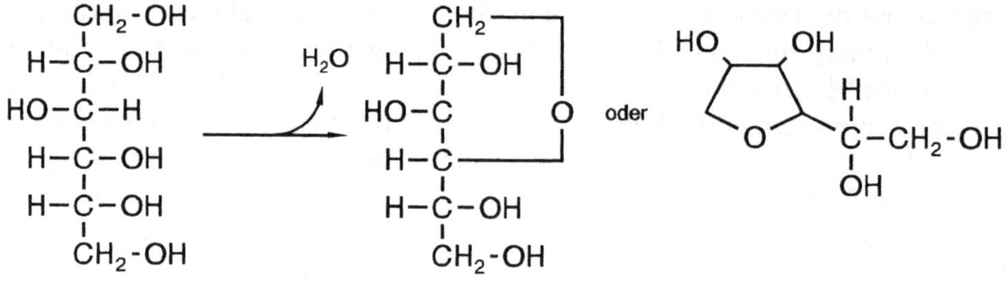

Abb. 6.9 Bildung von 1,4-Sorbitan aus Sorbit (das aus Glucose durch Reduktion mit Wasserstoff entsteht). 1.4-Sorbitan ist der Grundkörper für viele nichtionische Detergentien, für den zwei verschiedene graphische Darstellungen gewählt wurden.

Die mit **anionenaktiven Tensiden** hergestellten O/W-Emulsionen sind häufig salzempfindlich im Vergleich zu Emulsionen mit nichtionogenen Tensiden. **Amphotere Tenside** sind Emulgatoren, die sowohl positive als auch negative Gruppen tragen; sie haben sich als besonders schleimhautverträglich und nicht augenreizend bewährt; häufig hemmen sie gleichzeitig das Bakterienwachstum. Wichtige Vertreter gehören zur Gruppe der **Betaine**, bei denen ein Stickstoffatom vier (modifizierte) Alkylreste gebunden hat. Betaine werden u. a. für die Herstellung von milden Körperpflege- und Reinigungsmitteln bei der Säuglings- und Intimpflege eingesetzt (Abb. 6.10).

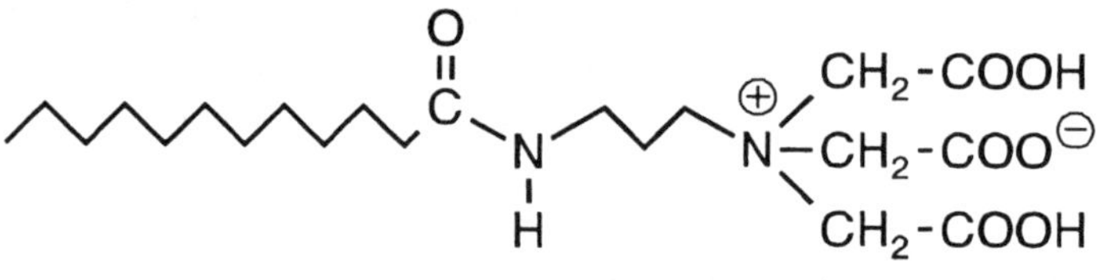

N-Lauroyl-1,3-diaminopropan-N-tricarboxymethan

Abb. 6.10 Struktur eines Betains als Vertreter amphoterer Tenside

Bei Emulsionen vom O/W-Typ, die mit Hilfe von anionenaktiven Tensiden stabilisiert werden, befinden sich auf den Grenzflächen der Öltröpfchen die negativen Ladungen der Tenside, die mit ihren anionischen Gruppen auf den Tröpfchen wie „Nadeln in einem Nadelkissen“ stecken. Durch die gleichsinnige Ladung stoßen sich die Tröpfchen gegenseitig ab, so dass die emulgierende Wirkung der Tenside auf diese Weise noch verstärkt wird (siehe Abb. 6.2).

W/O-Emulsionen werden ausschließlich mit **nichtionogenen Tensiden** hergestellt, die keine elektrischen Ladungen tragen und deren hydrophile Gruppen in erster Linie aus Alkoholgruppen bestehen. Zu den nichtionogenen Tensiden gehören die Fettsäureester von Polyethylenglycol, die je nach dem Molekulargewicht vom PEG und der Art der veresterten Fettsäure HLB-Werte zwischen 1,8 und 18 aufweisen. Sie kommen in einer Vielzahl von kosmetischen Zubereitungen als Emulgatoren, Verdickungs- oder Trübungsmittel vor. So wird beispielsweise der Stearinsäureester von PEG 400 (Cremophor S®, HLB-Wert 12) zur Herstellung von O/W-Emulsionen herangezogen.

Tab. 6.6 Hydrophile und hydrophobe Gruppen von Tensiden

Hydrophile Gruppen	**Vorkommen in Tensiden**
Alkoholgruppe -OH	nichtionogene Tenside, z. B. PEG-Derivate, Cholesterin
Carboxylgruppe nach Dissoziation in R-COO^- und H^+	anionenaktive Tenside, z. B. Seifen
Phosphatgruppe nach Dissoziation in $H_2PO_4^-$ und H^+	anionenaktive Tenside, z. B. Hostaphate, Lecithin
Sulfatgruppe nach Dissoziation in R-OSO_3^- und H^+	anionenaktive Tenside, z. B. Natriumlaurylsulfat
Quartäre Ammoniumverbind. mit der Gruppe -NR_4^+	kationenaktive Tenside, z. B. Quats, Zephirol
Hydrophobe Gruppen	
Kohlenwasserstoffkette	alle Tensidtypen, z. B. Seifen
ringförmige Kohlenwasserstoffe	Cholesterin und Cholesterinester
Ester	vor allem nichtionogene Tenside, z. B. Glycerinteilester

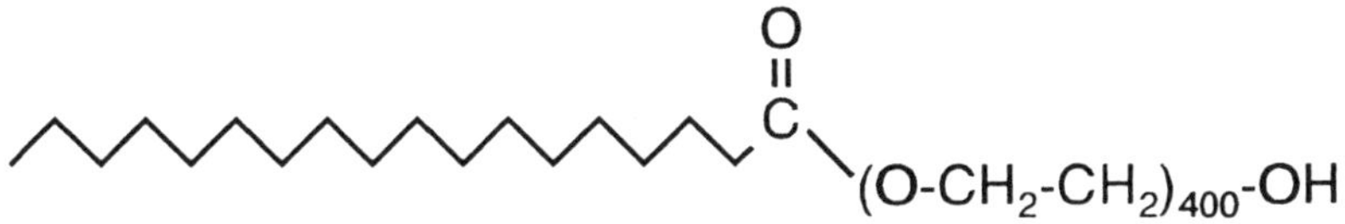

PEG 400-Stearat

Eine besondere Gruppe von biologisch abbaubaren, mild wirkenden nichtionogenen Tensiden bilden die **Aminoxide**, die durch Umsetzung von tertiären Aminen (siehe Abschn. 4.5) mit Wasserstoffperoxid erhalten werden. Wegen der ungewöhnlichen polaren Bindung zwischen Stickstoff und Sauerstoff ist die N–O-Gruppe ausge-

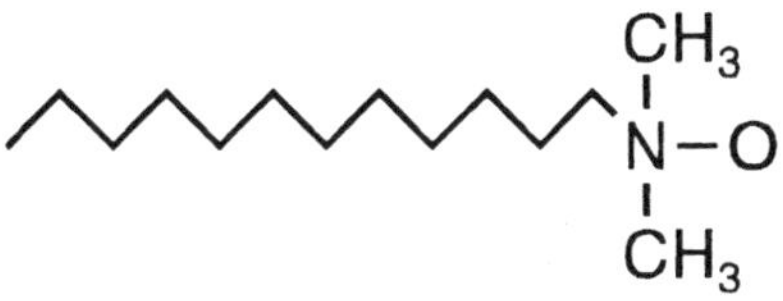

Dimethyllauryl-aminoxid

sprochen hydrophil, aber nicht elektrisch geladen. Aminoxide verbinden milde Reinigungswirkung mit hervorragender Hautverträglichkeit. Häufig werden sie (zusammen mit weiteren Tensiden) zur Herstellung von Shampoos verwendet.

Emulgatormischungen, die zur Herstellung von W/O-Emulsionen geeignet sind, werden als **Absorptionsbasen** bezeichnet, weil sie das Mehrfache ihres eigenen Gewichtes an Wasser aufnehmen („absorbieren“) können. Zur Herstellung der Absorptionsbasen dienen flüssige oder feste langkettige Kohlenwasserstoffe (Paraffinöle, Paraffine), Wollwachsalkohole (einschließlich) Cholesterin und Emulgatoren, die entweder zur Formulierung einer O/W-Grundlage geeignet sind (z. B. Steareth-21, d. h. der PEG-Ether von Stearylalkohol mit 21 Ethoxygruppen) oder für die Herstellung von W/O-Emulsionen dienen können (z. B. Sorbitan-isostearat, ein Monoester von Sorbitan mit einer Mischung verzweigter C_{18}-Fettsäuren, z. B. 16-Methyl-heptadecansäure). Speziell Cholesterin mit dem relativ niedrigen HLB-Wert von 4 verbessert die Wasseraufnahmefähigkeit der Emulsionen, so dass sie in ihren physiologischen Eigenschaften dem natürlichen Hydrolipidmantel der Haut ähneln (siehe Abschnitt 5.2). Hinzu kommt, dass Cholesterin hauterweichend wirkt. Die Absorptionsbasen werden unter der Bezeichnung Eucerinum® O/W-Grundlage bzw. W/O-Grundlage für die Herstellung von Hautpflegemitteln angeboten.

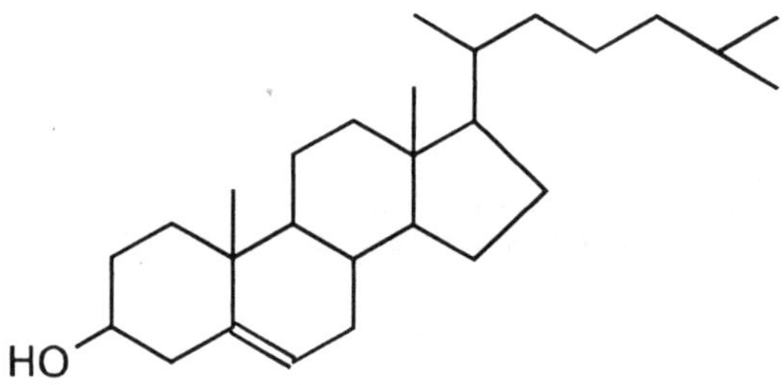

Cholesterin, ein C_{27}-Alkohol

Als Tenside für W/O-Emulsionen eignen sich auch andere Sterine sowie Teilester von Glycerin oder Sorbit mit Fettsäuren (z. B. Polyglyceryl-3-diisostearat, Abb. 6.12), das zusammen mit Wollwachsalkoholen (Eucerit®, siehe Abschn. 4.9.1) und dem ethoxilierten Sorbitanester der Ölsäure (PEG-40-Sorbitan-peroleat, siehe Abb. 6.8) als hautfreundlicher Emulgator für pH5-Eucerin® Creme Plus verwendet wird (siehe Tab. 6.9). Aus einer W/O-Emulsion werden öllösliche Wirkstoffe rasch in die Haut aufgenommen, während hydrophile Stoffe erst durch die (äußere) Ölphase hindurchwandern müssen. W/O-Cremes können in der inneren Phase bis zu 74 % Wasser enthalten. In der Regel liegt allerdings der Wassergehalt bei 50 %.

Als lipophile Transportvehikel für hydrophile Wirkstoffe werden **Liposomen** seit 1987 im kosmetischen Bereich eingesetzt. Liposomen sind kugelförmige Lipidtropfen (Vesikel) mit einem Durchmesser von 25 - 300 nm (1 nm = 1 millionstel Millimeter), die hydrophile Bestandteile umschließen (Abb. 6.11). Je nach den Herstellungsbedingungen bestehen die Vesikel aus einer oder aus mehreren konzentrisch angeordneten Lipid-Doppelmembran(en). Dabei befinden sich die lipophilen Reste im inneren der Membran, während die hydrophilen Molekülteile auf der Außenseite liegen. Nach Aufbau und Größe unterscheidet man zwischen einschichtigen oder mehrschichtigen Vesikeln. Im zweiten Fall besteht also

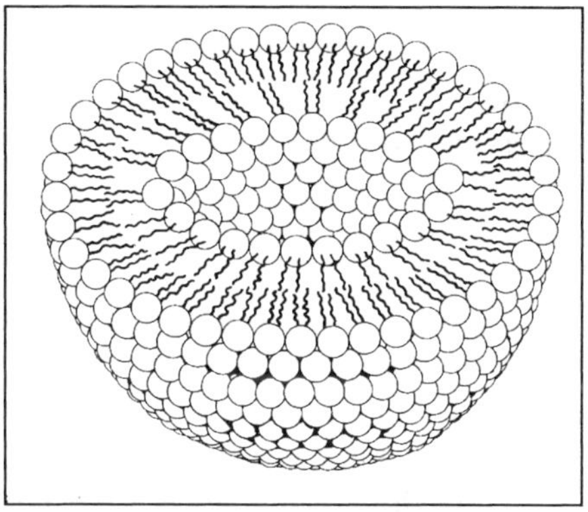

Abb. 6.11 Schematische Darstellung eines Liposoms. Während die Hülle aus einer Doppelschicht von amphiphilen Lipiden besteht (z. B. aus Lecithin, s. Abschn. 4.9.3), befinden sich im Inneren die hydrophilen Wirkstoffe einschließlich Wasser. Die hydrophile Kopfgruppe der Lipide ist als Kugel dargestellt, während der hydrophobe Strukturanteil als Wellenlinie gezeichnet ist. Nach *J. Pütz und C. Niklas:* Schminken, Pflegen, Schönes Haar. *Köln 1991, © vgs Verlagsgesellschaft Köln.*

die Hülle aus mehreren zwiebelschalenartig angeordneten Doppelschichten, zwischen denen sich wässrige Flüssigkeiten befinden.

Die Doppelmembranen bestehen aus **Lecithin** oder anderen Phosphatiden (s. Abschn. 4.9.3). Manchmal werden auch synthetische nichtionogene Tenside zum Aufbau der Liposomenmembran herangezogen (Niosomen), z. B. Polyglyceryl-3-diisostearat (Abb. 6.12). Lecithin für Liposomen wird in erster Linie aus Sojaöl angereichert. Zahlreiche Formulierungsbeispiele für Liposomen werden in einer Arbeit von GAREIß et al. diskutiert (J. GAREIß, E. HOFF und M. GHYCZY: Phospholipide - Lipide - Nanoemulsionen, *Parfümerie und Kosmetik* **75**, 652-659 (1994).

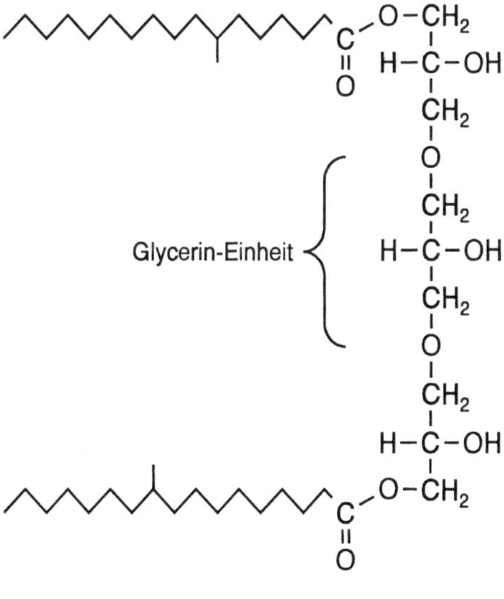

Abb. 6.12 Polyglyceryl-3-diisostearat (Triglyceryl-diisostearat). Es besteht aus einem Gemisch verschiedener verzweigter C_{18}-Fettsäuren (Isostearinsäuren), die mit einem Glycerin-Trimer verestert sind.

In den wässrigen Innenraum der Liposomen werden hydrophile Wirkstoffe eingebaut, während fettlösliche Substanzen in der Lipidhülle gebunden werden. In Abhängigkeit von der Zusammensetzung der Lipidhülle und dem Durchmesser der Liposomen lassen sich Wirkstoffe in vorhersagbarem Umfang in die Epidermis eintragen. Durch einen Cholesterinzusatz kann man die Liposomen versteifen, so dass sie in tiefere Schichten der Epidermis gelangen können, ohne die Inhaltsstoffe vorher abzugeben. Meist fusionieren die Liposomen nach Erreichen der Lipidlamellen am unteren Rand des Stratum corneum im Bereich der Lipidlamellen (s. Abschn. 4.9.3).

Zu den wichtigen Vorteilen bei der Verwendung von Liposomen gehört es, dass die hydrophilen Wirkstoffe im Inneren der Liposomen in der Regel nicht konserviert werden müssen. Bei der Wechselwirkung zwischen Liposomen und den Zellen unterscheidet E. NÜRNBERG (*Parfürmerie und Kosmetik* **73**:461-471 [1992]) die nachfolgend genannten Vorgänge:

1. **Adsorption** (Anheftung) an die Zellen mit der Möglichkeit zur intrazellulären Einschleusung der in den Liposomen enthaltenen Substanzen.
2. **Fusion** (Vereinigung) von Liposomen und Zellmembran, wobei Teile der Liposomen-Doppelmembran in die Plasmamembran eingebaut werden können.
3. **Austausch** von Lipiden zwischen der Liposomen- und Plasmamembran.
4. **Endocytose** (Aufnahme) der Liposomen durch die Zellen und anschließende Verarbeitung der Inhaltsstoffe nach deren Abbau in den Lysosomen (zelluläre Vesikel zum Abbau von Zellinhaltsstoffen).

Tab. 6.7 zeigt, dass für die kosmetische Reinigung vornehmlich anionische Tenside eingesetzt werden, wobei die Amphotenside eine zunehmend größere Bedeutung erlangen. Bei der Hautpflege dominieren nichtionogene Tenside.

6.2.3 Stabilität von Emulsionen

Die Stabilität hängt von der Einhaltung bestimmter Eigenschaften und der Verwendung bestimmter Zusätze ab. So sollten die dispergierten Tröpfchen sehr klein sein. Je feiner die Emulsion ist, desto stabiler ist sie. Die äußere Phase der Emulsionen sollte eine Mindestviskosität besitzen, damit sich die Emulsion nicht so leicht in ihre beiden Phasen trennt. Die Viskosität der Ölphase lässt sich durch Zugabe von Metallseifen oder anderen öllöslichen Konsistenzgebern erhöhen.

Ferner sollte das spezifische Gewicht der äußeren und inneren Phase nicht sehr differieren. So darf man die Wasserphase nicht zu stark mit wasserlöslichen Stoffen belasten, weil sonst der Dichteunterschied zwischen den beiden Phasen zu groß wird. Anorganische Salze erhöhen die Grenzflächenspannung, weil sie die Wechselwirkungen zwischen den Wassermolekülen verstärken. Sowohl die Öl- als auch die Wasserphase müssen chemisch stabil bleiben. Daher gibt man bei W/O-Emulsionen Anti-Oxidantien (Abschn. 6.8) und bei O/W-Emulsionen Konservierungsstoffe (Abschn. 6.7) hinzu.

Tab. 6.7 Einteilung der Tenside und Liste einiger typischer Vertreter

Tensid	Vorkommen
Anionische Tenside	
Natriumstearat	Seifen, Abb. 6.2, Tab. 6.2
Lauroyl-Isethionat	Syndet, Abb. 6.4, Tab. 6.3
Laurylsulfosuccinat	Syndet, Tab. 6.3
Laurylethersulfat	Shampoo
Eiweißfettsäurekondensationsprod.	Shampoo, Abb. 6.6
Amphotenside	
Cocoamphodiacetat	Syndet, Tab. 6.3
Cocamidopropylbetain	Betain, Shampoo, Tab. 6.5
N-Lauroyl-1,3-diaminopropan-N-tricarboxymethan	Säuglingspflege, Abb. 6.10
Lecithin (ein Phosphatid)	Liposomen, Abb. 4.27 u. 6.11
Kationische Tenside	
Distearyl-dimethyl-ammonium-chlorid	Quat, Haarkonditionierung
Polyquaternium-7	Quat, Haarkond., Tab. 6.5
Zephirol	Quat, Desinfektionsmittel
Nichtionogene Tenside	
PEG-Sorbitanfettsäureester	W/O-Emulgator, Abb. 6.8
PEG 400-Stearat	W/O-Emulgator
Cholesterin	Absorptionsbase, Eucerit®
Aminoxide	Shampoo
PEG 22-Dodecylglycol-Copolymer	Pflegeöl, Tab. 6.10
Polyglyceryl-3-diisostearat	W/O-Emulgator, Abb. 6.12

Temperaturänderungen destabilisieren W/O- und O/W-Emulsionen in unterschiedlichem Maße. So sind W/O-Emulsionen meist bei niedriger Temperatur stabil und brechen bei 40 °C oder noch höheren Temperaturen, weil dann die Viskosität der Ölphase abnimmt. O/W-Emulsionen sind in der Regel kälteempfindlicher und vertragen eine kurzfristige Erwärmung.

6.3 Die Pflege der Haut

In der kosmetischen Praxis richtet sich die Auswahl der verfügbaren Pflegemittel in hohem Maße nach den zu behandelnden Hauttypen. Dabei geht W. GEHRING von der Vorstellung aus, dass den für den Aufbau von Pflegeprodukten eingesetzten Ölen und Emulgatoren – also der Grundlage von Hautpflegemitteln – eine wesentliche Bedeutung zukommt, während die sog. kosmetischen Wirkstoffe (siehe Kap. 7) nur in begrenztem Maße Wirkung zeigen, zumal ihre Konzentrationen in der Oberhaut häufig nicht ausreichen, um in tieferen Schichten der Epidermis biologisch aktiv werden zu können. Dies bedeutet, dass es möglich ist, sog. Wirkstoff-freie Grundlagen zusammenzustellen, mit denen sich bereits eine optimale pflegende Wirkung erzielen lässt. (W. Gehring, Arbeitskreis Haut & Hygiene, Juni 1994). Das Öl-Wasser-Verhältnis einer derartigen Zubereitung sollte nicht nur auf den Hauttyp abgestimmt werden, sondern es sollten unterschiedliche Präarate entsprechend dem Rhythmus der Jahreszeiten eingesetzt werden. So steht im Herbst und Winter der Hautschutz im Vordergrund (siehe Abschn. 6.6), was durch einen vermehrten Ölanteil in den Zubereitungen erreicht werden kann. Für das Frühjahr werden wasserreiche Zubereitungen empfohlen, die außerdem Präparate zum Peeling enthalten, wobei durch das Abschälen der äußeren Hornhautschichten die Haut glatt und geschmeidig wird.

Tab. 6.8 Merkmale der vier Hauttypen mit den wichtigsten Behandlungsschwerpunkten (siehe auch Tab. 6.11)

Hauttyp	Erscheinungsbild	Reinigung	Behandlungsbedarf
normal	glatt, geschmeidig, seidig, rosig, kleinporig	mild, aber gründlich	wenig empfindlich, mäßiger Fett- und Feuchtigkeitsbedarf
trocken	rauh, schuppig, zart, gerötete Stellen, fleckig, geringe Elastizität, bes. im Alter: feinporig, früh Faltenbildung	mild, möglichst wenig Fett und Feuchtigkeit entfernen, Hautreizungen vermeiden, W/O-Emulsionen	hochempfindlich, hoher Fett- und Feuchtigkeitsbedarf
fettig	fettig glänzend, dick, großporig, oft bis ins hohe Alter faltenlos	mild, aber gründlich, Peeling mit kl. Schleifpartikeln, nachtonisieren	widerstandsfähig, kein Fettbedarf, geringer Feuchtigkeitsbedarf
Mischhaut	Stirn, Nase u. Kinn wie fettige Haut; Wangen u. Augenpartien wie bei der trockenen oder normalen Haut	mild, fettige Partien gründlich reinigen, Waschgele od. W/O-Emulsionen	Fett- und Feuchtigkeitsbedarf nur an trockenen Stellen

Quelle: verändert nach Sebapharma, Boppard 1994

Vor Beginn der eigentlichen Hautpflege erfolgt stets eine auf den **Hauttyp** abgestimmte Reinigung (Tab. 6.8). Der Begriff Hauttyp sollte als Definition eines bestehenden Hautzustandes begriffen werden, denn er kann sich im Laufe des Lebens und unter dem Einfluss wechselnder Umwelteinflüsse ändern, d. h. der Hauttyp entspricht nicht einer endgültig zugeordneten oder genetisch festgelegten Kategorie. Zahlreiche äußere Faktoren, wie Trockenheit, UV-Bestrahlung, Umgang mit bestimmten Wasch- oder Lösungsmitteln sowie das Rauchen schädigen die Haut und können einen anderen Hauttyp erzeugen. Ähnliches gilt für seelische Belastungen oder Krankheiten, die ebenfalls die Blutversorgung, die Befeuchtung, das Aussehen und weitere Merkmale der Haut beeinflussen.

Der Zustand der Haut wird in erster Linie von der Menge und Zusammensetzung des Hydrolipidmantels geprägt, d. h. die übermäßige Aktivität der Talgdrüsen führt zum Bild der fettigen und feuchten Haut, während bei einem unzureichenden Hydrolipidmantel eine trockene Haut resultiert. Bei einer Normalhaut überwiegt das seidige und glatte Aussehen der Haut, die kleinporig und straff ist. Bei einer fettigen Haut, die im übrigen gegen chemische und physikalische Einflüsse relativ widerstandsfähig ist, stört besonders die Neigung, Komedonen (Mitesser) und andere Hautunreinheiten zu bilden, die Ausgangspunkt für Hautentzündungen sein können.

6.3.1 Die normale Haut

Mit einem ausgeglichenen Gehalt an Lipiden und Wasser findet sich dieser Hauttyp sowohl bei Kindern als auch bei über 20jährigen. Die Reinigung und Pflege dieser Haut ist naturgemäß am wenigstens problematisch, da die Haut durch die abgestimmte Talgproduktion und die damit verbundene Wasserbindung auf der Haut einen optimalen Hydrolipidmantel aufbaut (siehe Kap. 5.2).

Für die Reinigung der Haut ist eine normale Seifenwäsche durchaus vertretbar, obwohl heute zahlreiche pH-neutrale Reinigungscremes und -öle sowie die pH-neutralen festen oder flüssigen Syndet-Seifen (siehe Abschnitt 6.1.2) angeboten werden, die eine gründliche und gleichzeitig hautschonende Reinigung erlauben. Beispielsweise lässt sich die Gesichtshaut mit Reinigungsmilch (Emulsionstyp O/W) von den öl- und wasserlöslichen Schmutzteilchen befreien, die sowohl von außen auf die Haut gelangt als auch durch chemischen Abbau der Bestandteile des Hydrolipidmantels auf der Haut verblieben sind. Sowohl herkömmliche Seife als auch Syndets enthalten Rückfetter, welche die vorübergehende Entfettung der Haut ausgleichen.

Zur Hautreinigung werden manchmal Salicylsäure-haltige Präparate eingesetzt, die als **Keratoplastika** die Hornschicht auflockern und Teile des „Zellkittes“ aus den oberen Lagen der Hornschicht entfernen, so dass eine „Tiefenreinigung“ erreicht wird (s. Abschn. 7.3). Diese Reinigung ist bei dünner, trockener

Haut nicht empfehlenswert. Mit Peeling-Präparaten werden die Hornzellen schonender abgelöst.

Die Tagespflege normaler Haut unterstützt die Wasserbindung durch die Haut und ist speziell im Winter und in geheizten Räumen mit niedriger relativer Luftfeuchtigkeit von Bedeutung. In der Regel genügt eine normale O/W-Creme mit Befeuchtungsmitteln, um der Austrocknung normaler Haut begegnen zu können. Tagescremes können Pigmente enthalten (getönte Cremes), so dass auch Make-up-Effekte möglich sind.

Wenn normale Haut nach intensiver Sonneneinwirkung oder anderen starken Beanspruchungen gereizt ist und beispielsweise ein Spannungsgefühl vermittelt, sind auch Emulsionen vom Typ W/O für die Hautpflege geeignet. Die pH5-Eucerin® Creme Plus als ein Beispiel für solch eine Zubereitung (Tabelle 6.9) ist sowohl zur Tages- als auch Nachtpflege geeignet. Die Creme enthält sowohl mehrere Puffergemische, die den Säureschutzmantel der Haut stabilisieren, als auch verschiedene Feuchthaltemittel, die den Feuchtigkeitsbedarf der Haut decken. Die in der Creme enthaltenen Wirkstoffe, wie Allantoin, Vitamin E und Panthenol werden im Kapitel 7 behandelt. Die enorme Wasserbindungskapazität von Hyaluronsäure wurde bereits im Abschnitt 4.4 beschrieben.

Siliconöle stellen eine interessante Verbindungsklasse dar. Bei dem in der pH5-Eucerin® Creme Plus eingearbeiteten Cyclomethicon handelt es sich um ein cyclisches Dimethylpolysiloxan. Andere Siliconöle, z. B. Dimethicon, haben eine lineare Struktur. Es gibt auch **Silicontenside,** bei denen einige Methylreste hydrophile Gruppen tragen. Sie sind außerordentlich stark grenzflächenaktiv und verbessern bereits in sehr niedrigen Konzentrationen Glätte und Glanz der Haut.

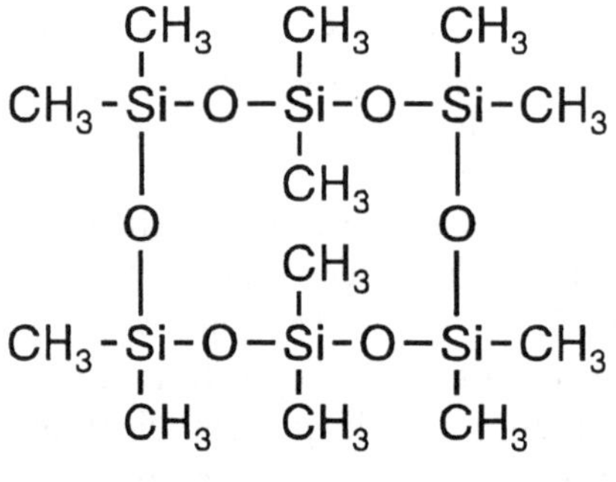

Cyclomethicon

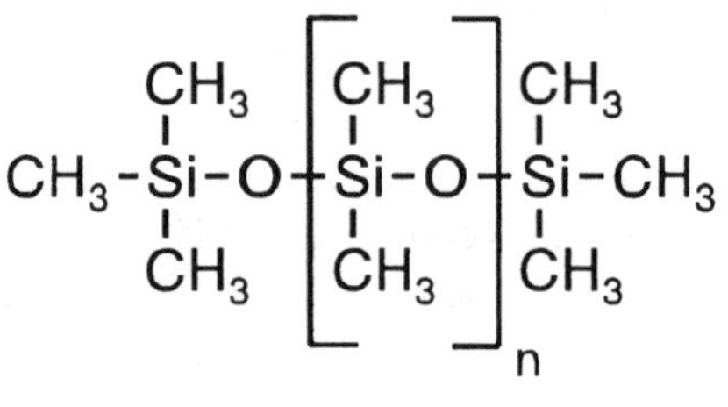

Dimethicon
n liegt zwischen 3 und 100

6.3.2 Die trockene und schuppige Haut

Sie entsteht in der Regel aufgrund der altersbedingten Abnahme der Talgdrüsenaktivität, wodurch die Wasserbindung in Mitleidenschaft gezogen wird und eine häufig als „empfindlich" beschriebene Haut entsteht, die manchmal bereits bei 30-

Tab. 6.9 Inhaltsstoffe der pH5-Eucerin® Creme Plus (Angaben Beiersdorf AG) sowie deren Funktion auf der Haut und in der Creme

Bestandteil	Funktion auf der Haut und in der Creme
Wasserphase	
Wasser	Normalisierung des Wasserhaushaltes, Lösungsmittel für hydrophile Stoffe
Alkohol	Emulsionsstabilisator
Glycin	Emulsionsstabilisator, Haut-Bestandteil
Glycerin	Feuchthaltemittel
Butylenglycol	Feuchthaltemittel
Hyaluronsäure, Na-Salz	Feuchthaltemittel, hautidentisch
Natriumlactat und Milchsäure	Puffergemisch
Diammoniumcitrat und Citronensäure	Puffergemisch, stellt den pH-Wert auf 5 ein
Allantoin	hautglättend
Panthenol	hautglättend, Provitamin B_5
Ölphase	
Pharmazeutisches Weißöl	Lösungsmittel für hydrophobe Stoffe
Isohexadecan	verbessert die Spreitung
Isopropylpalmitat	verbessert die Spreitung
Cyclomethicon	Silikonöl, verbessert die Spreitung
Kernöl der schwarzen Johannisbeere	enthält die hautfreundliche Gamma-Linolensäure
Jojobaöl	hautfreundliches flüssiges Wachs
Hochgereinigte Wollwachsalkohole (Eucerit®)	W/O-Emulgator, ähnelt den Hautlipiden
Tocopherylacetat (Vitamin E-Acetat)	Radikalfänger, stabilisiert die Emulsion, Antioxidationsmittel
Emulgatoren	
Polyglyceryl-3-diisostearat	W/O-Emulgator, hautfreundlich
PEG 40-Sorbitanperoleat	W/O-Emulgator, hautfreundlich
Aluminiumstearat	Emulsionsstabilisator
Zinksulfat	Emulsionsstabilisator
Duftstoffe	
Etherische Öle	angenehmer Duft

bis 40jährigen zu finden ist. Etwa 10 % aller Menschen gehören diesem sebostatischen Hauttyp an. Bei vermehrter Schuppenbildung nimmt die Geschmeidigkeit der Haut ab, und es treten kleine Hautrisse und -rötungen (Entzündungen) auf. Die Hornschicht wird dünner und die Menge an natürlichen Befeuchtungsfaktoren nimmt ab. Reinigung und Pflege müssen sich dementsprechend auf das Defizit bei der Bildung des Hydrolipidmantels und dessen Wiederaufbau einstellen. Die Hautreinigung sollte möglichst nicht mit (alkalischer) Seife erfolgen sondern mit rückfettenden Reinigungs- und Badeölen.

Eine herausragende Rolle spielen die **Hydrophilen Öle** als Reinigungsmittel. Hierunter versteht man kosmetische Zubereitungen, bei denen Öle (vorzugsweise pflanzliche Triglyceride) durch eingearbeitete nichtionogene Tenside mit Wasser spontan Emulsionen bilden können. Die hydrophilen Öle werden daher als **selbstemulgierend** bezeichnet und zunächst auf die trockene Haut aufgetragen, wobei die öllöslichen Rückstände, wie Talg, aufgenommen werden. Die hydrophilen Öle kann man als Weiterentwicklungen der Reinigungsöle (s. Abschn. 6.1) auffassen, von denen sie sich durch den Zusatz von Emulgatoren unterscheiden. Durch behutsames Aufbringen von Wasser mit tropfnassen Fingern geht die W/O-Emulsion schließlich in eine O/W-Emulsion über, so dass nun die wasserlöslichen Schmutz- und Sekretteilchen von der Emulsion aufgenommen werden können. Anschließend wird die milchige Suspension mit reichlich kaltem Wasser abgewaschen. Die Reinigungswirkung von hydrophilen Ölen ist besser im Vergleich zur Seifenwirkung und im Gegensatz zur Seife erfolgt auch nach längerer Einwirkung keine Entfettung der Haut. Das Öl kann bei fettarmer Haut den Fettgehalt und damit auch den Feuchtigkeitsgehalt normalisieren. Da die Permeation von anderen Substanzen bei erhöhter Feuchtigkeit der Haut verbessert ist, bewirkt die Reinigung mit hydrophilen Ölen zusätzlich, dass die Haut für Wirkstoffe der anschließend aufgetragenen Pflegepräparate aufnahmebereiter ist. Die

Tab. 6.10 Zusammensetzung und Wirkungsweise von Sebamed® Hautpflegeöl

Bestandteil	Funktion auf der Haut
Sojabohnenöl	Fettkörper, reduziert den transepidermalen Wasserverlust
Sonnenblumenöl	lipophile Komponente
Nachtkerzensamenöl	ergänzt die Wirkung der lipophilen Komponenten, bes. für trockene Haut geeignet
PEG 22-Dodecylglycol-Copolymer	Emulgator
Ölsäuredecylester	Wachs, verbessert die Spreitung
Isopropylstearat	verbessert die Spreitung
Panthenyltriacetat	Hautpflegemittel
Bisabolol	Hautpflegemittel
Tocopherylacetat (Vitamin E)	Antioxidationsmittel, hautglättend
Butylhydroxytoluol (BHT), Citronensäure u. Ascorbylpalmitat	Antioxidationsmittel
Etherisches Öl	Produktidentifikation

Hautreinigung mit hydrophilen Ölen befreit also die Haut nicht nur von den Ausscheidungsprodukten und Schmutzteilchen, sondern macht die Hornhaut weicher und erleichtert die nachfolgende Pflege.

Bei trockener Haut empfiehlt sich eine Substitution der fehlenden Lipide im Hydrolipidmantel, wofür die tägliche Hautpflege mit **Körperölen** geeignet ist. Hierzu ist beispielsweise Sebamed® Hautpflegeöl geeignet (Tab. 6.10). Der in diesem Öl verwendete Emulgator PEG 22-Dodecylglycol-Copolymer weist eine ungewöhnliche Struktur auf (Abb. 6.13).

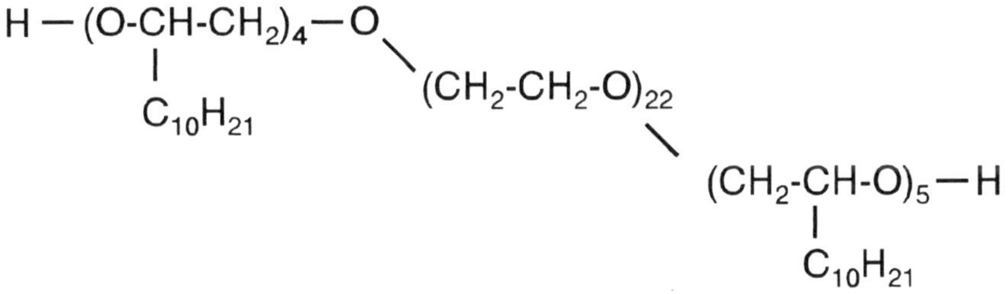

Abb. 6.13 PEG 22-Dodecylglycol-Copolymer enthält an den beiden Molekülenden vier bis fünf Moleküle eines Isododecanols, zwischen denen Ether-Bindungen bestehen. In der Mitte des Moleküls sind durchschnittlich 22 Moleküle Ethylenoxid zum Polyethylenglycol polymerisiert worden.

Im Zusammenhang mit der Pflege normaler Haut wurde bereits auf die Bedeutung von Befeuchtungsmitteln hingewiesen. Dies gilt natürlich in noch höherem Maße für die trockene Haut. Deshalb sollen Pflegepräparate Feuchthaltesubstanzen enthalten, die bis in tiefe Schichten der Epidermis gelangen. An der Spitze der wirksamen Befeuchtungsmittel steht die Hyaluronsäure (siehe Abschn. 4.4), mit der sich eine besonders lange Hydratation der Haut erreichen lässt.

Bei trockener Haut werden auch **Packungen** vom W/O-Typ als angenehm empfunden, zumal sie in der kalten Jahreszeit ein Wärmegefühl auf der Haut entwickeln (siehe Abschn. 6.4). Bei starker Austrocknung der Haut können auch abdeckende Präparate eingesetzt werden, die also eine Okklusion der Hautoberfläche bewirken und auf diese Weise die Verdunstung (Perspiratio insensibilis) aus den oberen Schichten der Epidermis für etwa 2 Stunden einschränken. Trockene Haut sollte auf keinen Fall mit alkoholischen Gesichtswässern oder Puder wegen der entfettenden bzw. austrocknenden Wirkung behandelt werden. Das gleiche gilt für die heute beliebten Duschgele, die intensiv reinigen und Schuppen ablösen, aber gleichzeitig austrocknend und entfettend wirken. Sie sollten nur bei fettiger Haut verwendet werden, und die Haut muss in jedem Fall anschließend gründlich mit Wasser nachgespült werden.

Besonders auf trockener Haut machen sich häufig die als Stress zusammengefassten Reize der Umwelt bemerkbar. Hierzu gehören übermäßiger Kaffee- und Alkoholgenuss, Rauchen und nervöse Belastungen, die über eine anhaltende

Rötung und leichtes Brennen bis zum Spannungsgefühl, Juckreiz und Merkmalen einer Entzündung führen können. Bei mangelnder Pflege erlahmt schließlich die Hautspannung. Trockene Haut ist meist schlecht durchblutet, und wegen der mangelnden Ausbildung des Hydrolipidmantels ist auch die Alkali-Neutralisationsfähigkeit gering, weshalb herkömmliche Seifen gemieden und z. B. das auf pH 5,5 eingestellte Sebamed® Compact (siehe Tab. 6.3) verwendet werden sollte. Reinigungsmittel mit pH 7,0 oder (alkalische) Seifen verstärken dagegen die Austrocknung der Haut.

6.3.3 Die fettige Haut

Hier liegt fast immer eine Überaktivität der Talgdrüsen vor. Wegen der verstärkten Verhornung wirkt fettige Haut meist blass. Dadurch kommt es auch zur Verstopfung der Ausführungsgänge der Talgdrüsen. Das Gemisch aus Hornschuppen und Talg in den Ausführungsgängen erzeugt den **Mitesser** oder **Komedo**. Die Pflege konzentriert sich auf die gründliche Reinigung der Haut. Dabei soll sowohl das übermäßige Hautfett entfernt als auch Verhärtungen in den Follikelausgängen verflüssigt werden.

Tab. 6.11 Reinigungsmittel in Abstimmung zu den Hauttypen

Reinigungsmittel	Hauttyp	Wirkung
Seife	normale bis leicht fettige Haut	cremiger Schaum, gute Reinigung, geringe Rückfettung, Kalkseifenbildung, Quellung der Hornschicht, pH-Anstieg
Syndets	normale bis fettige Haut	keine Kalkseifenbildung, gute Reinigung, geringe Rückfettung, pH-Wert unverändert
Reinigungsemulsion vom O/W-Typ	normale bis fettige Haut	gute Reinigung, geringe Rückfettung
Reinigungsemulsion vom W/O-Typ	trockene Haut	gute Reinigung, gute Rückfettung

Dies kann mit einer Reinigungsemulsion vom Typ O/W oder W/O beginnen, mit der die Haut von Schmutzresten, Talg und Make-up befreit wird, wobei die Partikel in die Emulsion aufgenommen werden. Auch bei fettiger Haut sind diejenigen Reinigungsmittel besonders empfehlenswert, deren pH-Wert im sauren Bereich liegt, weil das Wachstum der bei Akne vermehrt auftretenden Propioni bakterien bei niedrigem pH-Wert gehemmt ist, der z. B. durch Sebamed® flüssig auf der Haut eingestellt wird. Die übermäßige Verhornung wird durch Schälkuren (Peeling, s. Abschn. 6.1) behandelt. Anschließend können Lotionen aufgetragen werden, die adstringierende und entzündungshemmende Wirkstoffe enthalten. Menthol oder Campher erzeugen auf den entzündlichen Stellen einen kühlenden und beruhigenden Effekt.

6.3.4 Die Mischhaut

Eine Mischhaut liegt im kosmetischen Sinn dann vor, wenn Stirn, Nase und Kinn fettige Haut aufweisen, während die Wangen eine normale oder gar trockene Haut besitzen. Die kosmetische Behandlung soll die Hautunterschiede ausgleichen.

6.4 Packungen und Masken

Packungen und Masken haben trotz unterschiedlicher Inhaltsstoffe und Wirkung gleiche Konsistenz. Packungen sind in der Regel kosmetische Zubereitungen auf der Basis von Pflanzenschleimen oder mineralischen Bindemitteln, die zahlreiche Zusätze enthalten, wie Pflanzenextrakte, Feuchthaltesubstanzen und Keimöle. Diese fertigen Präparate müssen von der Kosmetikerin nicht zubereitet werden. Relativ oft besteht die Grundlage von Packungen aus Hydrogelen, die entweder aus **Gummen** oder **Schleimen** und anderen natürlichen Polysacchariden hergestellt werden, oder bei denen modifizierte Polysaccharide, wie Cellulose-Ether (siehe Abschn. 4.4) eingearbeitet werden. Packungen vom O/W-Typ wirken kühlend und durchfeuchtend, wobei die Effekte durch eingearbeitete Wirkstoffe verstärkt werden können, z. B. durch pflanzliche Schleimstoffe (wie **Aloe vera**). Packungen vom W/O-Typ erweichen die Haut und machen sie für die in der Ölphase gelösten Wirkstoffe aufnahmefähig. Während der Behandlungsdauer von max. 20 min. wird die Haut durch Hydratation aufgelockert, so dass die Wirkstoffe von der Haut aufgenommen werden können. Gleichzeitig absorbieren die mineralischen Pigmente Hautpartikel, so dass die Packungen auch reinigend wirken. In erster Linie wird mit Packungen eine anregende Wirkung auf die Hautdurchblutung erreicht und mit den Zusätzen, z. B. mit Vitamin A, die Verhornung vermindert. Besonders bei trockener Haut normalisiert Vitamin A die Barrierefunktion.

Masken sind dagegen fettfrei und enthalten meist anorganische Grundstoffe, wie Kaolin oder Kieselsäure, oder Cellulose-Ether und andere Gelbildner, die mit Wasser (sowie zusätzlich Ethanol) als streichförmige Zubereitungen verwendet werden. Sie trocknen zu einem luftundurchlässigen Film, der abgezogen oder mit Wasser erweicht werden muss. Wegen der hohen mechanischen Beanspruchung bei der Entfernung der Maske ist diese Behandlungsart für trockene (d. h. dünne) Haut nicht angebracht. Durch die Erwärmung der Haut beim Abbinden des Gels, bei der manchmal bis zu 42 °C erreicht wird, steigt die Hautdurchblutung. Die Wirkstoffe gelangen in der Regel aus einer Creme in die Haut, die vor der Maske aufgetragen wurde. Einen besonderen Platz nehmen in der kosmetischen Behandlung Enzymmasken ein, die zur Schälkur (Peeling) pflanzliche fett- und eiweißspaltende Enzyme enthalten (siehe Abschn. 6.1). Masken werden häufig zur Hautstraffung herangezogen.

Eine weitere Behandlungsart stellt die Verwendung von **Ampullen** dar. Sie enthalten Wirkstoffe in konzentrierten Lösungen und sind wegen der sterilen Abpackung frei von Konservierungsmitteln. Sofern die verwendeten Wirkstoffe polar sind und kein zu großes Molekulargewicht haben, kann ihre Aufnahme in die Haut durch Iontophorese beschleunigt werden (siehe Abschn. 3.10).

6.5 Gesichtswasser

Gesichtswässer werden nach der Reinigung der Haut zur Erfrischung oder Nachreinigung verwendet. Je nach Hauttyp sollte der Alkoholgehalt im Gesichtswasser bestimmte Obergrenzen nicht überschreiten, nämlich höchstens 5 % bei Gesichtswasser für trockene Haut und höchstens 15 % für normale bis fettige Haut; bei der Behandlung von unreiner Haut kann der Alkoholgehalt bis zu 35 % betragen.

Die Gesichtswässer enthalten je nach Anwendungsgebiet besondere Zusätze, wie Befeuchtungsmittel (z. B. Aloe vera-Gel, Kollagen), hautglättende Substanzen (wie Allantoin oder Harnstoff), adstringierende Wirkstoffe (wie Hamamelis-Extrakte), reizmildernde Zusätze (wie Kamillenölextrakte), organische Säuren zur pH-Einstellung (Citronensäure, Milchsäure) und andere Wirkstoffe, auf die im Kap. 7 eingegangen wird.

6.6 Hautschutz

Der Hautschutz ist in erster Linie gegen physikalische Einwirkungen auf die Haut möglich. Hierbei steht der Schutz gegen UV-Strahlen im Vordergrund (s. Abschn. 8). Im Zusammenhang mit der unterschiedlichen Ausprägung des Hydrolipidmantels muss der Feuchtigkeitsbedarf bei trockener und fettiger Haut im Rahmen des Hautschutzes berücksichtigt werden. Es zeigt sich, dass sowohl W/O- als auch O/W-Emulsionen in vergleichbarem Maße die Feuchtigkeit der Hornschicht erhöhen. Für diesen Effekt ist also offenbar nicht der Emulsionstyp, sondern der Wasseranteil der kosmetischen Zubereitung von Bedeutung. Allerdings lässt sich ein protektiver Schutzfilm gegen Umwelteinflüsse nur durch W/O-Emulsionen aufbauen. Im Winter bringt die Kälteeinwirkung auf die Haut beim Skifahren Probleme, zumal in der Regel gleichzeitig die Belastung mit UV-Strahlen erhöht ist und die Personen durch die sportlichen Aktivitäten schwitzen. Häufig empfiehlt man für den Kälteschutz **Lipogele**, die neben dem Wärmeschutz eine zu starke Austrocknung der Haut verhindern sollen.

Mit kosmetischen Mitteln, beispielsweise mit Hautschutzsalben, kann man die Haut höchstens gegen wässrige Lösungsmittel schützen. Die häufig wichtigere Abwehr gegen organische Lösungsmittel, die auf der Haut eine rasche Austrocknung bewirken, ist lediglich durch Verwendung von Schutzhandschuhen möglich, deren praktischer Nutzen aber häufig durch andere Nachteile eingeschränkt ist, z. B. durch undichte oder schnell zerreißende Kunststoffmaterialien.

6.7. Konservierungsstoffe

Bakterien, Hefen, Schimmelpilze und andere Mikroorganismen können auf Kosmetika wachsen und dabei durch ihren Stoffwechsel und durch die Ausscheidung von Stoffwechselprodukten zum Verderb der Kosmetika führen. Hierbei stehen die in Tab. 6.12 aufgeführten mikrobiell bedingten Veränderungen der Kosmetika im Vordergrund. Dabei ist nicht berücksichtigt, dass Mikroorganismen auch Toxine, also giftige Naturstoffe, und allergenisierend wirkende Stoffwechselprodukte freisetzen können, die eine weitere Verwendung der kosmetischen Zubereitung ausschließen.

*Tab. 6.12 Produktabbau durch Mikroorganismen**

1.	**Gasbildung**, besonders von CO_2 und H_2. Dabei entsteht gleichzeitig die Gefahr, dass der Behälter der kosmetischen Zubereitung platzt
2.	**pH-Veränderungen** durch die Freisetzung von Buttersäure, Milchsäure, Essigsäure und Ameisensäure bzw. durch Proteinabbau (im letzten Fall kommt es zu einem pH-Anstieg)
3.	**Farbveränderungen** durch die Bildung dunkler Schwermetallsulfide und durch bakterielle Pigmente
4.	**Geruchsveränderungen** durch Freisetzung von Schwefelwasserstoff und Buttersäure
5.	**Viskositätsänderungen** durch Schleimbildung oder Abbau höhermolekularer Verbindungen
6.	**Aufrahmen** von Emulsionen durch den Abbau der Emulgatoren
7.	**Schimmelbewuchs**

* M. HEINZEL: Mikrobiologische Qualitätssicherung kosmetischer Mittel. *Parfümerie und Kosmetik* **72**:378-384 (1991).

Die angestrebte Keimfreiheit betrifft aber nicht nur den Ausschluss eines Verderbs oder einer Produktveränderung. Vielmehr kann allein die Anwesenheit bestimmter Mikroorganismen in Abhängigkeit von Art und Anzahl der Keime ein Gefährdungspotential im Sinne einer Infektion oder Verträglichkeitsbeeinträchtigung bewirken. Daher müssen bestimmte mikrobiologische Reinheitsanforderungen für das Produkt erfüllt sein[+]).

Der Zusatz von Konservierungsstoffen soll Stabilität und Haltbarkeit der kosmetischen Produkte verbessern, indem die Präparate keimarm bleiben. Mit der „Kosmetik-Verordnung“ sind derzeit 52 Konservierungsstoffe endgültig und 3 vorläufig zugelassen. Da Mikroorganismen im allgemeinen nur in wässrigen Medien gedeihen, sind Emulsionen vom Typ W/O weniger gefährdet, da Öl die äußere Phase bildet. Allerdings kann sich durch Kondensation unter dem Dosendeckel oder Tubenverschluss Wasser ansammeln, so dass auch solche Kosmetika nicht keimfrei bleiben. Lippen- und Fettstifte sowie andere wasserfreie Kosmetika sind dagegen in der Regel keimarm oder sogar keimfrei, so dass hierfür nur selten Konservierungsstoffe eingesetzt werden. Alkohol-haltige Produkte, wie Parfüms und Lotionen, deren Alkoholgehalt über 20 % liegt, benötigen keine Konservierungsstoffe. Ebenso bedürfen herkömmliche Seife und andere Produkte, die in Wasser alkalisch reagieren, keiner Konservierung. Dagegen sind alle wasserhaltigen Kosmetika, besonders wenn sie Polysaccharide (z. B. Pflanzenschleime oder Hyaluronsäure) oder Proteine (wie Kollagen oder Eiweißhydrolysate) enthalten, sorgfältig zu konservieren.

Die Konservierung von Kosmetika richtet sich nach der Art der zu bekämpfenden Mikroorganismen und dem pH-Wert des Produktes. Viele Konservierungsstoffe sind nur im sauren Milieu (pH < 7) und nur gegen bestimmte Keimarten wirksam. Formaldehyd, viele Quats und weitere Konservierungsstoffe wirken auch oberhalb von pH 7. Da die antimikrobiellen Wirkstoffe vor allem in der Wasserphase benötigt werden, müssen die Konservierungsstoffe ausreichend wasserlöslich sein. Sie werden in der Regel als Mischungen zugesetzt, die das Wachstum sowohl von Bakterien als auch von Schimmelpilzen hemmen sollen (bakteriostatische und fungistatische Aktivität).

In der Praxis bringt die Verwendung von Konservierungsstoffen eine Reihe von Problemen mit sich. So können Konservierungsstoffe mit den Bestandteilen der kosmetischen Zubereitung reagieren oder mit der Kunststoffverpackung eine Bindung eingehen, was besonders für PHB-Ester und Sorbinsäure gilt. Konservierungsstoffe können bei den für eine ausreichende Wirkung notwendigen Konzentrationen allergenisierende und sensibilisierende Wirkungen entfalten. Da die Konservierungsstoffe lediglich die Aufgabe haben, die Vermehrung von Mikroorganismen zu verhindern (bakteriostatische Wirkung) und die Präparate keimarm zu halten, ist es verständlich, dass der Gehalt an Konservierungsstoffen niedrig bleiben kann. Überdies sollen die Konservierungsstoffe möglichst nicht die Bakterienflora der Haut attackieren.

[+]) U. EIGNER: Konservierung und mikrobiologische Stabilität von Kosmetika. *Parfümerie und Kosmetik* **75**:518-523 (1994).

Mikroorganismen nehmen die wachstumshemmenden Wirkstoffe nur dann auf, wenn die Verbindungen keine elektrischen Ladungen tragen (also nicht dissoziiert sind). Bei sauren Verbindungen muss daher die wässrige Phase einen relativ niedrigen pH-Wert aufweisen, bei dem die Dissoziation der Verbindung in ausreichendem Maße zurückgedrängt ist. Einige Konservierungsstoffe sind daher nur bei pH-Werten unterhalb von 7 wirksam.

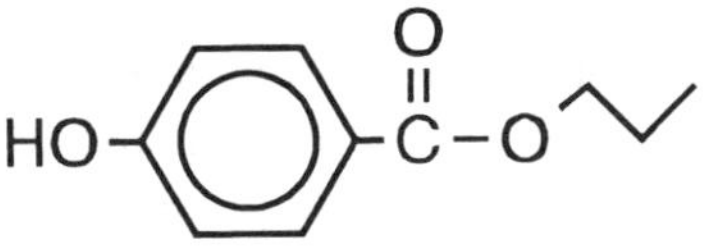

Propylester der p-Hydroxybenzoesäure

Die Methyl- und Propylester der p-Hydroxybenzoesäure (PHB-Ester) haben sich als Konservierungsmittel mit breitem antimikrobiellem Spektrum bewährt. Sie sind zwischen pH 6,5 und 8 gegen Hefen und Schimmelpilze optimal wirksam, während die wachstumshemmende Wirkung gegen Bakterien vergleichsweise gering ist. Die PHB-Ester werden erst in den Zellen in die freie p-Hydroxybenzoesäure (PHB, engl. para-hydroxy bencoic acid, Parabene) gespalten.

Formaldehyd und Formaldehyd-freisetzende Verbindungen (wie Bronopol oder Germall 115), die vor allem in Shampoos verwendet werden, besitzen ein breites und weitgehend pH-unabhängiges Wirkspektrum. In Körperpflegemitteln darf die Formaldehydkonzentration nicht höher als 0,2 % sein; allerdings besteht bereits bei einem Einsatz in einer Konzentration von 0,05 % Deklarationspflicht.

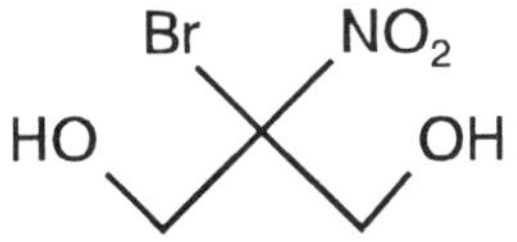

Bronopol
2-Brom-2-nitro-propan-1,3-diol

Ebenfalls gegen Hefen und Schimmelpilze wirksam sind die Dehydracetsäure (3-Acetyl-6-methyl-2,4(3H)-pyrandion, DHS) und Sorbinsäure. Beide Verbindungen sind allerdings gegen Bakterien kaum wirksam. Sorbinsäure ist wegen seiner geringen Toxizität auch zur Konservierung von Lebensmitteln zugelassen. Wegen der beiden sauerstoffempfindlichen Doppelbindungen müssen Sorbinsäure-haltige Präparate durch Antioxidantien geschützt werden. Während Sorbinsäure nur unterhalb von pH 6 optimal wirksam ist, besteht die fungistatische Wirkung von Dehydracetsäure pH-unabhängig.

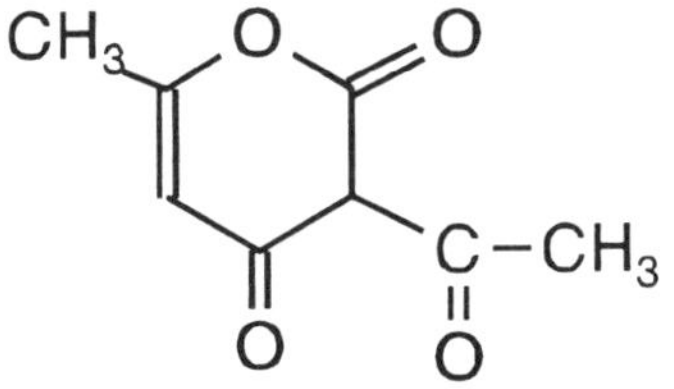

Dehydracetsäure

Sorbinsäure

Da viele der aufgeführten Konservierungsstoffe in erster Linie gegen Hefen und Schimmelpilze wirken, müssen in der Praxis noch bakteriostatische Wirkstoffe beigemischt werden. Ein über einem weiten pH-Bereich wirksamer und selbst im Bereich der Augen schleimhautverträglicher Konservierungsstoff ist 1,1-Methylen-bis-[3-(3-hydroxymethyl)2,4-dioxo-5-imidazolidinyl]harnstoff (z. B. Germall® 115 oder Euxyl® K 200). Germall® 115 hemmt das Wachstum vieler Keime (Breitbandwirkung) und spaltet aus den Methylolgruppen $-CH_2OH$ langsam Formaldehyd ab.

Kathon CG® (eine Mischung von 5-Chlor-2-methyl-4-isothiazolin-3-on und 2-Methyl-4-isothiazolin-3-on) ist gut hautverträglich und in weitem pH-Bereich anwendbar. In der Vergangenheit ist Kathon CG® häufig im Zusammenhang mit Wirkstoffen genannt worden, die allergische Reaktionen auslösen können. Hierbei sollte aber nicht übersehen werden, dass die Allergenisierungsrate durch Kosmetika insgesamt sehr niedrig ist und die beobachteten Fälle nicht immer auf die Verwendung von Konservierungsstoffen zurückzuführen sind. Im Falle von

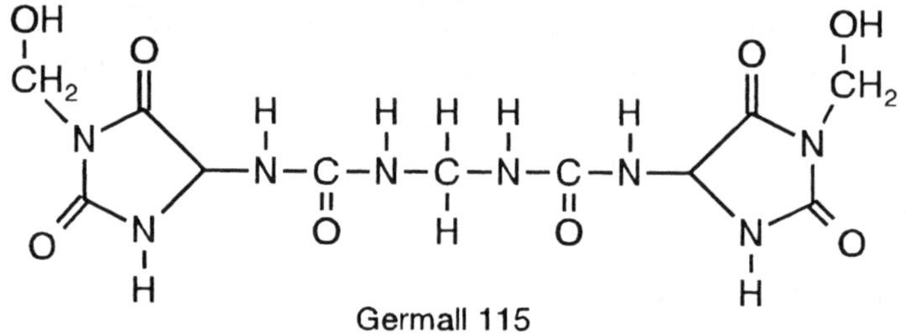

Germall 115

Kathon CG® hat man überdies die zur Konservierung notwendige Konzentration in Körperpflegemitteln erheblich senken können, wodurch das Sensibilisierungspotential von Kathon CG® bei sachgerechter Verwendung unter Einhaltung der empfohlenen Konzentration nicht höher ist als das irgendeines anderen Konservierungsstoffes (C. S. KOCH: Sicherer Einsatz von Konservierungsstoffen. *Parfümerie und Kosmetik* **75**:18-21 [1994]).

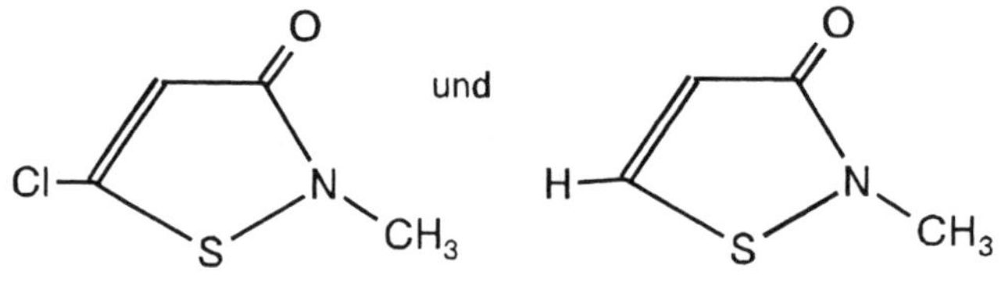

Kathon CG

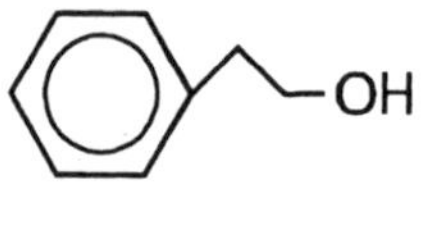

Phenylethylalkohol

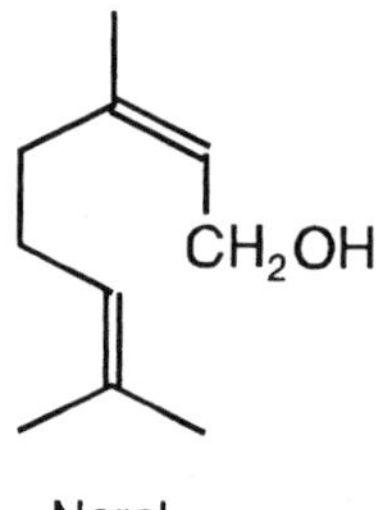

Nerol

Verschiedene Riechstoffe haben antimikrobielle Wirkung. So sind die im Rosenöl enthaltenen Verbindungen Phenylethylalkohol, Geraniol und Nerol antibakteriell wirksam. Das gleiche gilt auch für andere Naturstoffe (Tab. 6.13). Allerdings sind etherische Öle meist nur gegen wenige Organismen wirksam und müssen meist in so hohen Konzentrationen eingesetzt werden, dass Geruch und Farbe der kosmetischen Zubereitungen dadurch beeinträchtigt werden.

Tab. 6.13 *Einige antimikrobiell wirksame Naturstoffe*[*]

Vorkommen	Wirkstoff
Thymianöl	Thymol
Nelkenöl	Eugenol
Zimtöl	Zimtaldehyd
Rosmarinöl	Borneol
Rosenöl	Phenylethylalkohol
Maiglöckchenöl	Farnesol

[*] A. DOMSCH et al.: Untersuchungen zu Konservierungsstoffen natürlichen Ursprungs. *Parfümerie und Kosmetik* **69**:272-277 (1988).

6.8 Anti-Oxidantien

Während die Konservierungsstoffe den biologisch bedingten Verderb der Kosmetika verhindern sollen, haben Anti-Oxidantien die Aufgabe, die Sauerstoff-abhängige Oxidation aufzuhalten, durch die besonders Fette und Öle und solche Verbindungen gefährdet sind, die Doppelbindungen zwischen C-Atomen aufweisen (s. Abschnitt 4.9.5). Verschiedene Verbindungen haben sich als wirksame Anti-Oxidantien bewährt. Ihnen allen ist gemeinsam, dass sie - im Gegensatz zu den Konservierungsmitteln - gut fettlöslich und meist wärmebeständig sind. Auch die Endkonzentrationen (meist zwischen 0,005 - 0,05 %) liegen deutlich niedriger als die notwendigen Zusätze an Konservierungsmitteln. Hierzu gehören beispielswei-

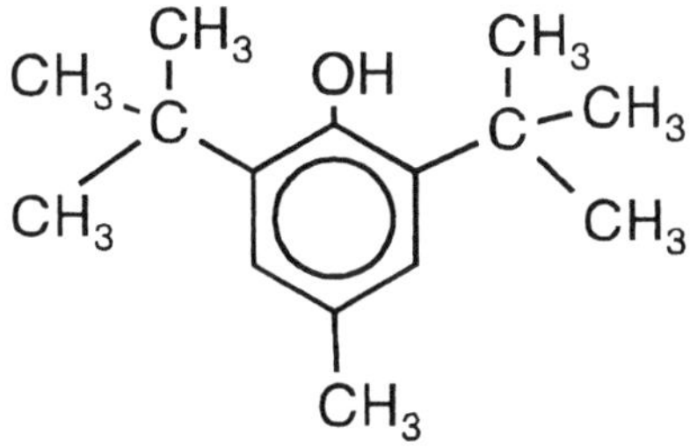

Butylhydroxytoluol BHT

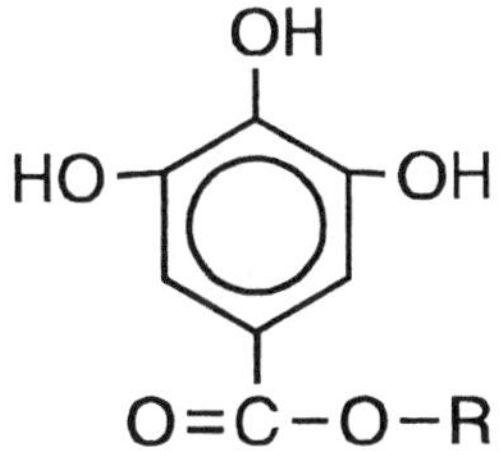

Gallussäureester
(R = Methyl, Propyl oder Dodecyl)

se Butylhydroxytoluol (BHT, Oxynex®) und Gallussäureester. BHT wird häufig zusammen mit Butylhydroxyanisol verwendet, einem sehr ähnlich zusammen-

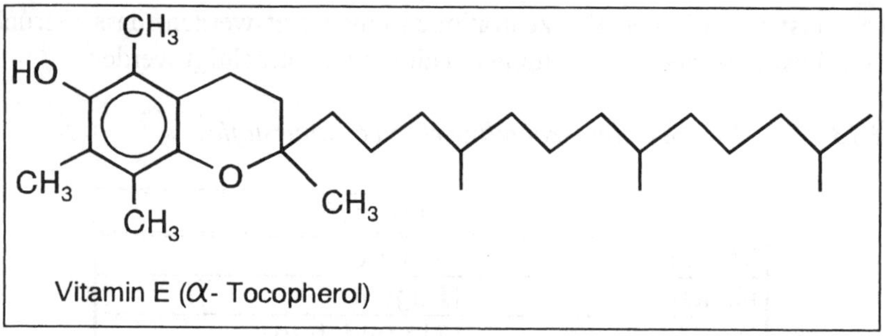

Abb. 6.14 Struktur von Vitamin E (alpha-Tocopherol). In der Natur handelt es sich um Mischungen verschiedener Moleküle, die sich durch die Anzahl der CH_3-Gruppen am Ringsystem unterscheiden. Besonders reich an Vitamin E sind Keimöle sowie Sojabohnenöl.

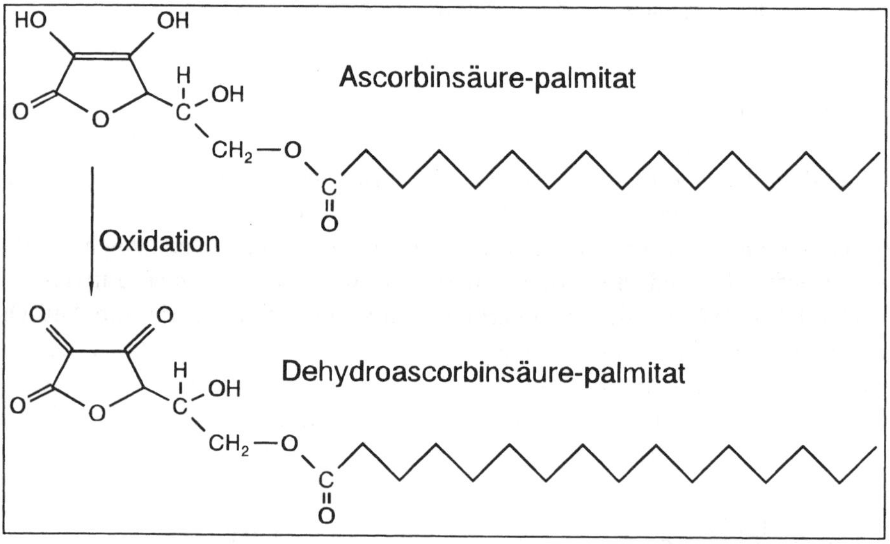

Abb. 6.15 Oxidation von Ascorbinsäure (Vitamin C, in der Form des Palmitinsäureesters) zur Dehydroascorbinsäure unter Abgabe von 2 e^- und 2 H^+. Ascorbinsäure inaktiviert auch Radikale, indem jeweils 1 e^- auf das Radikal übertragen wird. Ebenso regeneriert Ascorbinsäure oxidiertes Vitamin E.

gesetzten Antioxidationsmittel, wobei die Kombination wirksamer ist als die Einzelpräparate (synergistische Wirkung).

Vitamin E (Abb. 6.14), das aus einem Gemisch verschiedener Tocopherole besteht, dient in vielen Ölen als natürliches Anti-Oxidationsmittel. Bei der Oxidation geht Vitamin E in Tocochinon über, das durch Reduktionsmittel (z. B. durch Vitamin C) in das ursprüngliche Vitamin E überführt werden kann. (Die

Reaktion von Vitamin E mit freien Radikalen unter Bildung von Tocopheroxyl-Radikalen ist in Abbildung 7.1 dargestellt.)

Damit das (wasserlösliche) Vitamin C mit Vitamin E reagieren kann, wird es zunächst durch Umwandlung in Ascorbylpalmitat fettlöslich gemacht. Vitamin C fängt auch direkt freie Radikale ab und wird dabei über Semidehydroascorbinsäure zur Dehydroascorbinsäure oxidiert (Abb. 6.15). Da eine der beiden OH-Gruppen am 5er-Ring der Ascorbinsäure ein Proton abgeben kann, gehört Vitamin C zu den schwachen Säuren.

Man kennt noch weitere natürliche Antioxidationsmittel, wie **β-Carotin** (Vorläufer von Vitamin A), die zu den Flavonoiden zählenden pflanzlichen Antioxidantien **Rutin** und **Quercetin** sowie die im Blut vorkommende **Harnsäure**. β-Carotin und Harnsäure fangen vor allem den reaktiven Singulettsauerstoff $^1O_2$ ab, bei dem es sich um ein energiereiches Sauerstoffmolekül handelt, das nicht radikalisch ist (d. h. kein einsames Elektron trägt) und aus Sauerstoff entsteht, der durch energiereiche Strahlen angeregt wurde.

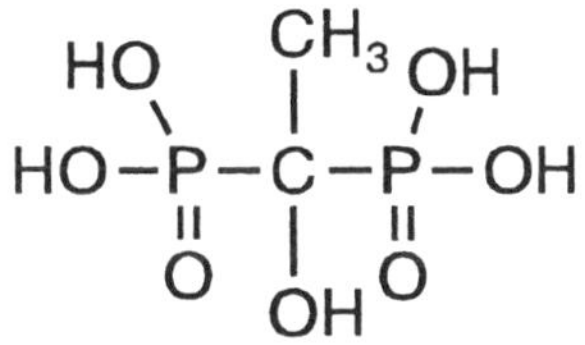

Etidronsäure

Salze der Etidronsäure (1-Hydroxyethan-1,1-diphosphonsäure) haben sich als Anti-Oxidationsmittel für Seifenstücke bewährt. Im Gegensatz zu Phosphorsäureverbindungen, bei denen das Phosphoratom über ein Sauerstoff-Atom mit Kohlenstoff verbunden ist, steht in der Etidronsäure das Phosphoratom direkt am benachbarten Kohlenstoff-Atom, so dass es sich um ein Phosphonsäure-Derivat handelt.

Die Wirkung der Antioxidantien wird noch durch eine Reihe von Hilfsstoffen verbessert, die zwar keine Radikalfänger sind, aber durch das „Wegfangen" von Schwermetallen speziell die Autoxidation verlangsamen. Das wichtigste „Sequestrierungsmittel" ist das Dinatriumsalz der Ethylendiamintetraessigsäure EDTA-Na_2, das durch die Bindung von Cu^{++}, Fe^{++} oder anderen zweiwertigen Metallionen die spontane Oxidation von ungesättigten Fettsäuren hemmt. (Die Rolle der Schwermetalle bei der Ranzidität der Fette wurde im Abschn. 4.9.5 erläutert.) Ähnliche Wirkung wie EDTA-Na_2 entwickeln Citronen- und Weinsäure.

Wenn man berücksichtigt, dass die Autoxidation in ranzigem Fett vor allem durch die Bildung von Fettsäure-Radikalen weiterläuft und chemische Reaktionen im allgemeinen in der Kälte langsamer sind als in der Wärme, ergeben sich einige Maßnahmen, die zur Unterstützung der Antioxidationsmittel gegen den chemischen Verderb gerichtet sind:

- Öle und andere Naturstoffe mit „gefährdeten" Doppelbindungen sollen in Gefäßen so aufbewahrt werden, dass möglichst keine Luftblase mit eingeschlossen wird.
- Die Behälter sollen in lichtundurchlässigen Verpackungen kühl aufbewahrt werden.

- Bei der Verarbeitung und Lagerung sollen keine metallhaltigen Gegenstände (Kanister, Löffel, Spatel usw.) benutzt werden.
- Reste älterer Öle sollen nicht mit neuen Produkten vermischt werden.

6.9 Fragen zur Selbstkontrolle

6-1 Weshalb bilden Wasser und Öl zwei Phasen?
6-2 Welche Strukturmerkmale muss ein Tensid haben? Wodurch unterscheiden sich nichtionogene Tenside von den ionogenen?
6-3 Welche Hauptaufgabe erfüllen Tenside?
6-4 Warum sind herkömmliche Seifen schlecht hautverträglich?
6-5 Was versteht man unter Alkali-Neutralisationsfähigkeit?
6-6 Wozu enthalten Seifen und andere Tensid-haltige Reinigungsmittel Rückfettungsmittel?
6-7 Was versteht man unter Metallseifen?
6-8 Welche Eigenschaft eines Tensides wird durch den HLB-Wert beschrieben?
6-9 Welche Emulsionstypen kennen Sie?
6-10 Wie sind Liposomen aufgebaut und welche Vorteile bietet ihre Verwendung in Hautpflegemitteln?
6-11 Warum kann es keine „Hautnährcremes" geben?
6-12 Zu welchem Zweck enthalten kosmetische Zubereitungen Konservierungsstoffe und Anti-Oxidantien?

7. WIRKSTOFFE IN KOSMETISCHEN ZUBEREITUNGEN

Das Lebensmittel- und Bedarfsgegenständegesetz (LMBG) definiert in der geänderten 6. Fassung für kosmetische Zubereitungen folgende sechs Verwendungszwecke:

> „Kosmetische Mittel sind Stoffe oder Zubereitungen aus Stoffen, die dazu bestimmt sind, äußerlich am Menschen oder in seiner Mundhöhle zur Reinigung, Pflege oder zur Veränderung des äußeren Erscheinungsbildes, zur Beeinflussung des Körpergeruches, zum Schutz und zur Beibehaltung des guten Zustandes der Haut, oder zur Vermittlung von Geruchseindrücken angewendet zu werden, es sei denn, dass sie überwiegend dazu bestimmt sind, Krankheiten, Leiden, Körperschäden oder krankhafte Beschwerden zu lindern oder zu beseitigen".

Demnach gehören zu den kosmetischen Zubereitungen alle Produkte zur Reinigung und Pflege von Haut, Haaren, Zähnen und Nägeln sowie dekorative Kosmetika, wie Lippenstifte, Nagellacke usw., und schließlich alle Arten von Duftwässern. Ferner zählen solche Zubereitungen zu den kosmetischen Mitteln, die der Vorbeugung oder dem Schutz vor Krankheiten dienen, wie Sonnenschutzmittel, Zahnpflegemittel, Mittel gegen Brüchigwerden der Nägel usw. Andererseits schließt das LMBG die Verwendung von Stoffen für kosmetische Mittel aus, die nach dem Arzneimittelgesetz der Verschreibungspflicht unterliegen. Dabei kann beispielsweise eine Creme, die eine Hautentzündung lindert, bereits als Arzneimittel eingestuft werden, wenn die Zubereitung nur zu 49 % der Pflege, jedoch zu 51 % der Heilung der Haut dient.

Mit der Kosmetikverordnung (KV), die in gewissen Abständen geändert wird und jeweiligen Vorgaben der Gesetzgebung in der Europäischen Gemeinschaft folgt, werden bestimmte Stoffklassen als Inhaltsstoffe von Kosmetika erlaubt (Positivlisten) oder verboten (Negativlisten). Die KV enthält für die Bewertung der Stoffe 5 Anlagen, mit denen die Verwendung bestimmter Stoffklassen geregelt wird:

Anlage 1 Stoffe, die beim Herstellen oder Behandeln von kosmetischen Mitteln nicht verwendet werden dürfen. (Diese Negativliste enthält derzeit 387 Stoffe, deren Einsatz in Kosmetika als toxikologisch nicht sicher angesehen wird.)

Anlage 2 Liste der Stoffe, die in kosmetischen Mitteln nur unter Einhaltung der angegebenen Einschränkungen und sonstigen Bedingungen verwendet werden dürfen.

Anlage 3 Farbstoffe für kosmetische Mittel. (Diese Produktgruppe war früher je nach Anwendungsbereich in den Anlagen 3, 4 und 5 enthalten. Diese Aufteilung ist inzwischen aufgegeben worden, so dass die Anlagen 4 und 5 in der KV fehlen.) Die Liste enthält 154 endgültig zugelassene Farbstoffe.

Anlage 6 Konservierungsstoffe für kosmetische Mittel. Die Anlage unterscheidet zwischen endgültig zugelassenen Mitteln (A) und solchen, die nur vorläufig zugelassen sind (B). In der Liste A sind derzeit 52 Produkte aufgeführt, in der Liste B drei.

Anlage 7 Ultraviolett-Filter für kosmetische Mittel. Die Liste enthält derzeit 21 Substanzen und gibt Höchstmenge, Einschränkungen und Warnhinweise für deren Verwendung an. 12 davon sind endgültig, 9 vorläufig zugelassen.

Anlage 8 Symbol „Hand im offenen Buch“

Anlage 9 Verfahren zur Beantragung der Vertraulichkeit kosmetischer Rohstoffe

Ein wesentlicher Teil des Verbraucherschutzes und der Bewertung von kosmetischen Mitteln hängt von einer klaren und international anerkannten Deklarierung der Inhaltsstoffe von kosmetischen Zubereitungen ab. In der 6. Änderung der EG-Kosmetik-Richtlinie ist im Sommer 1993 beschlossen worden, dass die Hersteller und Vertreiber von Kosmetika spätestens ab 1998 die Inhaltsstoffe der Kosmetika mit den INCI-Bezeichnungen (**I**nternational **N**omenclature **C**osmetic **I**ngredients) deklarieren müssen, die von der *Cosmetic, Toiletry and Fragrance Association (CTFA)* im „International Cosmetic Ingredient Dictionary“ standardisiert worden sind (B. HUBER: Kosmetik-Gesetzgebung kurz und bündig, *Parfümerie und Kosmetik* **80**(1/2), 20-23 [1999]).

Von allen Wirkstoffen wird erwartet, dass sie die Pflege der Haut unterstützen und Abweichungen vom durchschnittlichen Hauttyp, also von der normalen Haut, ausgleichen. Dagegen ist die Resorption der Wirkstoffe nicht erwünscht, weil der Übertritt in das Blutgefäßsystem Nebenwirkungen und damit Gefahren für die Gesundheit birgt. Daher sind alle arzneilich wirksamen Substanzen, die über die Haut resorbiert werden können, als Wirkstoffe kosmetischer Zubereitungen verboten (N. E. HAAS: „Gibt es kosmetische Wirkstoffe?“ Kosmetik International **1989**(1):41-48). Die Anforderungen an einen kosmetischen Wirkstoff hat H. Tronnier prägnant zusammengestellt (Tab. 7.1).

Tab. 7.1 Anforderungen an kosmetische Wirkstoffe (H. TRONNIER: Wirkstoffe in der Kosmetik. *Seifen, Öle, Fette, Wachse* **116**, 118-124 (1990).

1. Nachweis der Wirksamkeit
2. Fehlende Nebenwirkungen auf die Haut
3. Fehlende resorptive Nebenwirkungen

Kosmetische Zubereitungen enthalten neben den *Grundstoffen* (wie Öle [s. Abschnitt 4.9.2] und Wasser) noch *Hilfsstoffe* (wie Tenside [siehe Abschn. 6.1.2],

Konsistenzregler, Farbstoffe und andere Zusätze), *Duftstoffe* (siehe Kap. 9), *Konservierungsstoffe* (siehe Abschn. 6.7) und *Wirkstoffe*, die verschiedene Effekte entfalten sollen. Obwohl bereits im Abschn. 6.3 darauf hingewiesen wurde, dass allein schon durch eine optimale Zusammensetzung der kosmetischen Zubereitungen aus Ölen und Wasser eine ausreichende Pflege der Haut möglich ist, sind solche Wirkstoff-freien Zubereitungen eher selten. Zu den Wirkstoffen zählen Befeuchtungsmittel, Vitamine, verschiedene Pflanzenextrakte und etherische Öle sowie zahlreiche synthetische, meist naturidentische Substanzen, die den jeweiligen kosmetischen Zubereitungen spezielle Eigenschaften und Wirksamkeiten verleihen sollen. Nachfolgend werden aus den einzelnen Produktgruppen jeweils einige Vertreter vorgestellt, so dass dieses Kapitel keinen Anspruch auf vollständige Darstellung aller in kosmetischen Zubereitungen verwendeten Wirkstoffe erhebt. Dies gilt in besonderem Maße für die Inhaltsstoffe pflanzlicher Extrakte und etherischer Öle. Die zum Schutz der Haut vor UV-Strahlen gebräuchlichen *Lichtschutzmittel* werden im Kapitel 8 erläutert.

7.1 Befeuchtungsmittel

Zur Hautpflege stehen zahlreiche *Befeuchtungsmittel* zur Verfügung. Diese Wirkstoffe wurden bereits in den jeweiligen Abschnitten vorgestellt, in denen die einzelnen Verbindungsklassen beschrieben wurden. Die Tabelle 7.2 vermittelt einen Überblick über einige Befeuchtungsmittel und Hinweise auf die Textstellen in vorangehenden Kapiteln.

7.2 Vitamine

Zahlreiche Rezepturen kosmetischer Zubereitungen, die ein mehr oder weniger breites Sortiment an verschiedenen Vitaminen enthalten, entwickeln keine speziellen Vitamin-abhängigen Wirkungen. Obwohl zahlreiche Vitamin-Mangelerscheinungen der Haut bekannt sind, kann die Haut wegen ihrer Barrierefunktion nicht in ausreichendem Maße von außen mit Vitaminen versorgt werden. Einzig die Vitaminbereitstellung über die Nahrung kann die durch Vitaminmangel bedingten Defizite der biologischen Hautfunktionen ausgleichen. In einigen Fällen entfalten allerdings Vitamine spezielle Wirkungen auf der Haut, auf die nachfolgend eingegangen wird.

Vitamin A (Retinol, Formel siehe Abb. 5.2) wird in Hautpflegemitteln für die Pflege trockener Haut eingesetzt, wobei besonders Verhornungsstörungen auf Vitamin A-haltige Cremes und Lotionen ansprechen. Dermatologen bezeichnen Vitamin A als „Hautvitamin", zumal eine trockene (Xerodermie), raue und verhornte (Hyperkeratose) Haut bei verminderter Aktivität der Schweiß- und Talgdrüsen häufig mit einem Vitamin A-Mangel in der Haut einhergeht. Vitamin A wirkt daher atrophischen Hautzuständen entgegen und verhindert die anomale Verhornung der Ausführungsgänge der Haarfollikel, so dass Vitamin-A-haltige Pflegemittel zur Vorbeugung einer Hyperkeratose und Komedonenbildung eingesetzt werden. A. Kretz bestätigte in einer einer neueren Untersuchung, dass Vitamin A die Barrierefunktion von trockener Haut verbessert und damit den Wasserverlust über die Haut verringert (A. KRETZ: Vitamin A als kosmetischer Wirkstoff, *Parfümerie und Kosmetik* 75:662-664 [1994]).

Tab. 7.2 Zusammenfassung verschiedener Befeuchtungsmittel unter Angabe der relevanten Textstellen (siehe auch Abschnitt 5.2)

Verbindung	Bemerkungen	Abschnitt
Einfach aufgebaute Verbindungen		
Pyroglutaminsäure	meist als Na-Salz, billig, nicht lang wirkend	5.2
Harnstoff	Bestandteil des NMF, verbessert die Penetration anderer Wirkstoffe, wirkt auch anti-bakteriell und keratoplastisch	4.5
Sorbit	sechswertiger Alkohol, günstigere Wirkung als Glycerin	4.2 Abb. 6.9
Hochmolekulare Verbindungen		
Kollagen	Polypeptid, meist mindestens 12 Stunden wirkend	4.7.4 Abb. 4.15
Hyaluronsäure	langwirkendes, an Keratin gut bindendes Polysaccharid, bereits bei sehr niedrigem Gehalt wirksam	4.4 Abb. 4.8
Chitosan	kationenaktives, gut filmbildendes Polysaccharid, das eine hohe Substantivität zur Haut entwickelt	4.4

Der kosmetische Einsatz von Vitamin A ist wegen der Instabilität dieses Vitamins problematisch. Meist versucht man, Vitamin A durch Umwandlung in den Palmitinsäureester in Form von Retinolpalmitat zu stabilisieren, das allerdings nur sehr schlecht von der Haut aufgenommen wird. In der Mischung mit Phytantriol dringt Vitamin A wesentlich besser bis in die unteren Zonen der Epidermis. Phytantriol verhält sich dabei wie eine „Gleitschiene" und bahnt den Weg durch die Barrierezone der Epidermis mit ihren dichten Lipidlamellen.

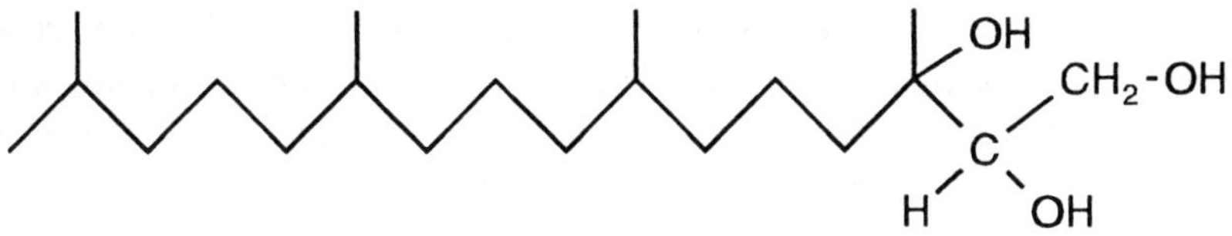

Phytantriol
3,7,11,15-Tetramethyl-1,2,3-trihydroxy-hexadecan

Die nach Umwandlung des Alkohols Vitamin A in die Carbonsäure entstehende **all-*trans*-Retinsäure** (siehe Abb. 5.2, Vitamin A-Säure) ist ein Hormon. Bei der Anwendung von Retinsäure muss sorgfältig auf Nebenwirkungen geachtet werden, weshalb die Behandlung nur unter ärztlicher Aufsicht zugelassen ist. Retinsäure regt die Zellteilung in der Keimzellschicht an und macht dadurch eine altersbedingte Verdünnung der Epidermis rückgängig.

Vitamine der B-Gruppe (B_1, B_2, B_6 und B_{12}) sowie Biotin und Folsäure haben in kosmetischen Zubereitungen keine nachweisbaren Wirkungen, weshalb sie in Hautpflegemitteln überflüssig sind. Lediglich das ebenfalls zur B-Gruppe gezählte **D-Panthenol** stimuliert die Abheilung oberflächlicher Hautschädigungen (z. B. nach einer Nassrasur) und fördert bei kleinen Hautwunden sowie bei rauer Haut die Regeneration der Epidermis. Aus diesem Grunde ist D-Panthenol auch in Sonnenschutzmitteln und After-Sun-Produkten sowie Lippenpflegestiften enthalten. Gleichzeitig soll die Verbindung entzündungshemmend wirken. Darüber hinaus verbessert D-Panthenol das Feuchthaltevermögen der Haut. D-Panthenol ist die Vorstufe der Pantothensäure und wird deshalb als Provitamin B_5 bezeichnet. Speziell bei der Haarpflege entwickelt D-Panthenol Eigenschaften eines Feuchtigkeitsmittels, das gleichzeitig die Weichheit und Kämmbarkeit des Haares verbessert. Ebenso stabilisiert D-Panthenol die Nägel und verbessert deren Flexibilität.

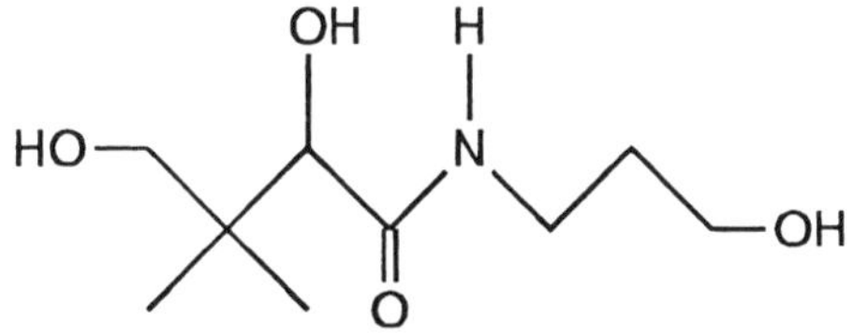

D-Panthenol

Vitamin C (siehe Abb. 6.15) ist in Kosmetika als Anti-Oxidationsmittel enthalten, das gleichzeitig zur Regeneration von oxidiertem Vitamin E beiträgt.

Unstrittig ist, dass **Vitamin E** (Formel s. Abb. 6.14) eine stabilisierende Wirkung auf kosmetische Zubereitungen ausübt (siehe Abschn. 6.8). Dieses fettlösliche Vitamin kommt in vergleichsweise großen Mengen in Getreidekeimen (und den daraus gewonnenen Keimölen), in Sojaöl und Sonnenblumenöl vor. Darüber hinaus kann Vitamin E auf der Haut die im Gefolge einer UV-Bestrahlung entstandenen freien Radikale abfangen und dadurch die UV-bedingte Zerstörung von Zellmembranen zumindest verlangsamen. Als lipidlösliche Verbindung wird Vitamin E mit der langen Seitenkette in der Zellmembran gebunden und kann dort direkt eine antioxidative Wirkung entfalten. Im Zusammenhang mit der Ranzidität der Fette wurde bereits in Abb. 4.30 die Bildung von reaktiven Lipidperoxyl-Radikalen beschrieben, wobei durch die Umsetzung mit weiteren Lipiden in einer Kettenreaktion Lipidradikale erzeugt werden. Solche Radikale können durch Aufnahme eines Protons und eines Elektrons stabilisiert werden, die aus der phenolischen OH-Gruppe von Vitamin E abgezogen werden. Dabei wird Vitamin E in ein relativ stabiles Tocopheroxyl-Radikal überführt (Abb. 7.1). Das Tocopheroxyl-Radikal wird anschließend durch Vitamin C unter Rückbildung von Vitamin E reduziert, während Vitamin C in Dehydroascorbinsäure umgewandelt wird (siehe Abb. 6.15).

Ob die vielfach beschriebene Wirkung von Vitamin E im Zusammenhang mit einer Verbesserung der „Vitalfunktionen" einschließlich der „Abwehrkräfte" der Haut tatsächlich zutrifft, konnte bisher nicht überzeugend nachgewiesen werden. Wenn tatsächlich ein Vitamin E-Mangel oder ein erhöhter Vitamin E-Bedarf in der Haut vorliegt, sollte die Aufnahme über den Magen-Darm-Trakt erfolgen, eine Vorgehensweise, die nicht in das Gebiet der Kosmetik fällt.

$$L^{\bullet} + T\alpha OH \longrightarrow LH + T\alpha O^{\bullet}$$

$L^{\bullet}$	Lipidradikal
$T\alpha OH$	Vitamin E
LH	regeneriertes Lipid mit Doppelbindung
$T\alpha O^{\bullet}$	Tocopheroxyl-Radikal

Abb. 7.1 Regeneration von Lipiden (LH) aus Lipidradikalen durch Vitamin E. Der Punkt hinter den beiden Radikal-Symbolen markiert das „einsame Elektron" dieser Verbindungen. (Nach P. Mayer, W. Pittermann and S. Wallat: The effects of Vitamin E on the skin. *Cosmetics & Toiletries* **108**:109-114 [1993])

Die fälschlicherweise als **Vitamin F** bezeichneten Öle mit hoch ungesättigten Fettsäuren verbessern die Barrierefunktion trockener Haut und normaliren daher die Hautfeuchtigkeit. In der Kosmetik werden häufig die Glycerinmo-

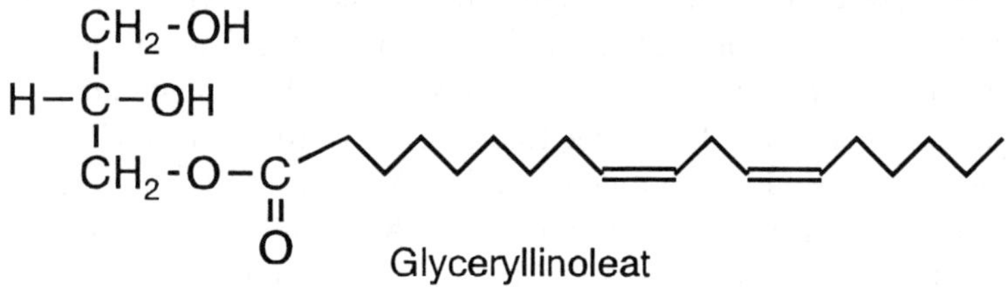

Glyceryllinoleat

noester der Linol- und Linolensäure unter der Bezeichnung Vitamin F verwendet, z. B. Glyceryllinoleat.

7.3 Weitere chemisch definierte Wirkstoffe

Eine ganze Reihe von Verbindungen entfaltet keratoplastische Wirkungen, mit denen die hautpflegenden Eigenschaften der übrigen Inhaltsstoffe kosmetischer Zubereitungen unterstützt werden. Definitionsgemäß lösen keratoplastische Wirkstoffe die interzellulären Kittsubstanzen, so dass es neben der Ablösung von Hornzellen und Schuppen zu einem Schäleffekt kommt, der gleichzeitig die Penetration anderer Wirkstoffe in die Haut erleichtert.

7.3.1 Harnstoff

Zu den keratoplastisch wirksamen Verbindungen zählt neben Salicylsäure in erster Linie Harnstoff. Die Zusammensetzung und Wirkungen von **Harnstoff** wurden bereits im Abschnitt 4.5 erläutert. Harnstoff ist in kosmetischen Zubereitungen außerdem als Befeuchtungsmittel weit verbreitet (siehe Tab. 7.2), in denen es mit einem Maximalgehalt von 3 % gesetzlich zugelassen ist, obwohl selbst höhere Harnstoffkonzentrationen völlig ungiftig sind. Da Harnstoff gleichzeitig juckreizstillend und entzündungshemmend wirkt und über die denaturierende Wirkung auch bakteriostatisch aktiv ist, kann in Harnstoff-haltigen Zubereitungen der Gehalt an Konservierungsmitteln reduziert werden.

7.3.2 Salicylsäure

Eine weitere wichtige keratoplastisch aktive Verbindung ist **Salicylsäure.** Außer in Peelingpräparaten wird sie auch zur Behandlung von Schwielen und Entfernung von Hühneraugen – meist zusammen mit Harnstoff – herangezogen. Als Konservierungsstoff kann Salicylsäure (maximal 0,5 %ig) für Kosmetika verwendet werden, die laut Kosmetikverordnung allerdings nicht zur Pflege von Kleinkindern benutzt werden dürfen (ausgenommen in Shampoos).

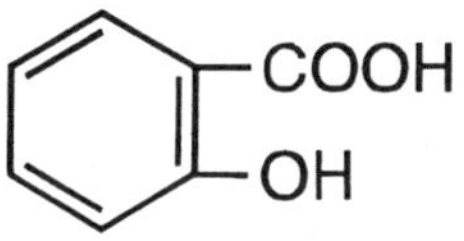

Salicylsäure
2-Hydroxy-benzoesäure

7.3.3 α-Hydroxysäuren

Zu den keratoplastischen Wirkstoffen gehört auch die Gruppe der alpha-Hydroxysäuren, die meist als AHA (alpha-hydroxy acids) abgekürzt oder als Fruchtsäuren bezeichnet werden. Hierzu zählen Citronensäure, Äpfelsäure, Glycolsäure, Weinsäure und Milchsäure. All diese Säuren enthalten in Nachbarschaft (α-Position) zu einer Carboxylgruppe (COOH) einen Hydroxylrest OH. Am häufigsten wird die Glycolsäure eingesetzt.

$HO—CH_2—COOH$ **Glycolsäure**

Fruchtsäuren erhöhen die Geschmeidigkeit der Haut, glätten die Hornschicht und mildern durch die Verfeinerung des Hautreliefs Falten und Fältchen. Die α-Hydroxysäuren werden überwiegend aus Pflanzen und demnach aus nachwachsenden Rohstoffen gewonnen. Einige Vertreter, wie die Milch- und Citronensäure, werden schon seit langem als Feuchtigkeitsmittel bzw. zur Einstellung des pH-Wertes für kosmetische Zubereitungen verwendet. Die Verbindungen entfalten auf der Haut ein mildes Peeling. Behandlungen mit Fruchtsäuren, deren Gehalt in der Zubereitung nicht über 10 % liegen sollte (pH > 3), sind besonders bei unreiner Haut und bei Zeichen vorzeitiger Hautalterung wirksam. Über den biologischen Mechanismus der AHA-Wirkung im Zusammenhang mit der beschleunigten Abschilferung der toten Hornzellen von der Oberfläche des Stratum corneum ist noch nichts bekannt (R. ARMENGOL: Fruchtsäuren – Gewinnung und kosmetische Wirkung, *Parfümerie und Kosmetik* **74**:701-703 [1993]). Ebenso kennt man noch nicht den Wirkungsmechanismus, der dem feuchtigkeitsregulierenden Effekt der α-Hydroxysäuren zugrundeliegt.

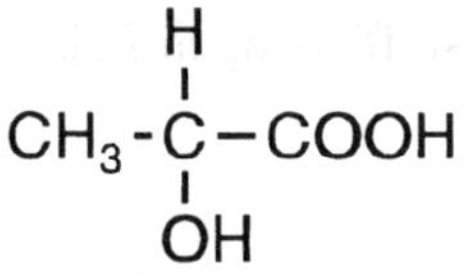

Milchsäure
α-Hydroxy-propionsäure

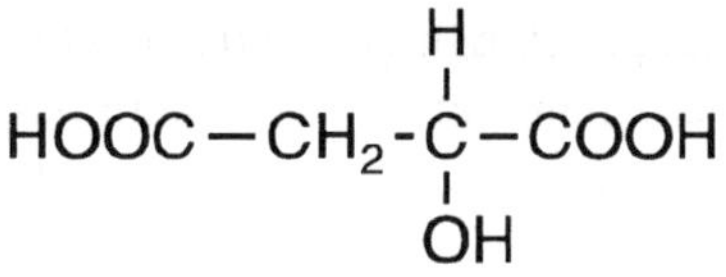

Äpfelsäure
Monohydroxy-bernsteinsäure

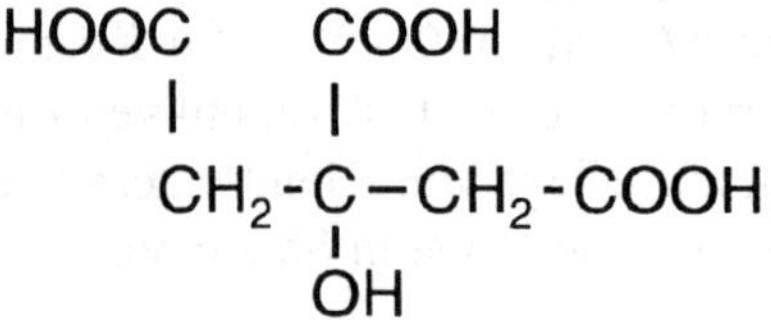

Citronensäure

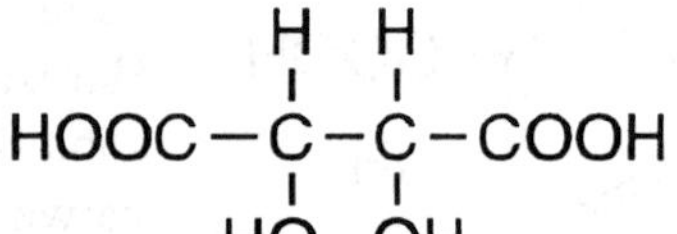

Weinsäure
Dihydroxy-bernsteinsäure

Es sollte allerdings nicht übersehen werden, dass einige Nebenwirkungen wahrscheinlich dazu führen werden, dass die Obergrenzen für den Gehalt an

Fruchtsäuren in den kosmetischen Zubereitungen herabgesetzt werden. Fruchtsäuren lösen in bis zu 10 %igen Lösungen die Kittsubstanz zwischen den Hornzellen auf und bauen die Lichtschwiele ab, so dass es im Sommer zu einer erheblichen Sonnenempfindlichkeit und im Winter zu Kälteschäden kommen kann. Üblicherweise mischt man daher den Fruchtsäure-Zubereitungen UV-Lichtschutzmittel bei. Nach der Langzeitanwendung der Fruchtsäuren kann der Säureschutzmantel beeinträchtigt werden. In der Praxis beobachtet man manchmal bei wiederholter Anwendung, dass die Haut verstärkt austrocknet, wodurch der zunächst positive Effekt der Anwendung wieder aufgehoben werden kann.

7.3.4 Phytosterine

Hauptsächlich aus Sojaöl wird das als Generol® 122 bezeichnete Konzentrat verschiedener Phytosterine gewonnen, das zu knapp 60 % aus β-Sitosterin, 30 % Camposterin, 5 % Stigmasterin und weiteren Lipiden zusammengesetzt ist, die zur Fraktion des **Nichtverseifbaren** gehören (siehe Abschn. 4.9.4). Die Phytosterine unterscheiden sich vom Cholesterin (Formel im Abschn. 6.2.2) lediglich durch die Struktur der an C-17 stehenden Seitenkette, die zusätzliche Methylgruppen trägt bzw. durch Einführung einer Doppelbindung verändert worden ist. Phytosterine werden nicht von tierischen Organismen (einschließlich dem Menschen) gebildet, kommen aber in der Haut vor, in die sie offenbar nach der Nahrungsaufnahme pflanzlicher Gewebe gelangen.

Phytosterine verbessern die Hautfeuchtigkeit, und Schuppung und Rötung der Haut nehmen ab, weil Phytosterine entzündungshemmend wirken. Ebenso verbessern Phytosterine den Haarglanz, wirken antistatisch und verbessern die Kämmbarkeit (R. Wachter, B. A. Salka und A. Magnet: Phytosterole – pflanzliche Wirkstoffe in der Kosmetik, *Henkel-Referate* **31**, 109-114 [1995]).

7.4 Pflanzliche Wirkstoffe und etherische Öle

Bereits im Abschn. 7.3 wurden mehrere chemisch definierte Wirkstoffe beschrieben, die aus Pflanzen gewonnen oder naturidentisch synthetisiert werden. Bei einer relativ großen Zahl von pflanzlichen Extrakten und etherischen Ölen verzichtet man ausdrücklich auf die Isolierung der jeweiligen Wirkstoffe, weil erst in der Kombination mit den weiteren Inhaltsstoffen eine optimale Wirkung entsteht. Kürzlich wurde für die pflanzlichen Wirkstoffe eine Einteilung hinsichtlich ihrer kosmetischen Wirksamkeit für die Hautpflege erarbeitet (Tab. 7.3). Es ist verständlich, dass an dieser Stelle nur auf eine kleine Auswahl pflanzlicher Wirkstoffe eingegangen werden kann. Im Kapitel 10 wird dem interessierten Leser eine Auswahl geeigneter Literatur vorgeschlagen, mit der im Einzelnen Fall weitere Details zu den Wirkstoffen erarbeitet werden können.

Tab. 7.3 Einteilung wirksamer pflanzlicher Wirkstoffe

Wirksamkeit	Beispiele
1. Adstringierende Wirkung	Hamamelis, Johanniskraut, Salbei
2. Hauttonisierende und durchblutungsfördernde Wirkungen	Rosmarin, Rosskastanie, Heublume, Lavendelblüten
3. Entzündungshemmende Wrkg.	Kamille, Ringelblume, Thymian
4. Reizlindernde Wirkung	Kamille, Allantoin, Melisse
5. Hautregenerierende Wirkung	Aloe, Schlüsselblume
6. Hautstraffende Wirkung	Schachtelhalm, Hopfen
7. Künstlich hautbräunende Wrkg.	Walnussschalenextrakt, Henna
8. Natürliche Verdicker	Agar, Alginate, Carrageen, Guarmehl, Traganth (s. Abschn. 4.4)

7.4.1 Wirkstoffextrakt aus Hamamelis

Extrakte aus den Blättern und der Rinde von *Hamamelis virginiana* L. enthalten Gerbstoffe, zu denen das Hamamelitannin zählt. Die Gerbstoffe entfalten auf der Haut eine adstringierende, entzündungshemmende und tonisierende Wirkung. Allerdings ist häufig der Gehalt an Hamamelis-Wirkstoffen in der fertigen kosmetischen Zubereitung so niedrig, dass eine nachprüfbare Wirkung kaum zu erwarten ist und die Erwähnung dieser Inhaltsstoffe eher werbewirksam sein soll.

7.4.2 Rosmarinextrakt als hauttonisierendes Wirkstoffgemisch

1,8-Cineol α-Pinen Campher

Der Extrakt aus *Rosmarinus officinalis* L. (Rosmarin) enthält 1,8-Cineol, α-Pinen und Campher sowie weitere Monoterpene und Flavonoide. Die Inhaltsstoffe wirken auf der Haut durchblutungsfördernd und – als Riechmittel angewandt – reflektorisch kreislauftonisierend.

7.4.3 Entzündungshemmende Wirkstoffextrakte

Aus den Blütenkörbchen der echten Kamille (*Matricaria chamomilla* L.) werden entweder mit Alkohol oder Öl Extrakte hergestellt, in denen die wichtigsten Inhaltsstoffe gelöst sind (während in wässrigen Extrakten die meisten Wirkstoffe wegen ihrer Unlöslichkeit selbst in heißem Wasser fehlen, z. B. in Kamillentee), oder es werden die Wirkstoffe durch Wasserdampfdestillation angereichert (siehe Abschnitt 9.1).

Von besonderer Bedeutung ist der Gehalt an **α-Bisabolol,** das mit rund 50 % den größten Anteil der Kamillenwirkstoffe bildet, und **Chamazulen**. Beide Verbindungen wirken entzündungshemmend und werden auch als isolierte Verbindungen kosmetischen Zubereitungen zur Behandlung gereizter und geröteter Haut zugesetzt. α-Bisabolol wirkt darüber hinaus bakteriostatisch. Chamazulen entsteht erst während der Hitzebehandlung bei der Wasserdampfdestillation aus dem ebenfalls entzündungshemmenden **Matricin** unter Abspaltung von Essigsäure, Wasser und CO_2. Matricin gehört zur Gruppe der Sesquiterpenlactone und wird auch als **Proazulen** bezeichnet.

Um die mit heißem Wasserdampf ausgelösten Veränderungen der Inhaltsstoffe im etherischen Öl der Kamille zu vermeiden, verwendet man heute ein technisch aufwendigeres, aber schonenderes Extraktionsverfahren. Das Gas Kohlendioxid lässt sich unter Druck zu einer Flüssigkeit kondensieren, die sich als ausgezeichnetes lipophiles Lösungsmittel verhält. Mit flüssigem CO_2 werden alle wichtigen Inhaltsstoffe der Kamille chemisch unverändert extrahiert, so dass nun der damit gewonnene Auszug α-Bisabolol, das temperaturempfindliche Matricin, Cumarine und die Kamillenduftstoffe enthält. Dagegen werden alle typisch hydrophilen Inhaltsstoffe hierbei nicht extrahiert, wie Flavonoide und Polysaccharide. Da speziell die Flavonoide ebenfalls entzündungshemmende Eigenschaften haben, werden sie aus dem Rückstand der CO_2-Extraktion in alkoholischen Lösungen angereichert.

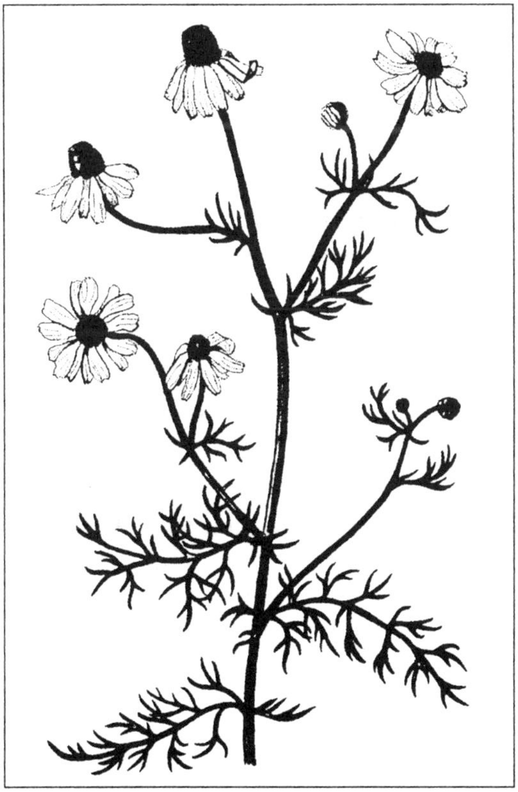

Deutsche Kamille (*Matricaria chamomilla* L.)

Da Chamazulen-haltige Extrakte relativ teuer sind und die gleiche entzündungshemmende Wirkung auch von **Guajazulen** entfaltet wird, das auf chemischem Wege aus dem billigeren Guajol des Guajokholzes hergestellt werden kann, enthalten Azulen-reiche Präparate stets Guajazulen anstelle von Chamazulen. Es unterscheidet sich vom Chamazulen nur durch eine zusätzliche CH_3-Gruppe am C-Atom 11 in der Seitenkette (in der Formel des Chamazulens markiert). Der Azulen-Gehalt verleiht Kamillenextrakten die typische blaue Farbe. Es wird angenommen, dass die entzündungshemmende Wirkung von Azulen auf der Synthesehemmung von Prostaglandinen und Leukotrienen beruht, die als wichtige Entzündungsmediatoren dienen. Ferner soll Azulen Sauerstoff-Radikale binden und dadurch inaktivieren, wodurch ebenfalls der Verlauf einer Entzündung abgeschwächt wird.

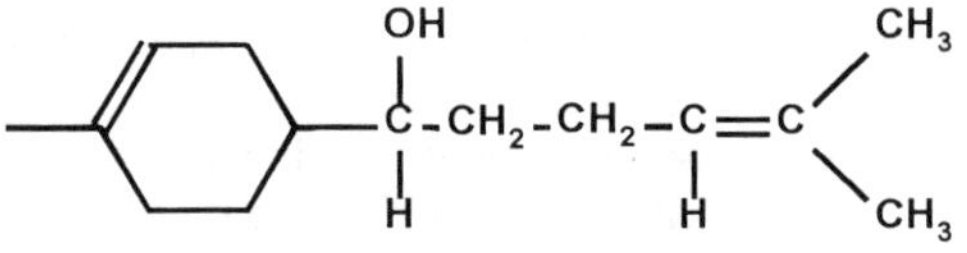

α-Bisabolol

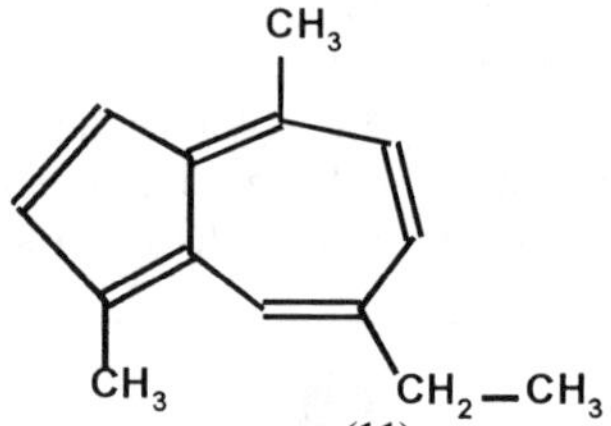

(11)

Chamazulen

Ein Auszug aus *Calendula officinalis* L. (Ringelblume) fördert die Heilung von Risswunden und wirkt granulationsfördernd sowie entzündungshemmend. Das etherische Öl enthält kosmetisch wirksame Carotinoide, die dem Vitamin A nahe stehen (s. Abb. 5.2), sowie **Cumarin** und Polysaccharide. Zur Extraktion der Calendulablüte verwendet man in der Regel Sojaöl.

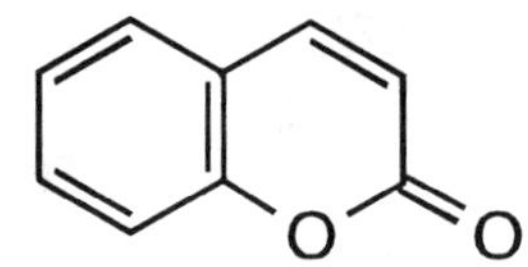

Cumarin
Benzopyran-2-on
(Cumarsäure-lacton)

7.4.4 Reizlindernde Wirkstoffextrakte

Außer den bereits beschriebenen Inhaltsstoffen der Kamille zählt auch **Allantoin** zu den wichtigen Vertretern aus der Gruppe der reizlindernden Wirkstoffe. Allantoin entsteht im Verlauf des Purinstoffwechsels bei vielen Wirbeltieren (nicht jedoch beim Menschen) und Insekten sowie bei Pflanzen (Abb. 7.2). Extrakte aus

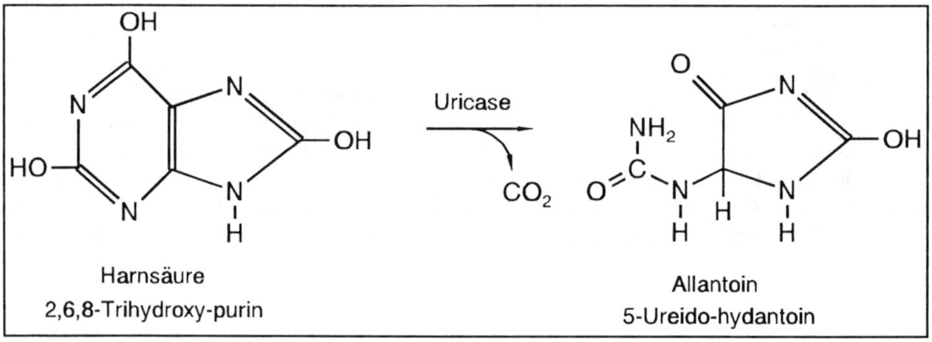

Abb. 7.2 Bildung von Allantoin aus dem Purinstoffwechselprodukt Harnsäure. Das Enzym Uricase (Urat-Oxidase) ist in der Leber vieler Säugetiere sowie in den Glyoxisomen pflanzlicher Zellen enthalten.

Rosskastanienrinde, Beinwellwurzeln (*Symphytum officinale* L.), rote Rüben und Weizenkeimen sind besonders reich an Allantoin. Dieser Wirkstoff fördert die Durchblutung und Granulation und löst Wundsekrete auf. Die Verbindung ist ausgezeichnet hautverträglich, normalisiert Hautreizungen und glättet raue und rissige Haut.

7.4.5 Hautregenerierende Wirkstoffextrakte

Aus dem Blattinneren von *Aloe barbadensis* Miller (auch *Aloe vera* genannt) wird durch Auspressen ein dickflüssiger Extrakt gewonnen, der verschiedene Polysaccharide und Eiweißkomponenten sowie niedermolekulare Verbindungen enthält, so dass der Extrakt durch den Zusatz von Konservierungsmitteln haltbar gemacht werden muss. Das daraus gewonnene **Aloe vera-Gel** hat die Eigenschaften eines Befeuchtungsmittels, das gleichzeitig die Haut erweicht und die Heilung kleiner Wunden begünstigt. Außerdem enthält das Gel Zimtsäure und die damit verwandte Cumarsäure, die als UV-Filter wirken (siehe Abschn. 8.3).

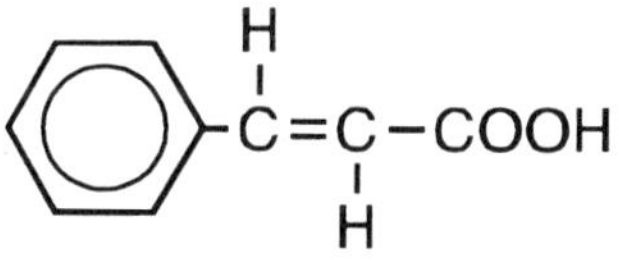

Zimtsäure
ß-Phenylacrylsäure

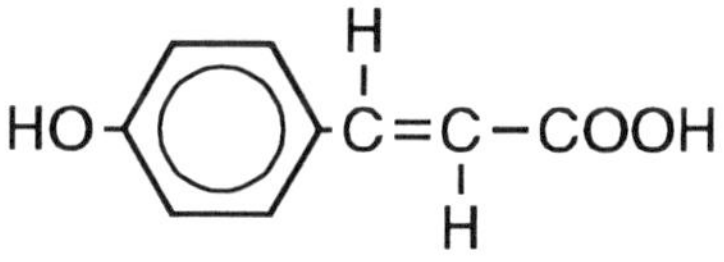

Cumarsäure
p-Hydroxy-zimtsäure

7.4.6 Hautstraffende Wirkstoffextrakte

Ein wichtiger Vertreter ist der Extrakt aus Schachtelhalm (*Equisetum arvense* L.), der in erster Linie **Quercetin** und andere Flavonoide enthält, welche die Haut straffen, die Elastizität fördern und gleichzeitig adstringierend wirken. Dabei scheint auch der relativ hohe Gehalt an Kieselsäure in diesem Extrakt für die kosmetische Wirkung wichtig zu sein.

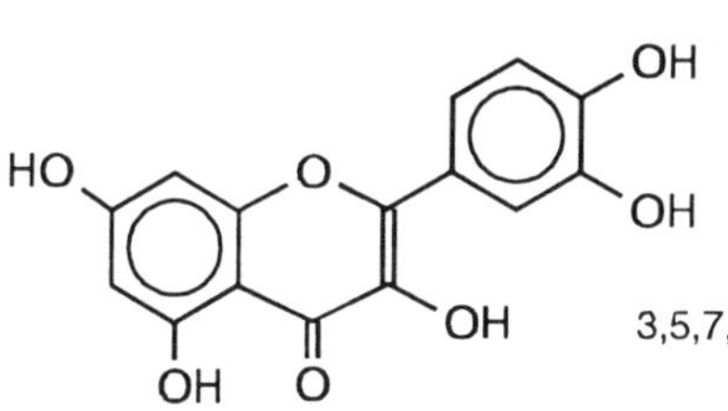

Quercetin
3,5,7,3',4'-Pentahydroxy-flavon

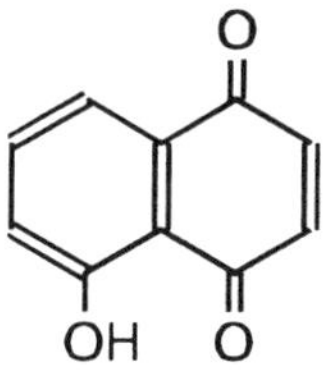

Juglon

7.4.7 Künstlich hautbräunende Wirkstoffextrakte

Der Walnussschalenextrakt aus den grünen Schalen (und Blättern) von *Juglans regia* L. enthält Juglon (5-Hydroxy-1,4-naphthochinon) sowie weitere Gerbstoffe. Das braune Juglon wird von Keratin gebunden, weshalb es zur künstlichen Hautbräunung verwendet wird (s. auch Abschn. 8.4). Die im Walnussschalenextrakt enthaltenen weiteren Gerbstoffe sowie Carotinoide wirken gleichzeitig als Lichtschutzmittel. Der im Henna enthaltene Farbstoff (2-Hydroxy-1,4-naphthochinon) unterscheidet sich vom Juglon nur durch die Stellung der Hydroxygruppe.

7.4.8 Weitere etherische Öle

Bei einigen in den vorangehenden Abschnitten bereits beschriebenen Wirkstoffen handelt es sich um etherische Öle, die aus pflanzlichen Geweben mit unterschiedlichen Methoden gewonnen werden. Diese in Wasser nur schwer löslichen Flüssigkeiten sind Sekrete des pflanzlichen Stoffwechsels, die in speziellen, in allen Pflanzenteilen vorkommenden Drüsenzellen gespeichert werden, wie z. B. in den Wurzeln, in der Rinde und in den Blättern, Knospen, Blüten, Früchten, Samen und Harzen. Ihr Anteil in den pflanzlichen Geweben liegt meist unter 1 % des Trockengewichtes.

Bei den etherischen Ölen handelt es sich um Gemische verschiedener chemischer Substanzen mit jeweils charakteristischem Geruch. Obwohl sie wegen ihrer Schwerlöslichkeit in Wasser den fetten Ölen ähneln, hinterlassen sie auf Papier keinen „Fett"-Fleck, weil sie flüchtig sind. Für die Gewinnung stehen verschiedene Methoden zur Verfügung. Auf die wichtigsten Extraktionsverfahren wird im Abschnitt 9.1 näher eingegangen. Etherische Öle sind gegen Licht und Sauerstoffeinwirkung empfindlich, weshalb sie in dunklen, möglichst vollständig gefüllten (oder unter Stickstoff abgefüllten) Flaschen aufbewahrt werden.

In kosmetischen Zubereitungen haben etherische Öle sowohl Duftstoff- (siehe Kap. 9) als auch Wirkstoffcharakter. Wegen der lipophilen Natur der etherischen Öle ist es verständlich, dass man in verschiedenen Fällen die Aufnahme über die Haut nachweisen konnte. So sind die in Badezusätzen (z. B. im Fichtennadel- der Rosmarinbadeöl) enthaltenen etherischen Öle (mit α-Pinen, Limonen, Campher, Borneol und weiteren flüchtigen Verbindungen) bereits nach einem 20 min. dauerndem Vollbad im Blut nachweisbar (wobei durch entsprechende Vorkehrungen die Aufnahme über die Atemluft ausgeschlossen wurde).

- Etherische Öle regen psychisch und vegetativ an, entspannen dabei die Hautmuskulatur und regen den Hautstoffwechsel an

Baldrianwurzelextrakt	beruhigend, sedierend
Lavendelextrakt	entspannend, sedierend
Fichtennadelextrakt	belebend

- Etherische Öle sind manchmal bakteriostatisch wirksam (siehe Tab. 6.13)
- Etherische Öle unterstützen die Wirkung weiterer Inhaltsstoffe kosmetischer Zubereitungen, weshalb ihnen manchmal eine regenerierende Wirkung auf die Haut zugesprochen wird

Für die etherischen Öle stehen unterschiedliche Anwendungsformen zur Verfügung, mit denen die vielseitigen Wirkungen dieser Präparate zum Tragen kommen. So werden etherische Öle durch **Einatmung** (Inhalation) aufgenommen. Hierzu verwendet man Inhalatoren, Dampfbäder, Gesichtsdampfbäder, getränkte Gesichtskompressen, Raumsprays usw. Etherische Öle werden auch bei **Massagen** (Einreibungen) verwendet. Schließlich ist ein Vollbad nicht nur ein Reinigungsvorgang, sondern es kann auch das allgemeine Wohlbefinden steigern. Schon das beim Einlaufen des Wassers verdampfende etherische Öl kann eine beruhigende oder anregende Atmosphäre schaffen, so dass Riechstoffe einen wesentlichen Anteil an dem – oft unbewussten – „positiven" Erlebnis der Körperreinigung haben.

7.5 Nicht reproduzierbare oder nachteilige Wirkungen von Kosmetika

Mit der Wirkung einer kosmetischen Zubereitung ist die objektiv feststellbare (das heißt messbare) und die subjektiv erlebbare Veränderung eines Zustandes der Haut (oder der Nägel und Haare) verbunden (M.-L. SPROSS: Kosmetika – Zwischen Wirkversprechen und Wirkungserwartung. *Kosmetik International* **1991**(4):60-64). Ein entscheidender Teil der Wirkungserwartung ist psychologischer Natur, weil Duft, Farbe, Konsistenz und Verpackung der Kosmetika die subjektiv empfundene Wirkung manipulieren können. Außerdem prägen noch weitere Faktoren das subjektive Empfinden des Verbrauchers, wie Preis, Hersteller, Verkaufsort (z. B. Kaufhaus im Vergleich zur Apotheke) und Aussagen von Verkäufern oder Herstellern (beispielsweise hinsichtlich Verträglichkeit, Umweltverträglichkeit, Ausschluss allergischer Effekte, klinischer Teste, Abwesenheit von Konservierungsstoffen usw.).

Relativ leicht kann der Verbraucher die Wirkung eines Lichtschutzmittels oder eines rückfettenden Reinigungsmittels objektivieren (und natürlich sind solche Wirkungen mit wissenschaftlichen Methoden nachprüfbar). Komplizierter ist aber bereits der objektive Nachweis der Feuchtigkeitsregulation, der Hautquellung, der Antifaltenbildung, der Hautverträglichkeit und anderer Wirkungen. Sie sind zwar – wenn auch schwierig – mit technischen Hilfsmitteln messbar; der Verbraucher erkennt aber die Wirkungen in der Regel nicht unmittelbar oder nicht in kurzer Zeit an den möglichen Veränderungen des Hautzustandes.

Wer mit seiner Werbung wissenschaftlich strittige oder zur Täuschung geeignete Aussagen über die Wirksamkeit von Kosmetika macht, kann sich nach dem eingangs erwähnten Lebensmittel- und Bedarfsgegenständegesetz (LMBG,

§ 52) strafbar machen. Dabei wird von den deutschen Zivil- und Verwaltungsgerichten der Begriff „Irreführung des Verbrauchers" sehr eng ausgelegt. So darf es beispielsweise nicht heißen, dass ein Produkt „frei von Rückständen oder Schadstoffen" oder „naturrein" ist, wenn diese Rückstände doch noch in Spuren (z. B. weniger als ein Tausendstel Prozent) vorhanden sind. Ähnlich streng wird von den Gerichten verfahren, wenn die in der Werbung angegebenen Substanzen zwar im Produkt, aber in so geringer Menge vorhanden sind, dass sie ihre ausgelobte Wirkung kaum entfalten können.

Besonders hervorzuheben ist ferner, dass die Gerichte schon seit langem die Verwendung der Begriffe „Nährcreme" oder „Hautdiät-Öl" verboten haben. Diese Bezeichnungen erwecken beim Verbraucher den Eindruck, dass die Mittel zur Ernährung der Haut geeignet sind, was objektiv nicht zutrifft. Ebenso irreführend ist die Aussage „versorgt die Haut mit allen notwendigen Nährstoffen". Entsprechend lassen die Gerichte nur dann Aussagen zur Wirksamkeit zu, wenn sie wissenschaftlich gesichert sind. Besonders umstritten sind Schlagworte wie

- Hautverjüngung und Revitalisierung
- Zellerneuerung und Reparatur
- Faltenreduktion

Auch die Bezeichnung „naturmilde Seife" ist unzutreffend, da Seife kein Naturprodukt ist. Völlig unverständlich ist es, dass noch heute Kosmetika mit dem Wirkversprechen „Zellreparatur nach übermäßiger UV-Bestrahlung" angeboten werden. Diese Wirkung sollen bakterielle Reparaturenzyme entfalten, obwohl bekannt ist, dass Enzyme nicht im nativen Zustand bis in die Keimzellschicht gelangen können. Aber selbst wenn die Enzyme diese Hautschicht erreichen sollten, werden sie von den Keratinocyten der Keimzellschicht nicht aufgenommen. Sollte aber auch diese Hürde von dem Präparat genommen werden, würde spätestens in der Zelle das bakterielle Enzymsystem für die Reparatur des genetischen Materials menschlicher Zellen auf verlorenen Posten stehen, denn die Reparatursysteme menschlicher Zellen weisen keinerlei Ähnlichkeit mit dem bakteriellen Enzymkomplex auf. Außerdem unterscheiden sich die Strukturen des genetischen Materials im Zellkern der Keratinocyten grundsätzlich von dem bakterieller Zellen.

Die Bezeichnung Regenerationskosmetik ist gerichtlich untersagt worden, weil der Verbraucher damit die irrige Vorstellung verbinden könnte, dass nach der Anwendung einer kosmetischen Zubereitung die altersbedingten Elastizitätsverluste der Haut wieder rückgängig gemacht werden können. Vielmehr ist keines der Kosmetika in der Lage, geschädigte Zellsysteme (z. B. Lymph- und Blutgefäße oder die kollagenen und elastischen Fasern in der Lederhaut und im Bindegewebe) zu regenerieren. Wirkungen auf die Oberhaut oder auf die Mikrozirkulation allein erlauben nicht den Begriff „Regenerationskosmetik" (LG München I, AZ 4 HKO 4360/85 vom 13. 8. 1987).

Bei anderen kosmetischen Wirkstoffen, wie bei der inzwischen in der kosmetischen Praxis völlig unumstrittenen Hyaluronsäure, muss es überraschen, dass Hersteller in ihren Werbeversprechen offensichtlich falsche Aussagen einbinden. So wird der Hyaluronsäure nachgesagt, dass sie „die Haut bei Stress belebt" und (bei der Nachtpflege) „der Haut Energie zuführt", wodurch der „Verjüngungsprozess der Haut" während des Nachtschlafs unterstützt wird. Die angehende Kosmetikerin sollte dafür sensibilisiert werden, solche Falschaussagen zu erkennen, um ihre Kundinnen in entsprechender Weise aufklären zu können.

Unerwünschte Reaktionen kosmetischer Produkte werden mit keratolytisch wirksamen Depilationsmitteln beobachtet, wobei hierfür meist eine unsachgemäße Handhabung verantwortlich ist. Die unerwünschten Reaktionen von Pflegeprodukten auf die Haut – besonders im Gesicht – sind gravierender. Hierbei stehen z. B. Nickel-haltige Augen-Make-up-Produkte im Verdacht, Kontaktallergien auszulösen. Bei den übrigen Pflegeprodukten sind die Duftstoffe (etherischen Öle) zu rund 50 % und die Konservierungsstoffe zu rund 20 % als Auslöser allergischer Reaktionen beteiligt. Allergische Reaktionen können frühestens nach dem Zweitkontakt (also nach Sensibilisierung) auftreten und reichen über die unmittelbare Kontaktstelle hinaus. Bei unreiner Haut können bestimmte kosmetische Zubereitungen die Bildung von Mitessern fördern (komedogene Wirkung).

Auf die unerwünschten photoallergischen und phototoxischen Wirkungen von Kosmetika wird im Abschnitt 8.1 eingegangen.

7.6 Fragen zur Selbstkontrolle

7-1 Warum ist die Resorption von Inhaltsstoffen kosmetischer Zubereitungen nicht erwünscht?

7-2 Welcher Wirkstoff ist dazu geeignet, einer anomalen Verhornung im Zusammenhang mit der Komedonenbildung vorzubeugen?

7-3 Welche der nachfolgenden Vitamine sind wasserlöslich: Vitamin A, B, C oder E?

7-4 Welche Wirkungen entfaltet Vitamin E in Hautpflegemitteln?

7-5 Welche keratoplastischen Wirkstoffe kennen Sie? Welcher Unterschied besteht zu keratolytischen Wirkstoffen?

7-6 Welche Inhaltsstoffe sind im Extrakt der echten Kamille für die entzündungshemmende Wirkung verantwortlich?

8. LICHTSCHUTZMITTEL

Die sichtbaren und unsichtbaren Strahlen der Sonne verändern die biologischen Leistungen und physikalischen Eigenschaften der Epidermis und Lederhaut. Die Strahlen haben die Eigenschaften elektromagnetischer Wellen, wobei sich der für die Wechselwirkung mit der Haut entscheidende Teil der Sonnenstrahlen in fünf Spektralbereiche unterteilen lässt, die unterschiedliche Effekte auf der Haut auslösen (Tab. 8.1).

Tab. 8.1 Spektrum der von der Sonne ausgehenden Strahlen im Bereich der Ultraviolett (UV)- und Infrarot (IR)-Strahlen (beide für das Auge nicht sichtbar) und des sichtbaren Lichtes. Die Strahlen werden nach ihrer Wellenlänge in Nanometer (nm = 10^{-9} m) in fünf Spektralbereiche unterteilt. Manchmal wird der UV-A-Bereich noch in UV-A2 (320 bis 340 nm, verantwortlich für Hautalterung) und UV-A1 (340 bis 400 nm, Bräunungsbereich) aufgegliedert

Wellenlänge in nm	Spektralbereich	Bemerkungen
100 - 280	UV-C	sehr energiereich
280 - 320	UV-B	erzeugt Sonnenbrand
320 - 400+	UV-A	bedingt Hautalterung u. Kataraktbildg.
400 - 750	Sichtbares Licht	wird durch die Zapfenzellen der Netzhaut als Spektralfarben violett - blau - grün - gelb - rot wahrgenommen
750 - 3000	IR-Strahlen	Wärmestrahlen

+ Manchmal wird gemäß DIN die Grenze zwischen UV-B und UV-A bei 315 nm definiert. Allerdings wäre aus biophysikalischen Gründen die Grenze bei 340 nm sinnvoller, wobei der Spektralbereich der UV-B-Strahlen dann auch die UV-A2-Strahlen einschließen würde.

Da elektromagnetische Strahlen umso energiereicher sind, je kürzer ihre Wellenlänge ist, sind die kurzwelligen UV-C-Strahlen im Sonnenspektrum für die Haut besonders gefährlich. Ein wesentlicher Teil dieser Strahlen wird allerdings von der Ozonschicht absorbiert („weggefangen“) und in Wärmestrahlung und andere Energieformen umgewandelt. Bei sinkender Ozonkonzentration am Nord- und Südpol der Erde steigt die Gefahr, dass der Anteil dieser für die Haut und die Pflanzen gefährlichen energiereichen Strahlung zunimmt (s. auch Abschn. 3.3).

Kosmetische Lichtschutzpräparate haben die Aufgabe, die Haut während der Exposition mit UV-Strahlen im Spektralbereich von UV-B und UV-A vor den unerwünschten Folgen zu schützen.

8.1 Wirkungen von UV-Strahlen auf die Haut

Wenn die Sonnenstrahlen von der Haut nicht reflektiert („zurückgeworfen") werden und die absorbierte Strahlenenergie ausreichend groß ist, um photochemische Reaktionen auslösen zu können, entwickeln die Strahlen sowohl erwünschte als auch schädliche Wirkungen auf die Haut, die den Stoffwechsel des ganzen Körpers und dessen Leistungsfähigkeit verändern können (Tab. 8.2).

Tab. 8.2 Gegenüberstellung erwünschter und schädlicher Wirkungen von UV-Strahlen

Wirkungen	UV-B	UV-A
erwünschte	Vitamin D-Bildung (Steuerung des Ca^{2+}- und Phosphatstoffwechsels), Beschleunigung der **indirekten Pigmentierung**	Verbesserung des Strahlenschutzes durch **direkte Pigmentierung**
schädliche	Sonnenbrand, Hyperkeratose Faltenbildung, Hautkrebs	Hautalterung, phototoxische und photoallergische Wirkungen

Unter dem Einfluss von UV-B-Strahlen wird in der Haut Vitamin D aus einer körpereigenen Vorstufe gebildet. Anschließend wird Vitamin D hauptsächlich in der Leber und dann in der Niere in **Calcitriol** umgewandelt, das zu den Hormonen zählt. Daher ist die Benennung als Vitamin irreführend, und Vitamin D sollte besser als Prohormon D bezeichnet werden. Calcitriol steuert zusammen mit zwei weiteren Hormonen den Calcium- und Phosphatstoffwechsel, so dass ein Vitamin D-Mangel (beispielsweise nach unzureichender Sonnenbestrahlung) eine Rachitis auslösen kann. UV-Strahlen können auf der Haut auch direkt wirken und pathogene Keime abtöten. J. Barth hat die positiven Effekte auf die Haut zusammengefasst (J. BARTH: Welche positiven Wirkungen haben UV-Strahlen auf den menschlichen Organismus? *Parfümerie und Kosmetik* **73**:134-144, 1992):

- Einleitung der Vitamin D-Synthese
- Erhöhung der physischen Leistungsfähigkeit
- Verbesserung des Blutkreislaufes
- Beeinflussung weiterer endokrinologischer Parameter
- Verbesserung der Reaktionsfähigkeit und des Wohlbefindens

Während UV-B nur in geringem Maße über die Epidermis in tiefere Hautschichten eindringt, gelangen UV-A-Strahlen bis in die subcutanen Gewebe und bewirken Veränderungen an den elastischen Fasern, wodurch die Faltenbildung verstärkt wird (Hautalterung). Schließlich beschleunigen die UV-Strahlen (UV-A) der Solarien die Entwicklung des „Grauen Stars“. Hierbei wird Crystallin als der Hauptbestandteil der Augenlinse so verändert, dass sich die Augenlinse trübt (Kataraktbildung). Man sollte daher in Solarien nie den Augenschutz vergessen[1], wobei es nicht genügt, nur die Augenlider zu schließen. Einige Kritiker erkennen außer auf psychosozialem Gebiet überhaupt nur einen geringen Nutzen der Solarien, weshalb sie wegen zahlreicher nicht abschätzbarer Risiken von der Verwendung starker UV-A-Strahlenquellen für die kosmetische Bräunung abraten, zumal der Anteil an UV-A2-Strahlen bezogen auf die gesamte emittierte Strahlung in den Solarien beträchtlich sein kann[2]. In modernen Solarien entfällt auf den UV-B-Anteil maximal 2 % der abgestrahlen Gesamtenergie. Der UV-A-Anteil kann bis zu 10fach höher sein als im Sonnenlicht. Auf jeden Fall sollten Patienten, die an Autoimmunerkrankungen leiden (z. B. an Kollagenosen oder an dem systemischen Lupus erythematodes) eindringlich vor der Benutzung von Solarien gewarnt werden, weil auch langwellige UV-A-Strahlen über die Steigerung der Immunreaktivität einen Krankheitsschub auslösen können[3]. Dies gilt auch für die Gefährdung durch Halogenlampen, die in den letzten Jahren sowohl im Wohn- als auch Arbeitsbereich vermehrt verwendet werden.

Überschreitet die UV-B-Bestrahlung ein verträgliches Maß, so kommt es zu Auflösungserscheinungen der Eiweißkörper (Proteinabbau) in den Hautzellen. Auch die Zellmembranen werden durch UV-Strahlen abgebaut. Beide Wirkungen werden durch sehr reaktionsfähige Sauerstoff- sowie Hydroxid-Radikale ausgelöst, die unter dem Einfluss energiereicher UV-Strahlen entstehen. Dabei bilden sich zunächst **Erytheme**, d. h. Hautrötungen mit Ödembildung, während eine noch stärkere Lichteinwirkung Blasen erzeugt. UV-B-Strahlen sind rund 1000fach wirksamer bei der Auslösung eines Sonnenbrandes als UV-A-Strahlen, wobei die maximale Erythem-auslösende Wirkung mit UV-B-Strahlen der Wellenlänge 300 nm beobachtet wird. Da im normalen Sonnenlicht der Energieanteil, der auf UV-B-Strahlen entfällt, rund 10fach geringer ist als die Gesamtenergie des UV-A-Strahlenanteils, sind auch UV-A-Strahlen in nennenswertem Umfang an der Entwicklung eines Sonnenbrandes beteiligt. In der Mittagszeit ist der UV-B-Anteil höher; im Hochgebirge liegt ebenfalls der UV-B-Anteil deutlich höher als in Meereshöhe. Selbst bewölkter Himmel lässt noch 50 % der UV-B-Strahlen passieren.

Die Epidermisschädigung führt zu gesteigerter Zellteilung, wodurch die geschädigten Epidermiszellen ersetzt werden, und eine Verdickung der Hornschicht erfolgt (**Lichtschwiele**). Unter ständiger UV-Einwirkung kommt es

[1] J. MURAKAMI, M. OKAZAKI AND T. SHIGA: Near UV-induced free radicals in ocular lens, studied by ESR and spin trapping. *Photochem. Photobiol.* **49**:465-471 (1989).

[2] J. H. EPSTEIN, T. B. FITZPATRICK, L. C. HARBER, M. PATHAK and F. URBACH: Risks and benefits from high-intensity ultraviolet A sources used for cosmetic purposes. *J. Amer. Acad. Derm.* **12**:380-386 (1985).

[3] K. WILDHAGEN und R. WOLL: Lichtschäden bei UV- und IR-Exposition. *Deutsche Medizinische Wochenschrift* **119**:323 (1994).

schließlich zur „Landmanns"- oder „Seemanns"-Haut mit vorzeitiger Hautalterung, Hyperkeratose und Vergröberung sowie Verlängerung der Hautgefäße (Teleangiektasie). Die Hautschädigung kann je nach Schweregrad in verschiedene Stadien unterteilt werden:

1. Nach Ablauf einer etwa einstündigen Latenzzeit stellt sich eine erhöhte Wärmeempfindung ein. Durch vermehrte Blutzufuhr macht sich eine Rötung bemerkbar, die manchmal mit einer Ödembildung verbunden ist, und die Haut wird gegenüber Berührungen empfindlich. Nach zwei bis drei Tagen klingt der Zustand wieder ab.
2. Auf der entzündeten Haut bilden sich Blasen. Es tritt Blutflüssigkeit in die oberen Hautschichten, und es werden Entzündungsmediatoren (z. B. Histamin und Leukotriene) freigesetzt. Schließlich wird die Oberhaut abgestoßen.
3. Die Haut ist sehr stark durchblutet und geschwollen. Es kommt zu tiefgehenden Zellschädigungen. Große Teile der Oberhaut sterben infolge der vorangegangenen Zerstörung ab. Innere Erkrankungen können durch einen Sonnenbrand reaktiviert werden. So kann durch die freigesetzten Wirkstoffe Histamin und Leukotrien ein Asthmaanfall ausgelöst werden.

UV-A-Strahlen (und seltener UV-B-Strahlen) entfalten auf der Haut **photodynamische Wirkungen**, wobei zwischen phototoxischen und photoallergischen Reaktionen unterschieden wird. Unter **phototoxischen** Veränderungen versteht man die Wirkung verschiedener Stoffe, die Haut für UV-Strahlen zu **sensibilisieren**. Zu diesen Verbindungen zählen der Lippenstift-Farbstoff Eosin, Furocumarine, wie Methoxypsoralen (Abb. 8.1), die früher im Kölnisch Wasser enthalten waren und eine **Berloque-Dermatitis** ausgelöst haben, und das **Hypericin** des Johanniskrautöls. Phototoxische Verbindungen sind hauptsächlich in Extrakten aus den Pflanzenfamilien **Rutaceae** und **Umbeliferae** enthalten. Ferner wirken zahlreiche Medikamente phototoxisch, z. B. Sulfonamide, Antibiotika (z. B. Tetracycline), Psychopharmaka, Antihistaminika (wie Phenothiazine), Antidiabetika (wie Tolbutamid) und weitere Arzneimittel. Die phototoxische Reaktion ist stets eine direkte Folge der Strahlenwirkung auf die Haut, bei der es in Gegenwart der genannten Verbindungen zur Bildung sehr reaktionsfähiger Sauerstoffradikale kommt, die ein Erythem auslösen. Insgesamt werden heute nur noch selten photodynamische Reaktionen durch Kosmetika ausgelöst, weil die Hersteller die infragekommenden Inhaltsstoffe nicht mehr verwenden.

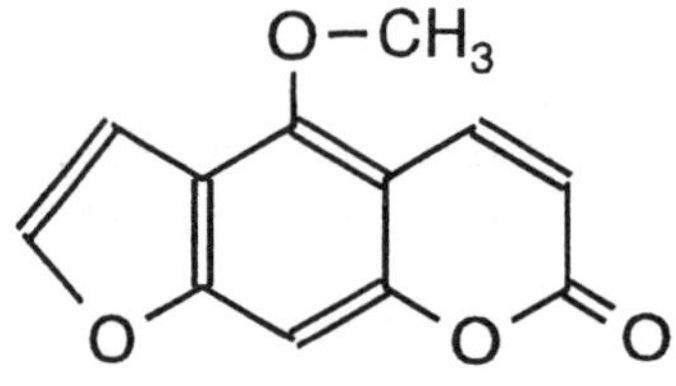

Bergapten

Abb. 8.1 Bergapten (5-Methoxypsoralen) als Vertreter aus der Gruppe der tricyclischen Furocumarine, die u. a. in Citrusölen vorkommen, photosensibilisierend wirken und mit den Cumarinen (siehe Abschn. 7.4.3) chemisch verwandt sind.

Bestimmte Stoffe können unter UV-Einfluss **photoallergische** Reaktionen auslösen. Hierzu gehören optische Aufheller in Waschmitteln (die über die am Körper getragene Wäsche auf die Haut gelangen) sowie Arzneimittel, wie Antibiotika und Sulfonamide, die häufig außerdem phototoxisch wirken, blutdrucksenkende und harntreibende Mittel, Herzmittel und andere Pharmaka. Sie werden durch UV-A-Strahlen, die in den unmittelbar unter der Oberhaut liegenden Blutgefäßen noch wirksam sind, chemisch umgewandelt, wonach die Reaktionsprodukte allergische Wirkungen entfalten.

Bei der Einwirkung von UV-Strahlen auf die Haut eines Gesunden gehen stets die erwünschten und die schädlichen Wirkungen mit einer zunehmenden **Pigmentierung** und **Verdickung** der Epidermis einher, woran nacheinander UV-B- und UV-A-Strahlen beteiligt sind (siehe Abschn. 8.2). Dieser „Verdunkelung“ der Haut steht eine durch UV-Licht ausgelöste Bleichung der Farbpigmente besonders im Haarspitzenbereich gegenüber, wobei es auch zu einer Verschlechterung der Haarqualität kommt, denn die Haarspitzen spalten sich auf und das Haar wird brüchig. Dies beruht auf der UV-abhängigen Bildung von Sauerstoffradikalen (siehe Abb. 3.2), Hydroxidradikalen und verschiedenen Peroxiden, welche u. a. die Farbpigmente der Haare bleichen und das Keratin der Haare oxidativ abbauen.

8.2 Der natürliche Lichtschutz der Haut

Die Haut verfügt im wesentlichen über zwei natürliche Lichtschutzbarrieren, nämlich das Hautpigment **Melanin** und die **Hornhaut** selbst. Die Haut enthält mehrere Melaninarten, deren chemische Struktur noch nicht in allen Einzelheiten bekannt ist. Das bei der Absorption von UV-A-Strahlen besonders wirksame Gemisch von **Eumelanin** und rötlich-gelben **Phaeomelaninen** ist zumindest teilweise an Proteinen gebunden (Melanoproteine).

Die Melaninsynthese erfolgt in den am Boden der Epidermis befindlichen **Melanocyten**, wobei auf 20 bis 40 Keratinocyten ein Melanocyt entfällt. Diese aus dem Neuroektoderm abstammenden Zellen (die also mit den Nervenzellen einige Gemeinsamkeiten aufweisen) bilden aus der Aminosäure Tyrosin mit Hilfe des Enzyms Phenoloxidase unter Verbrauch von Sauerstoff **D**ihydroxy-**p**henyl**a**lanin (DOPA), das zunächst in das farblose **Leukodopachrom** übergeht (Abb. 8.2). UV-B-Strahlen aktivieren die Phenoloxidase und erhöhen auch die Anzahl der zur Leukomelanin-Bildung aktiven Melanocyten, ihre Größe und die Anzahl der Dendriten, mit denen das fertige Pigment in die benachbarten, heranreifenden Keratinocyten „injiziert“ wird. Da bei dieser Reaktion noch kein dunkler Farbstoff entsteht, wird der Vorgang als **indirekte Pigmentierung** bezeichnet. Nach drei bis vier Tagen kommt es zu einer starken und lang anhaltenden Hautbräunung, sofern im UV-Spektrum auch ein ausreichend großer UV-A-Anteil vorhanden ist.

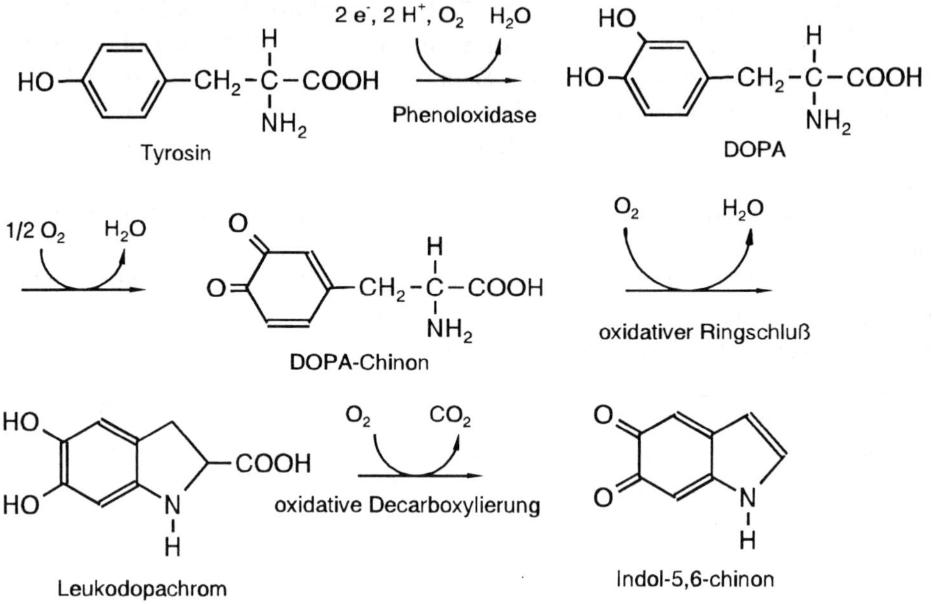

Abb. 8.2 Bildung wichtiger Eumelaninvorstufen aus der Aminosäure Tyrosin. Zunächst wird über eine Serie von Sauerstoff-verbrauchenden Reaktionen Tyrosin in DOPA, DOPA-Chinon und Indol-5,6-chinon umgewandelt. Auffällig ist die mehrmalige Beteiligung von Sauerstoff.

Bei der **direkten Pigmentierung** durch UV-A-Strahlen wird Leukodopachrom in das farbige Melanin oxidativ umgewandelt. Dieser Vorgang ist bereits nach fünf Minuten messbar, verschwindet aber unter Umständen wieder nach wenigen Stunden, sofern nicht eine ausreichende indirekte Pigmentierung stattfand. Dies bedeutet, dass für eine befriedigende Bräunung beide UV-abhängigen Prozesse ablaufen müssen. Aus diesem Grunde entfallen auf den UV-B-Anteil in modernen Solarien bis zu 2 % der emittierten Gesamtenergie. UV-A-Strahlen fördern neben der Umwandlung des farblosen Melaninvorläufers in Eumelanine auch die feinere Verteilung der Farbpigmente, wodurch eine Farbvertiefung hervorgerufen wird. Auch bei der direkten Bräunung wird zur Umwandlung von Leukomelanin in Melanin Sauerstoff verbraucht. Eine gute Hautdurchblutung, z. B. bei körperlicher Bewegung, fördert daher die Pigmentierung. Der bei einer Überdosierung von UV-B-Strahlen eintretende Sonnenbrand ist weder direkt noch indirekt mit der Melaninbildung verknüpft.

Nachdem auf diese Weise in den Melanocyten ausreichend Melanin bereitgestellt und in membranumhüllten Vesikeln (Melanosomen) gespeichert worden ist, werden anschließend die Melanosomen mit Hilfe von Zellausläufern (Dendriten) in die Keratinocyten „injiziert“. Dort schieben sich die Pigmente über die dem Licht zugewandte Seite der Zellkerne der Keratinocyten und schützen so das

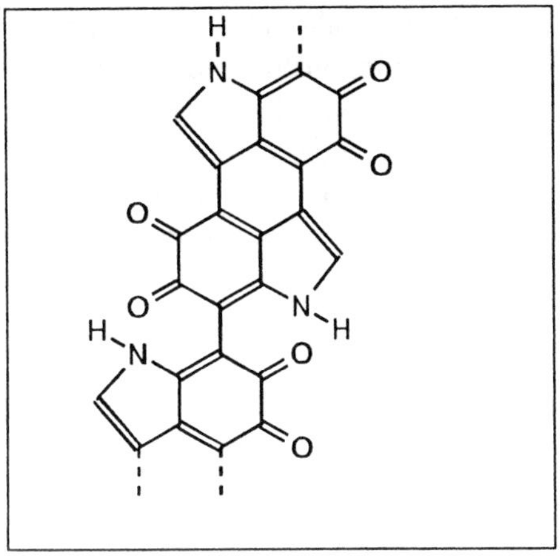

Abb. 8.3 Strukturvorschlag für Eumelanin. An der Bildung sind sowohl Indol-5,6-chinon als auch dessen Vorläufer Dopachrom und 5,6-Dihydroxyindol beteiligt.

strahlenempfindliche Erbgut der sich teilenden Keratinocyten in der Keimzellschicht (s. Abb. 5.1). Die Bräunung wird frühestens nach drei Tagen sichtbar, wenn genügend mit Eumelanin versorgte Keratinocyten in die Nähe der Hornschicht gewandert sind. Melanin filtert aus dem Sonnenlicht vor allem den UV-A-Bereich und längerwellige Strahlen bis zum IR-Bereich heraus. Dagegen ist der Schutz gegen UV-B-Strahlen im Vergleich zur Schutzwirkung durch die Lichtschwiele geringer*).

Melanin (bzw. das nach Bindung an bestimmte Eiweißkörper entstandene Melanoprotein) ist für die normale Hautpigmentierung notwendig, kommt aber auch in Sommersprossen (Epheliden) und in den Naevuszellnaevi vor, die aus einer nestartigen Ansammlung von Melanocyten hervorgehen. Störungen in der Aktivität oder Verteilung der Melanocyten führen zu **Pigmentanomalien**. Sie können angeboren oder erworben sein und als Pigmentvermehrung (Melanodermie) oder -mangel (Leukodermie) auftreten. **Sommersprossen** (Epheliden) sind kleine, rundliche oder unregelmäßige Pigmentflecke von meist gelblicher Farbe. Sie finden sich vor allem bei Menschen mit blonden oder rötlichem Haar. Die verschiedenen Haarfarben ergeben sich durch Mischung schwarzbrauner Eumelanine mit den rötlichen Phaeomelaninen und violetten Trichochromen. Bei hellhäutigen und hellhaarigen Menschen fehlen die Eumelanine weitgehend; daraus resultiert die erhöhte UV-Empfindlichkeit von Personen mit dem Hauttyp I und II (siehe Tab. 8.5). Im Frühjahr und Sommer treten die Sommersprossen stärker hervor und sitzen an Stellen, die der Sonneneinwirkung ausgesetzt sind. Von einer Behandlung – wie Schälen oder Bleichen – ist abzuraten, zumal diese Methoden nur vorübergehenden Erfolg haben. Die Epheliden-Bildung ist anlagebedingt.

Hellhäutige Menschen, also Personen, bei denen der Gehalt an Phaeomelanin relativ zu Eumelanin erhöht ist, haben ein höheres Risiko, nach UV-Bestrahlung an Hautkrebs zu erkranken. Während Eumelanin durch die UV-Strahlen in harmlose Spaltprodukte überführt wird, die überdies wieder in Eumelanin umgewandelt werden, entstehen aus Phaeomelanin nach UV-Bestrahlung Krebserregende Stoffe, die die Erbsubstanz der Melanocyten verändern können.

---

*) N. KOLLIAS and A. H. BAQER: The role of human melanin in providing photoprotection from solar mid-ultraviolet radiation (280-320 nm). *J. Soc. Cosmet. Chem.* **39**:347-354 (1988).

Besonders an Stirn und im Mundbereich treten während der Schwangerschaft oder bei Einnahme stark Gestagen-haltiger Ovulationshemmer fleckenförmige Pigmentanhäufungen auf, die man Schwangerschaftsflecken oder Chloasma uterinum nennt. Nach der Entbindung bzw. nach Absetzen der Ovulationshemmer verschwindet diese Hyperpigmentierung. Die Bildung der Schwangerschaftsflecken hängt mit der hormonellen Situation der Schwangeren zusammen, bei der es zur vermehrten Ausschüttung des Melanocyten-stimulierenden Hormons aus der Hypophyse kommt, das die Aktivität der Melanocyten steigert. Die normale Hautpigmentierung ist dagegen von diesem Hormon unabhängig. Als **Vitiligo** bezeichnet man eine fleckenförmige Hautentfärbung, die in jedem Lebensalter auftreten kann und besonders auf Handoberseite, Hals und Gesicht beobachtet wird. Die Ursache dieser Depigmentierung ist nicht bekannt.

Die Verdickung der Hornschicht von 0,025 auf 0,05 mm erhöht erheblich deren Fähigkeit zur UV-B-Absorption. Die Hornschicht der lichtgewohnten, nicht von Kleidungsstücken bedeckten Haut, ist durch den Strahlen-bedingten Teilungsreiz auf die Keratinocyten bis zu 10mal dicker als die der lichtungewohnten Haut. Die dabei entstandene **Lichtschwiele** kann bereits dazu beitragen, dass die Haut eine fünf- bis zehnfach höhere UV-Dosis ohne Sonnenbrand übersteht im Vergleich zu einem Hautbereich ohne Lichtschwiele.

Der Strahlenschutz durch die Lichtschwiele wird durch den vom Eumelanin ausgehenden Schutz ergänzt, so dass bei gebräunten hellhäutigen Mitteleuropäern für den natürlichen Lichtschutz der Haut insgesamt ein Lichtschutzfaktor von 40 ermittelt wurde, der durch Verwendung von künstlichen Lichtschutzmitteln (siehe Abschn. 8.3) noch verbessert wird.

Wenn die natürlichen Lichtschutzbarrieren gegen die Strahlenwirkung auf das Erbmaterial nicht ausreichend wirksam waren, kann der bereits entstandene Strahlenschaden in den Zellkernen der betroffenen Zellen durch ein System von **Reparaturenzymen** aufgehoben werden. Die Kapazität dieses Systems ist allerdings beschränkt, so dass nach Überschreiten einer bestimmten Dosis die Erbinformationen in den Keratinocyten und Zellen der Lederhaut so verändert werden, dass es zu einer Hautalterung oder sogar zur Tumorbildung kommen kann. Wie sehr die gesunde Haut auf die Aktivität des Reparatursystems angewiesen ist, lässt sich daran erkennen, dass bei Patienten mit der selten auftretenden Erbkrankheit **Xeroderma pigmentosum** pigmentierte Veränderungen an der ungeschützten, dem UV-Licht ausgesetzten Haut auftreten, die sich schließlich in einen Tumor umwandeln können. Bei diesen Patienten ist aufgrund einer Erbkrankheit die Bildung der Reparaturenzyme defekt.

8.3 Künstliche Lichtschutzmittel

Lichtschutzmittel wurden ursprünglich zu dem Zweck entwickelt, um einen Sonnenbrand solange zu verhindern, bis die Haut durch Verdickung und Pigmentierung der Hornschicht ihren natürlichen Lichtschutz aufgebaut hat. Inzwischen ist man auch bemüht, die chronischen Lichtschäden hellhäutiger Menschen durch entsprechende Lichtschutzmittel hinauszuzögern. Bei diesen lichtbedingten Schäden handelt es sich unter anderem um die Verdünnung der Oberhaut (Atrophie) und um Elastizitätseinbußen des Bindegewebes (Lichtalterung) sowie um Gefäßvergröberungen (Teleangiektasie) und Faltenbildung.

Von wirksamen Lichtschutzmitteln wird eine Reihe von Eigenschaften erwartet: sie sollen

- hautverträglich und ungiftig sein
- ein Absorptionsmaximum im Bereich der höchsten Erythem-Empfindlichkeit, also im UV-B-Bereich zwischen 295 - 315 nm, sowie möglichst hohe optische Dichte auch im UV-A-Bereich besitzen
- in Gegenwart von Wasser und Schweiß chemisch stabil sein
- keine unerwünschten Farbänderungen erzeugen, keine Umsetzungen mit der Haut eingehen und nicht in die Haut penetrieren
- photostabil sein, d. h. sich nicht unter der Einwirkung von Licht verändern
- gutes Haftvermögen auf der Haut oder in den oberen Hautschichten aufweisen

Man unterscheidet zwischen zwei Gruppen von Lichtschutzmitteln:

1. Primäre Lichtschutzstoffe. Sie absorbieren oder reflektieren die UV-Strahlen auf der Hautoberfläche bzw. in der Hornschicht.
2. Sekundäre Lichtschutzstoffe. Sie unterbrechen die photochemische Reaktionskette in der Haut, indem sie reaktionsfähige Verbindungen (beispielsweise Sauerstoff-Radikale, Peroxide und andere reaktive Verbindungen) abfangen, die durch die UV-Bestrahlung entstanden sind.

Lichtschutzmittel der 1. Gruppe werden in der Tab. 8.3 aufgeführt. Sie absorbieren entweder UV-A- oder -B-Strahlen, während Breitbandfilter UV-A- und UV-B-Strahlen herausfiltern. Als reflektierende (lichtbrechende) Deckpigmente, die außerdem in gewissem Umfang auch UV-Strahlen absorbieren, werden Titandioxid (TiO_2), Zinkoxid (ZnO), Magnesiumoxid (MgO), Eisenoxid (Fe_2O_3), Kaolin, Magnesiumsilikat, Bentonit und seltener Talkum verwendet, die für eine optimale Wirkung besonders fein gemahlen (mikronisiert) sind und dadurch transparent wirken. Einige dieser mineralischen Pigmente weisen eine Eigenfärbung auf und können dadurch gleichzeitig die Deckfunktionen eines Make-up übernehmen. Die Deckpigmente werden stets dann verwendet, wenn ein sehr hoher Lichtschutz erwünscht ist, z. B. für einen Aufenthalt im Hochgebirge.

Allen nicht reflektierenden Lichtschutzmitteln ist hinsichtlich ihrer chemischen Struktur die Eigenschaft gemeinsam, mindestens vier konjugierte Doppelbindungen (siehe Abb. 4.23) zu enthalten, die als „Antennen" zum Einfangen der UV-Strahlen wirken und diese Strahlen anschließend in Wärme umwandeln. Von den verschiedenen in der Praxis bewährten Lichtschutzmitteln werden in der Tab. 8.3 einige wichtige Vertreter vorgestellt. Besonders häufig werden Zimtsäure und deren Abkömmlinge zum Lichtschutz gegen UV-B eingesetzt. Bereits im Abschn. 4.4 wurde darauf hingewiesen, dass Aloe vera-Gel durch den Gehalt an Zimtsäureverbindungen und an Cumarsäure (die sich von der Zimtsäure nur durch eine zusätzliche OH-Gruppe unterscheidet) Lichtschutzwirkungen entfaltet. In kosmetischen Lichtschutzpräparaten wird vor allem para-Methoxyzimtsäure eingesetzt, die mit 2-Ethylhexanol verestert ist (Octyl Methoxycinnamate).

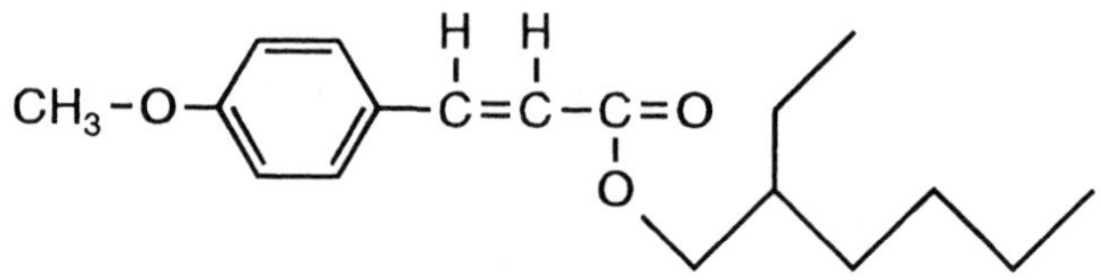

p- Methoxyzimtsäure-2-ethylhexyl-ester

Beispielsweise enthält Sebamed® Sonnenschutz- und Pflegelotion F6 dieses Zimtsäurederivat (Tab. 8.4). An zweiter Stelle stehen Dibenzoylderivate (P. FINKEL: Formulierung kosmetischer Sonnenschutzmittel, *Parfümerie und Kosmetik* **80**(3), 10-16 [1999]). Die meisten verfügbaren UV-Filter schützen gegen UV-B, während nur vier einen nennenswerten Schutz vor UV-A-Strahlen bieten. Kurioserweise wirken die meisten UV-A-Filter photoallergisch.

Zu den sekundären Lichtschutzmitteln gehören Vitamin E und weitere Antioxidantien. Diese Stoffe zählen zwar nicht zu den UV-B-absorbierenden Verbindungen; aber durch ihre Fähigkeit, die nach UV-Bestrahlung erzeugten Radikale wegzufangen, wird die Erythembildung nach UV-B-Strahlung zumindest verzögert (siehe auch Abschn. 7.2 und Abb. 7.1). Außer Vitamin E werden Vitamin C und β-Carotin (siehe Abb. 5.2) als sekundäre Lichtschutzmittel verwendet. In Lichtschutzmitteln wird häufig β-Carotin auch deshalb beigemischt, weil es eine schnelle Direkttönung erlaubt. β-Carotin entfaltet seine Wirkung besonders nach oraler Aufnahme („Sonnenschutz von Innen").

In der sog. Göttinger Liste (S. SCHAUDER: Göttinger Liste. Grosse Verlag, Berlin, 1991) sind rund 1000 lichtfilterhaltige Lichtschutzmittel und Kosmetika mit ihren Inhaltsstoffen aufgeführt, die in der Bundesrepublik Deutschland vertrieben werden. Die Liste soll die Zuordnung möglicher Unverträglichkeiten zu bestimmten Präparaten erleichtern und den Herstellern Rezepturänderungen nahelegen.

8.3.1 Der Lichtschutzfaktor

Die Dosierung eines Lichtschutzmittels ist von dem jeweiligen Verwendungszweck und der Vorbräunung des Benutzers abhängig. Das Ausmaß des Lichtschutzes wird durch den **Lichtschutzfaktor** (LSF) angegeben, der manchmal auch als Sun protection factor bezeichnet und mit SPF oder SF abgekürzt wird:

Tab. 8.3 Struktur und Eigenschaften einiger Lichtfilter

UV-Strahlenfilter	Wichtiger Strukturbereich im Lichtfilter	DB[1)]	A[2)]	L[3)]	UV[4)]
p-Aminobenzoesäurederivate, z. B. PEG-25-PABA	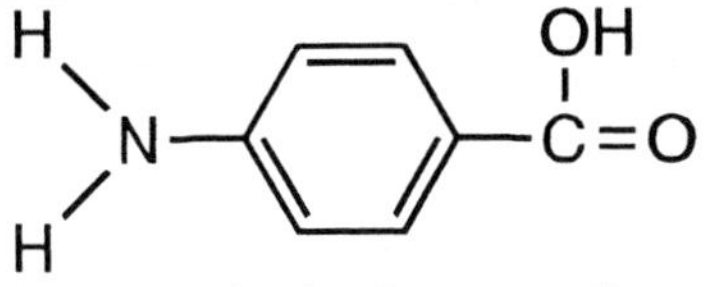 para-Aminobenzoesäure	4	293	W	UV-B
Zimtsäurederivate, z. B. Methoxyzimtsäure-2-ethylhexylester	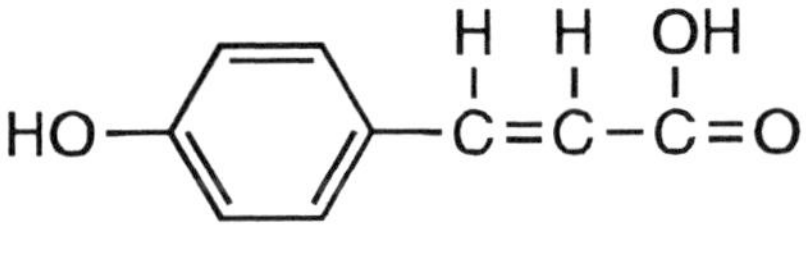 Zimtsäure	5	307	Ö	UV-B
Benzimidazolderivate, z. B. Phenylbenzimidazol-5-sulfonsäure (Eusolex® 232)	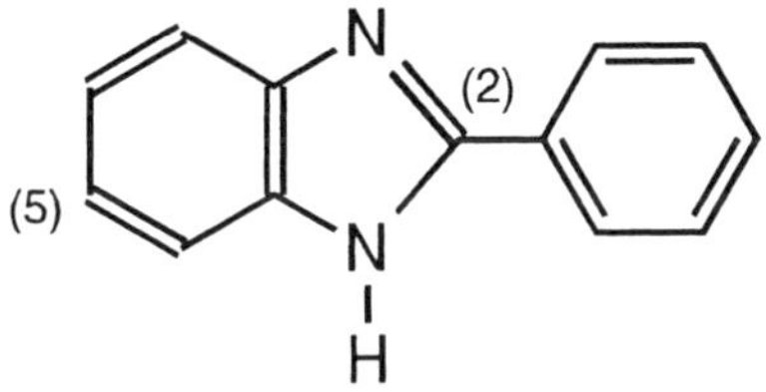 2-Phenylbenzimidazol	7	305 u. 320	W	UV-B
Dibenzoylderiv. z. B. 1-(4'-Isopropylphenyl)-3-phenylpropan-1,3-dion (Eusolex®8020)	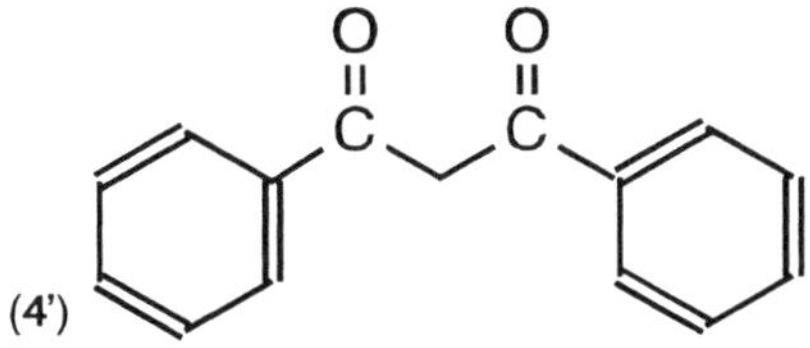 Dibenzoyl-methan	2x4	345	Ö	UV-A
Benzophenonderivate, z. B. 2-Hydroxy-4-methoxybenzophenon (Eusolex®4360)	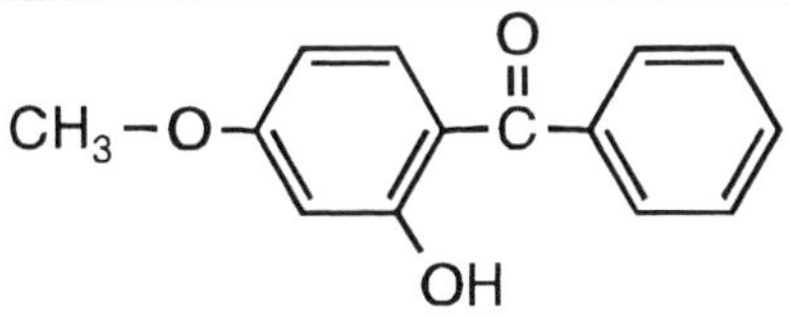 2-Hydroxy-4-methoxy-benzophenon	7	287 u. 325	Ö	UV-A u. UV-B

1) Anzahl der konjugierten Doppelbindungen
2) Absorptionsmaximum des Lichtschutzfilters in nm
3) Löslichkeit in Wasser (W) oder Öl (Ö)
4) Lichtschutzwirkung im UV-A- und/oder UV-B-Bereich

Tab. 8.4 *Zusammensetzung der Sebamed® Sonnenschutz- und Pflegelotion F6 (mit LSF 6) unter Angabe der wichtigsten Bestandteile der kosmetischen Zubereitung*

Phase oder Funktion	Substanz
Ölphase	Mineralöl
Verbesserung der Spreitung	Cyclomethicon (s. Abschn. 6.3.1)
Wasserphase	Demineralisiertes Wasser
Emulgator für W/O-Emulsion	Polyethylenglycol
Emulsionsstabilisator	PEG-45/Dodecylglycol-Copolymer (siehe Abschn. 6.2.3)
Wirkstoffe	
UV-B-Lichtschutzfaktor	Methoxyzimtsäure-2-ethylhexylester
Feuchtigkeitsmittel	Sorbit (siehe Abb. 6.9)
Puffermischung	Citronensäure und Natriumcitrat (siehe Abschn. 3.11)
Radikalfänger	Vitamin E-Acetat (s. Abschn. 7.2)
Hautregeneration nach Entzündung	D-Panthenol (siehe Abschn. 7.2) Allantoin (s. Abschn. 7.4.4)
Entzündungshemmung	Kamillenextrakt (s. Abschn. 7.4.3)
Konservierungsstoffe	Methyl- und Propylester der p-Hydroxybenzoesäure (s. Abschn. 6.7) Sorbinsäure (s. Abschn. 6.7)

$$\frac{\text{Erythemschwellenzeit der geschützten Haut}}{\text{Erythemschwellenzeit der ungeschützten Haut}} = \text{LSF}$$

(Statt Erythemschwellenzeit wird auch der Ausdruck Minimale Erythemdosis MED verwendet.) Man kann den Lichstschutzfaktor (LSF) als „Verlängerungsfaktor für den ungetrübten Sonnengenuss" bezeichnen. Der LSF entspricht also dem Vielfachen der Zeit, mit der man sich in der Sonne aufhalten kann im Vergleich zu der Zeit, die unter sonst gleichen Bedingungen mit ungeschützter Haut bis zu den ersten Zeichen eines Erythems vergeht.

Je nach Lichtempfindlichkeit, Vorbräunung, Hautdicke, Körperregion und anderen persönlichen Merkmalen ist die Individualzeit der Verträglichkeit verschieden. Wenn man davon ausgeht, dass in den Ländern am Mittelmeer im Sommer auf der ungeschützten Haut nach 20 Min. die minimale Erythemdosis (Erythemschwellenzeit) erreicht ist, so ergibt sich (unter Berücksichtigung eines Sicherheitsbereiches von 100 %) die mögliche Belichtungszeit, bei der unter

Verwendung eines bestimmten Lichtschutzmittels noch kein Erythem zu erwarten ist, gemäß der Formel:

10 x LSF = voraussichtlich geschützte Belichtungszeit in Min.

Nach einem zweiwöchigen Aufenthalt im Süden erzeugt die durchschnittliche Bräunung eines Menschen mit Hauttyp III (Tab. 8.5) einen Lichtschutz mit LSF 10. Mit zunehmender Gewöhnung an die Sonne verlängert sich die Eigenschutzzeit, in der ein ausreichender Schutz durch die Melaninbiosynthese und Bildung einer Lichtschwiele gewährleistet ist, so dass man auf Präparate mit niedrigerem Lichtschutzfaktor übergehen kann. So genügt für eine an Sonne bereits gewohnte Haut oder bei kurzen Sonnenbädern der Lichtschutzfaktor 3, während die Licht-ungewohnte Haut oder der Aufenthalt unter starker Sonne (Hochgebirge, Tropen) Lichtschutzmittel mit Faktoren über 10 erfordert. Dunkelhaarige Typen sind im allgemeinen weniger empfindlich als hell- oder rothaarige (Tab. 8.5). Die unterschiedlichen Pigmentierungstypen sind nicht auf eine unterschiedliche Anzahl von Melanocyten in der Haut zurückzuführen, sondern auf die feinere oder gröbere Verteilung der Melanosomen in der Haut: Je feiner die Melaninverteilung erfolgt ist, desto dunkler ist die Haut. Für die Auswahl eines Lichtschutzmittels mit optimalem LSF sind mehrere Kriterien maßgebend:

- Pigmentierungstyp (Hauttyp, siehe Tab. 8.5)
- Vorbräunung
- Einfallswinkel der Sonnenstrahlen (der vom Breitengrad des Aufenthaltsortes abhängt)
- Jahreszeit (Einfluss der Höhe des Sonnenstandes, Tageslichtdauer)
- Beschaffenheit des Aufenthaltsortes (Schnee oder See als UV-reflektierende Medien; Höhe im Vergleich zur Meereshöhe, da die in größerer Höhe verminderte Luftschicht UV-Strahlen in geringerem Maße zurückhält)

Während der Schutz vor UV-B-Strahlenschäden bei Verdopplung niedriger LSF steil ansteigt (mit LSF 2 wird die eingestrahlte Energie um 50 %, mit LSF 4 um 75 % und mit LSF 10 um 90 % vermindert), ergeben sich bei höheren LSF nur noch geringe prozentuale Steigerungen der Produktleistung. Beispielsweise vermindert ein Präparat mit LSF 20 die eingestrahlte Energie um 95 %, während mit LSF 50 nur eine geringe Steigerung des Schutzes mit einer Reduktion der eingestrahlten Energie um 98 % erfolgt. Die Angabe hoher LSF (höher als LSF 20) täuscht daher einen höheren Schutz vor, als es tatsächlich möglich ist. Der Dachverband der Europäischen Kosmetikindustrie hat daher vorgeschlagen, die Schutzklassen für Sonnenschutzmittel wie folgt zu definieren:

- LSF 2 bis 5 — niedriger Schutz
- LSF 6 bis 11 — mittlerer Schutz
- LSF 12 bis 19 — hoher Schutz
- LSF 20 und höher — sehr hoher Schutz

Die Lichtschutzfaktoren werden experimentell an Versuchspersonen ermittelt, die einer UV-B-Bestrahlung mit oder ohne Lichtschutz ausgesetzt werden. Da UV-A-Strahlen keine Erytheme auslösen (aber in tieferen Schichten chronische Lichtschäden verursachen, die zu Bindegewebsveränderungen führen), ist die Bestimmung von Lichtschutzfaktoren für Lichtschutzmittel gegen UV-A nur indirekt möglich. Ein ausreichender Schutz gegen UV-A liegt dann vor, wenn das Lichtschutzmittel dem „australischen Standard" genügt. Diese Angabe besagt, dass das Lichtschutzmittel höchstens 10 % der einwirkenden UV-A-Strahlen passieren lässt.

Da die Lichtschutzwirkung einer Substanz von ihrer Konzentration, Schichtdicke auf der Haut, Eindringtiefe und -schnelligkeit in die Haut sowie von der Art der Begleitsubstanzen abhängt, kann ein Lichtschutzfaktor stets nur für das komplette Präparat und nicht für das eigentlich wirksame Lichtfilter festgelegt werden. Lichtschutzmittel mit LSF oberhalb von 20 nennt man häufig Sun-Blocker, da sie in der Regel auch bei ganztägiger Besonnung keinen Sonnenbrand entstehen lassen.

Tab. 8.5 Zusammenhang zwischen Hauttyp, Hautreaktion und UV-Bestrahlung sowie empfohlenen Lichtschutzfaktoren

Hauttyp	Hautreaktion	Lichtschutzfaktoren am 1. Tag des Sonnenurlaubs	Lichtschutzfaktoren am 7. Tag des Sonnenurlaubs	Lichtschutzfaktoren am 14. Tag des Sonnenurlaubs
I helle bis rote Haare, helle bis blaue Augen	sofort Sonnenbrand, schwache Bräunung	15	12	12
II blonde Haare, hellhäutig	schnell Sonnenbrand, geringe Bräunung	12	8	6
III dunkle Haare, dunkle Augen	langsam entstehender Sonnenbrand, mittlere Bräunung	10	6	4
IV dunkle Haare, dunkle Augen, „Südeuropäer"	selten Sonnenbrand, gute Bräunung	6	4	2
V schwarze bis blauschwarze Haare, dunkle Augen, „Südamerikaner", Japaner, Afrikaner	selten Sonnenbrand, starke Pigmentierung	2	-	-

8.3.2 Die Lichtschutzwirkung ist von der Zusammensetzung der Präparate abhängig

Bei gleicher Konzentration des Lichtschutzmittels hängt die Lichtschutzwirkung von der Schichthöhe ab, die sich nach dem Auftragen des fertigen Präparates auf der Haut ergibt. Sonnenschutzöle und alkoholisch-wässrige Lösungen sind wegen der dünnen Auftragsfilme nur von geringem Nutzen. Mit Ölen werden daher in der Regel höchstens LSF bis zu 4 erreicht*). Einerseits versucht man, die Schichtdicke auf der Haut durch den Zusatz an Paraffinölen zu erhöhen, andererseits darf aber wegen des möglichen Wärmestaus der Ölfilm nicht zu dick werden.

Den Hauptanteil der wirksamen Präparate stellen O/W- und W/O-Emulsionen (als Milche oder Cremes). Zubereitungen in W/O-Emulsionen sind zwar wasserfest, erreichen aber selten höhere LSF als 8. In der Regel sind die nicht fettenden O/W-Emulsionen günstiger, weil der erzielte Lichtschutz durch die Wasseraufnahme der Epidermis und die damit verbundene Quellung der Hornschicht verbessert wird. Andererseits bieten Lichtschutzmittel als W/O-Emulsionen besonders beim Wintersport die Möglichkeit, die Haut vor dem Austrocknen zu bewahren. Gleichzeitig verbessern solche Zubereitungen den Kälteschutz.

Fettfreie Lichtschutzmittel-Zubereitungen haben sich in der Praxis bei Patienten bewährt, die zu einer als „Mallorca-Akne“ beschriebenen Empfindlichkeit gegenüber den in Hautpflegemitteln enthaltenen Emulgatoren und Ölen neigen. Hierunter versteht man eine polymorphe Lichtdermatose, die durch UV-B- oder UV-A-Strahlen und sogar durch sichtbares Licht ausgelöst werden kann. Es bilden sich stark juckende Knötchen mit gerötetem Hof, die ohne weitere Belichtung nach einiger Zeit ohne Narbenbildung abheilen. Meist treten diese Reizungen der Follikelausgänge an lichtungewohnten Hautstellen auf, z. B. im Bereich des Dekolletés und der Schulterregion, jedoch nicht im Gesicht.

8.4 Chemische Hautbräunung

In der Mehrzahl der Präparate ist als Bräunungsmittel **Dihydroxyaceton** eingearbeitet, dem meist Juglon (Walnussschalen-Extrakt, siehe Abschn. 7.4.7) oder das chemisch ähnliche Lawson (Henna-Extrakt, 2-Hydroxy-1,4-naphthochinon) zugemischt werden. In geringem Maße bieten diese Färbemittel auch einen Schutz vor UV-A-Strahlen. Dihydroxyaceton reagiert mit freien und in Eiweiß gebundenen Aminosäuren der Hornschicht. Dabei entstehen wasserfeste, gefärbte Verbindungen, die hinsichtlich ihrer Zusammen-

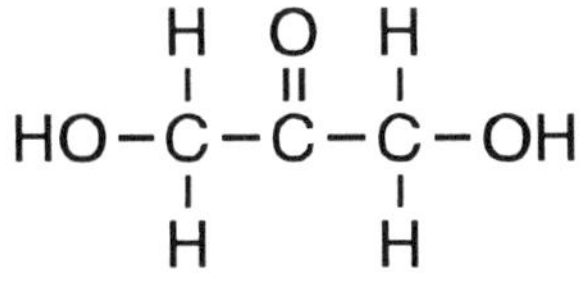

Dihydroxyaceton

*) K. SCHRADER und S. BIELFELDT: Grundlagenuntersuchungen zur Verhinderung von Lichtschäden auf der menschlichen Haut. *Parfümerie und Kosmetik* **70**:460-468 (1989).

setzung und des Verlaufs der Bildung mit der braunen Brotrinde vergleichbar sind (Maillard-Reaktion unter Bildung Melanin-ähnlicher Verbindungen). Unverträglichkeiten bei der Selbstbräunung mit Dihydroxyaceton sind noch nie beobachtet worden. Dihydroxyaceton entsteht in der Form einer Phosphorsäureverbindung in den Zellen unseres Körpers beim Stoffwechsel von Glucose.

Um Dihydroxyaceton gleichmäßig auftragen zu können, wird es vorzugsweise in O/W-Emulsionen angewendet, die bis zu 5 % Dihydroxyaceton enthalten. Durch Zumischung anderer Hydrxoymethylketone, wie Erythrulose, und von Glycerinaldehyd oder Alloxan lassen sich die Brauntöne variieren. Alloxan reagiert mit den Schwefelgruppen des Keratins unter Bildung von Alloxanthin. Wenn eine stärkere Bräunung erwünscht ist, muss der Selbstbräuner im Abstand von einigen Stunden mehrmals aufgetragen werden. Für eine gleichmäßige Bräunung muss die Anwendung etwa alle vier Tage wiederholt werden.

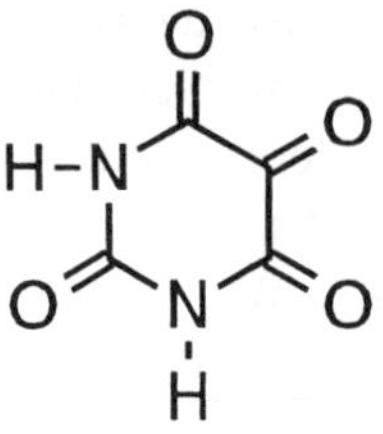

Alloxan

Nussöle werden fälschlicherweise zu den Sonnenschutzölen gerechnet, obwohl es sich um ölige Extrakte der unreifen Walnussfruchtschale handelt, die reich an Hydrojuglon sind. Dieses Naphthalinderivat geht unter Lufteinwirkung in das hautbräunende Juglon über (siehe Abschn. 7.4.7).

Pre-Tan-Produkte sind meist flüssige O/W-Emulsionen mit Tyrosin oder Tyrosin-Derivaten. Sie müssen einige Tage vor der Sonneneinwirkung angewendet werden und sollen die Bereitstellung des Tyrosins als Vorläufer der Melaninbildung optimieren. **After-Sun-Produkte** sollen den lichtbedingten Rückgang der Talgdrüsenaktivität ausgleichen, wodurch die Haut austrocknet. Daher enthalten diese Präparate Feuchtigkeitsmittel, unterscheiden sich also nicht wesentlich von den entsprechenden Hautpflegepräparaten.

8.5 Fragen zur Selbstkontrolle

8-1 Welcher Zusammenhang besteht zwischen der Wellenlänge von UV-Strahlen und ihrer Energie?
8-2 Welche UV-Strahlen dringen besonders tief in die Haut ein?
8-3 Welche Bedeutung hat die Ozonschicht in der Erdstratosphäre?
8-4 Nennen Sie zwei biologisch wichtige Wirkungen von UV-Strahlen auf die Haut.
8-5 Welche Bedeutung hat die Lichtschwiele für den UV-Strahlenschutz?
8-6 Worauf beruht die unterschiedliche Pigmentierung hell- oder dunkelhäutiger Menschen?
8-7 Nennen Sie einige Kriterien, die für die Auswahl eines Lichtschutzmittels wichtig sind.

9. RIECHSTOFFE

Im Gesamtkonzept eines kosmetischen Produktes spielen die **etherischen Öle** eine herausragende Rolle. Diese Öle sind leicht flüchtige Verbindungen, welche die Grundlage für den Wohlgeruch von Pflanzen und Pflanzenteilen bilden. Allein aus diesem reichhaltigen Angebot natürlicher Riechstoffe lässt sich durch überaus zahlreiche **Parfüm**-Kreationen (s. Abschn. 9.4) ein Geruchseindruck entwickeln, der durch einen gewünschten Duft die jeweilige persönliche Note unterstreicht. Bei der Parfümierung **funktioneller Kosmetika** sollen die zugesetzten Riechstoffe ein qualitativ hochwertiges Erzeugnis markieren oder – wie im Fall von Shampoos oder Seifen – durch frische Noten den Reinigungseffekt dieser Zubereitungen betonen. In beiden Fällen dienen die Riechstoffe letztendlich dazu, den Kaufanreiz zu erhöhen. Seltener werden durch Parfümierung störende Eigengerüche der verwendeten Grundstoffe überdeckt.

Etherische Öle sind pflanzliche Sekrete, die in speziellen Sekretzellen, Haarzellen oder -gängen gespeichert werden und in allen Pflanzenteilen vorkommen können, z. B. in Wurzeln, Rinden, Stängel, Nadeln, Blättern, Knospen, Blüten, Früchten, Fruchtschalen und Samen (Tab. 9.1). Diese Öle sind Mischungen aus zahlreichen Substanzen und meist wenig löslich in Wasser. Sie sind dagegen gut löslich in Ethanol, Ether und fetten Ölen, weil die Einzelstoffe stark lipophile Eigenschaften besitzen. Im Gegensatz zu den fetten Ölen verdunsten etherische Öle ohne Rückstand, hinterlassen also keinen „Fettfleck".

Es sind bis heute rund 3500 chemisch definierte Riechstoffe bekannt, wovon nur noch etwa 400 aus pflanzlichem oder tierischem Material isoliert werden. Ihnen steht die wesentlich größere Gruppe der voll- oder halbsynthetischen Riechstoffe gegenüber, zu denen Vertreter aus nahezu allen Verbindungsklassen der organischen Chemie zählen. Bei synthetischen Riechstoffen stellt man naturidentische Verbindungen her und ahmt demnach den natürlichen Geruchsbildner nach, oder man entwickelt völlig neuartige, in der Natur nicht bekannte Riechstoffmoleküle, mit denen auch neue Geruchsnoten möglich sind.

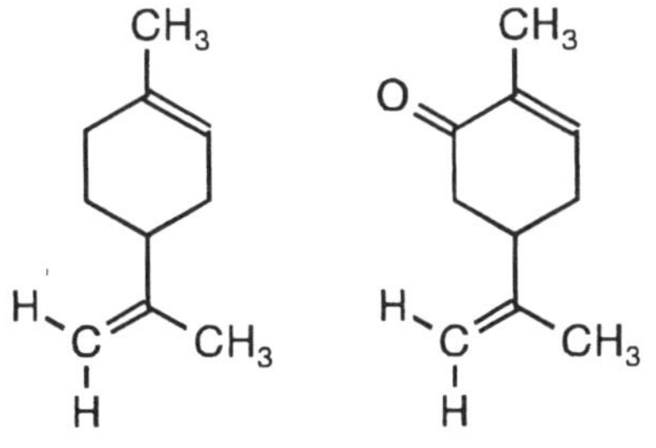

Limonen Carvon

Die meisten natürlichen Riechstoffe gehören zur Gruppe der Monoterpene, die 10 C-Atome enthalten. So ist das zitronenartig riechende **Limonen** ein ringförmiger (monocyclischer) gesättigter Kohlenwasserstoff, der sehr licht- und wärmeempfindlich ist und durch Oxidation in das nach Kümmel riechende **Carvon** übergeht, das zu den Ketonen zählt. Der Hauptbestandteil des Pfefferminzöls besteht aus dem monocyclischen Monoterpenalkohol **Menthol** und wird vor allem Mund- und Zahnpflegemitteln zugesetzt.

Tab. 9.1 Vorkommen verschiedener etherischer Öle

Etherisches Öl	Pflanzenteil	Pflanze	Geruchsbeschreibung
Rosenöl	Blütenblätter	Rose (*Rosa centifolia*)	blumig
Jasminöl		Jasmin (*Jasminum grandiflorum*)	blumig-honig
Neroliöl		Orangenbaum (*Citrus aurantium* L.)	blumig-würzig
Patchouliöl	Blätter	*Pogestemon patchouli*	blumig-süß
Petigrainöl		Orangenbaum	würzig-krautig
Fichtennadelöl	Nadeln	*Picea abies*	würzig-krautig
Vetiver	Wurzeln	Grasart (*Vetiveria zizanoides* L.)	holzig-balsamisch
Anisöl	Samen	*Pimpinella anisum* L.	aromatisch
Sandelholzöl	Holz	Sandelbaum (*Pterocarpus santallinus* L.)	balsamisch-süß
Cedernholzöl		amerikan. Ceder	süßlich-holzig
Zimtöl	Rinde	Zimtbaum (*Cinnamomum ceylanicum* BL.)	süßlich-holzig
Myrrhe	Harz	Balsambaumgewächse (z. B. *Commiphora molmol*)	balsamisch-orientalisch
Galbanumöl		*Ferula galbaniflua*	holzig-balsamisch
Orangenöl	Fruchtschale	*Citrus aurantium* L.	fruchtig-aromatisch
Bergamottöl		*Citrus bergamia*	frisch, spritzig
Vanillin	Frucht (Kapsel)	*Vanilla fragrance*	aromatisch

Nerol als Vertreter der acyclischen Monoterpene wurde bereits im Abschn. 6.7 vorgestellt. Auch Citronellol und **Citronellal**, die beide nach Rosen duften, gehören zu dieser Gruppe. Schließlich zählen noch bicyclische Monoterpene zu den Inhaltsstoffen etherischer Öle. Zu dieser Verbindungsgruppe gehören das bereits im Abschn. 7.4.2 beschriebene 1,8-Cineol, α-Pinen (gesprochen alpha-Pinen), Campher und **Borneol**, das ebenfalls campherartig riecht und in vielen etherischen Ölen, wie Baldrian-, Coriander- und Thujaöl in wechselnder Menge vorhanden ist. Aufgrund der vorhandenen (oder abwesenden) Sauerstoff-haltigen Reste kann man die Monoterpene in reine Kohlenwasserstoffe (z. B. α-Pinen), Alkohole (z. B. Borneol oder Menthol), Ketone (z. B. Campher oder Carvon), Aldehyde (z. B. Citronnellal) und Ether (z. B. Cineol) einteilen.

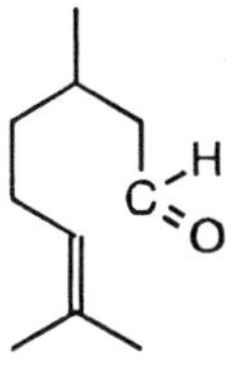
Citronellal

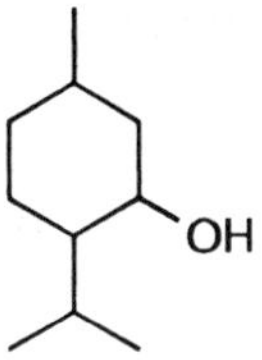
Menthol

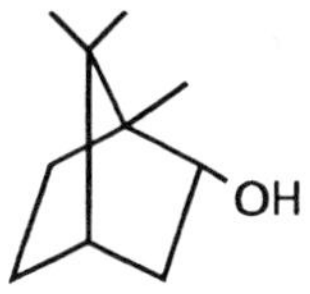
Borneol

Die zweite große Gruppe von Inhaltsstoffen etherischer Öle besteht aus aromatischen Verbindungen (s. Abschn. 4.1). Die Formel für Phenylethylalkohol des Rosenöls ist bereits im Abschnitt 6.7 aufgeführt. Weitere aromatische Verbindungen mit Riechstoffcharakter sind **Vanillin** sowie **Anethol** (Hauptinhaltsstoff des Anisöls) und **Zimtaldehyd**.

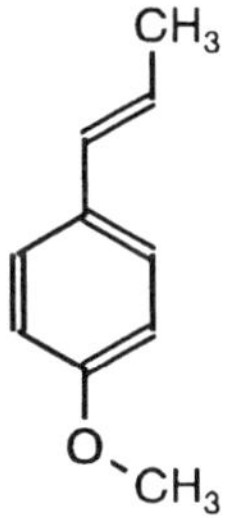
Anethol
p-Methoxy-propenylbenzol

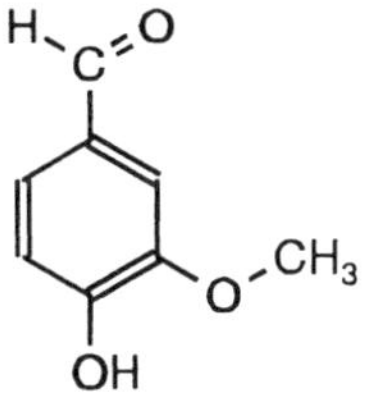
Vanillin

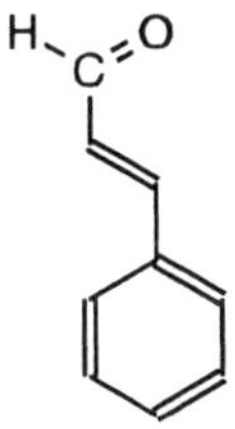
Zimtaldehyd

Carbonsäuren gehen nach Veresterung in wohlriechende Verbindungen über, z. B. dient Essigsäureethylester (Ethylacetat) als Fruchtessenz oder der Methylester der Anthranilsäure als synthetisches Neroliöl. Ebenso wird Essigsäurebenzylester als billiger Ersatzriechstoff anstelle des teuren Jasminöls verwendet, so dass inzwischen viele Toilettartikel nach Jasmin duften. In der Tab. 4.10 sind weitere Vertreter wohlriechender Ester aufgeführt.

$$CH_3-\overset{\overset{\displaystyle O}{\|}}{C}-O-CH_2-CH_3$$

Essigsäureethylester

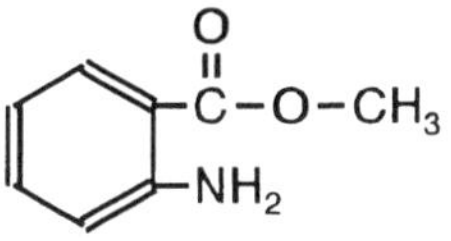
Anthranilsäure-methylester

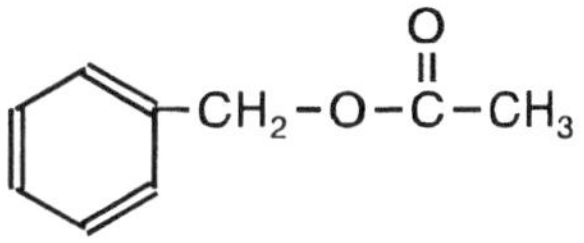
Essigsäurebenzylester

Zahlreiche blumen- oder obstartige Gerüche werden von langkettigen Aldehyden mit 8 bis 13 C-Atomen entwickelt. Zu den bekanntesten Riechstoffen aus dieser Gruppe gehören Laurinaldehyd (C_{12}), Citral (C_{10}) oder Zimtaldehyd (C_9). Inzwischen sind zahlreiche auch ökonomisch vertretbare Synthesewege für naturidentische oder halbsynthetische Riechstoffe entwickelt worden. Eine vorzügliche Übersicht der chemischen Synthese und Eigenschaften von Riechstoffen bietet die Monographie von G. OHLOFF, die im Kap. 10 zitiert ist.

neten Moleküle weisen zwar nur geringfügige Strukturunterschiede auf, haben aber sowohl qualitativ als auch quantitativ veränderte Geruchseigenschaften. Der Laie erkennt diese Besonderheit in der chemischen Struktur der Moleküle häufig am systematischen Namen der jeweiligen Riechstoffe, beispielsweise an der Vorsilbe cis oder trans bzw. an L oder D im Fall von optisch aktiven links- oder rechtsdrehenden Verbindungen (wie bei cis-Jasmon, L-Menthol, trans-Decenal usw.). Die Entwicklung spezifischer Syntheseverfahren und geeigneter Trennmethoden diastereomerer Verbindungen gehört zu den herausragenden Aufgaben der modernen Riechstoffindustrie (D. KASTNER: Die Riechstoffindustrie am Ausgang des zwanzigsten Jahrhunderts. *Parfümerie und Kosmetik* **73**:6-12 [1992]).

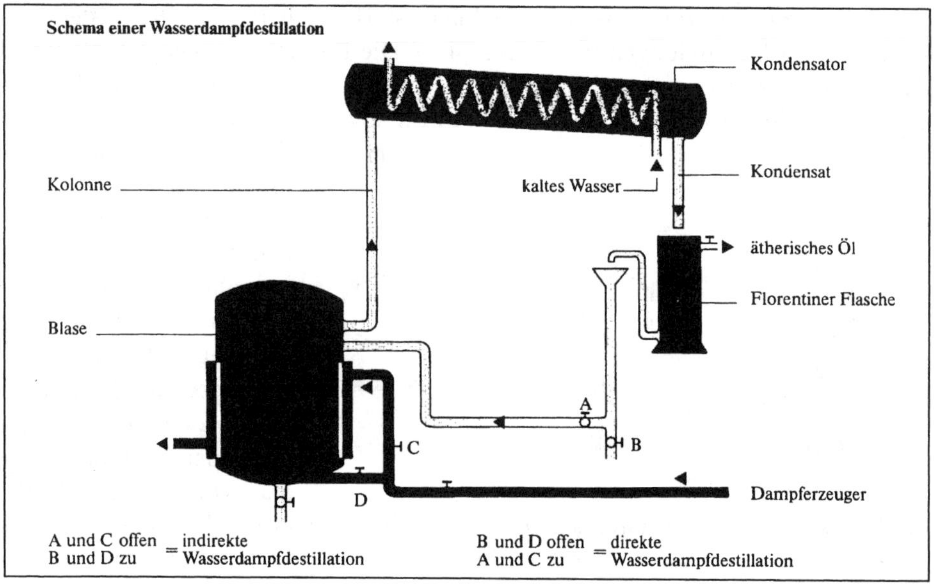

Abb. 9.1 Schema einer Wasserdampfdestillation. Die zerkleinerten Blüten (oder anderes pflanzliches Material) werden in der Blase durch Dampf erhitzt. Dabei gehen die etherischen Öle zusammen mit dem Wasserdampf zunächst in die Gasphase über und werden anschließend im Kondensator (Kühler) abgekühlt und wieder verflüssigt. Das etherische Öl (mit niedrigerem spezifischen Gewicht) wird in der „Florentiner Flasche" aus der oberen Fraktion des Destillates abgezogen. Die Abbildung stammt aus dem H & R Lexikon, © Glöss Verlag, Hamburg.

9.1 Herstellung von Riechstoffen

Für die Gewinnung von Riechstoffen aus Pflanzen stehen verschiedene Methoden zur Verfügung. Bei der **Wasserdampfdestillation** (Abb. 9.1) wird Wasserdampf durch eine Aufschwemmung von zerriebenen Pflanzenteilen (z. B. Blütenblättern) geleitet. Der Wasserdampf nimmt die leicht flüchtigen etherischen Öle mit, die meist nur wenig wasserlöslich sind und in der Regel ein spezifisches Gewicht unter 1 haben, so dass sie auf dem Destillat schwimmen.

Falls die etherischen Öle wasserlöslich sind, bilden sich **Blütenwässer**, wie Rosenwasser, Lavendelblütenwasser oder Orangenblütenwasser. Diese Wässer werden zur Herstellung von Lotionen herangezogen. Die Wasserdampfdestillation zählt zu den wirtschaftlichen Gewinnungsverfahren für etherische Öle. Durch Wasserdampfdestillation von Nadeln und Zapfen verschiedener Nadelholzgewächse erhält man Fichtennadelöl, Kiefernnadelöl usw. Hauptriechstoff dieser Öle ist Bornylacetat (also die mit Borneol veresterte Essigsäure), dessen Gehalt im Kiefernnadelöl bis zu 4 % und im Hemlock-Tannenöl sogar max. 53 % betragen kann.

Ein wichtiges Beispiel für die Anwendung der Wasserdampfdestillation ist die Gewinnung von Rosenöl aus den Blütenblättern von *Rosa centifolia* oder anderen Rosenvarietäten. Aus 3 - 4 Tonnen Rosenblütenblättern erhält man etwa 1 kg Rosenöl. Hauptinhaltsstoffe im Rosenöl sind Citronellol (rund 40 %) und der ebenfalls aus 10 C-Atomen bestehende Alkohol Geraniol (14 %) (Abb. 9.2). Im bulgarischen Rosenöl hat man insgesamt 275 verschiedene Substanzen identifiziert. Rose absolue, das nicht durch Wasserdampfdestillation, sondern durch Extraktion der Blüten (s. unten) mit Hexan und nachfolgender Aufnahme in Ethanol gewonnen wird, besteht zu rund 75 % aus Phenylethylalkohol (Formel s. Abschn. 6.7).

Als Hauptgeruchsträger im Rosenöl wirkt allerdings **β-Damascenon** (gesprochen beta-Damaszehnohn), das nur 0,14 % aller Inhaltsstoffe im Rosenöl ausmacht. Es gehört zur Gruppe der sog. Rosenketone, die beim Aufbau eines synthetischen Rosenöls nicht fehlen dürfen. Interessanterweise gehören β-Damascenon und der Veilcheneilchenriechstoff **β-Jonon** zu den in der Natur bis-

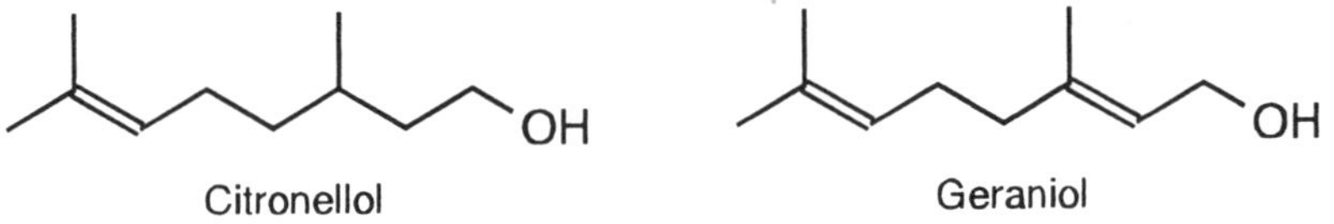

Abb. 9.2 Hauptinhaltsstoffe des Rosenöls

her gefundenen Verbindungen, die vom Menschen noch in außerordentlich großer Verdünnung wahrgenommen werden können. Beim β-Jonon fehlt im Vergleich zum β-Damascenon lediglich im Ringteil der Verbindung eine Doppelbindung.

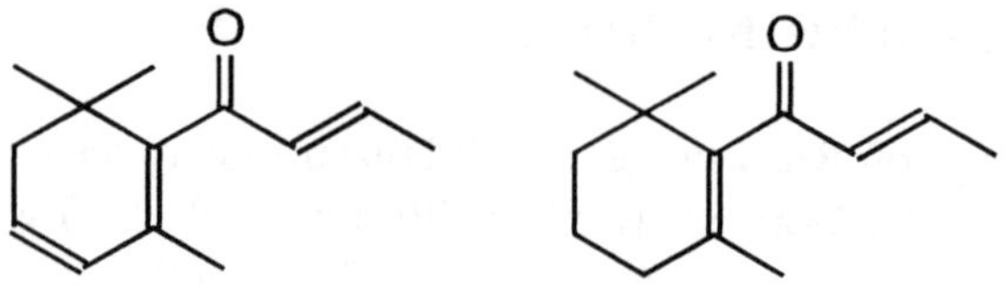

ß-Damascenon ß-Jonon

Bei der **Extraktion mit Fett** (Enfleurage a froid) werden die Blütenblätter auf eingefettete Glasscheiben verteilt, wobei die fettlöslichen etherischen Öle in das Fett einziehen und dabei eine Pomade bilden, aus der die Blütenöle mit Ethanol extrahiert werden. Diese Methode wurde besonders für die Gewinnung der etherischen Öle aus **Jasmin** und Tuberose herangezogen. Wegen der arbeitsintensiven Methode, mit der nur vergleichsweise geringe Ausbeuten an etherischen Ölen erzielt werden, wird die Extraktion mit Fett nur noch selten angewendet. Stattdessen werden die Blüten mit Alkohol extrahiert. Im Jasminöl absolue sind mehr als 100 verschiedene Stoffe enthalten, vor allem Benzylacetat und Benzylbenzoat. Für den spezifischen Geruch sind allerdings Jasmon und Methyljasmonat verantwortlich, die inzwischen synthetisch zugänglich sind.

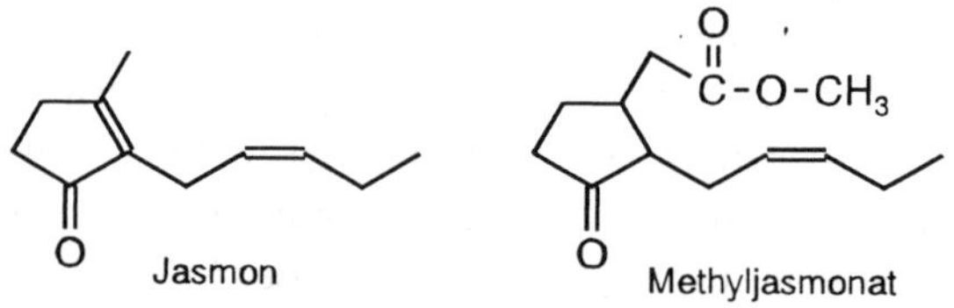

Jasmon Methyljasmonat

Zur **Extraktion mit flüchtigen Lösungsmitteln** werden Benzol oder mittellange Kohlenwasserstoffe (z. B. Heptan oder Hexan) verwendet, die aus den Pflanzengeweben außer den Riechstoffen auch noch Harze, Wachse und Farbstoffe herauslösen. Außerdem erleiden die Riechstoffe bei dieser in der Wärme stattfindenden Extraktion manchmal chemische Veränderungen. Besonders bei instabilen Verbindungen verwendet man daher stattdessen die Extraktion mit unter Druck verflüssigtem Kohlendioxid oder Butan (siehe auch Abschn. 7.4.3 mit der Beschreibung der CO_2-Extraktion der Kamillen-Inhaltsstoffe). Das technisch aufwendigere Verfahren ergibt Blütenöle, deren Duftcharakter dem der ursprünglichen Pflanzengewebe am ähnlichsten ist. Alle durch Wasserdampfdestillation erhaltenen Produkte werden als Öle bezeichnet, z. B. Rosenöl, Fichtennadelöl usw. Dagegen nennt man die durch Extraktion gewonnenen und anschließend in Ethanol aufgenommenen Riechstoffkonzentrate Absolue.

Durch **Auspressen** der Fruchtschalen von Orange, Citrone, Mandarine, Grapefruit und Limette gewinnt man Citrusöle (Agrumenöle); allerdings werden einige dieser Öle (wie die aus Neroli, Petitgrain, Limette) auch durch Wasserdampfdestillation gewonnen, wobei die Inhaltsstoffe jedoch chemische Veränderungen erleiden.

In der Grundnote von Parfüms (s. Abschnitt 9.4) werden auch Duftstoffe verwendet, die früher aus Tieren gewonnen und deshalb als gesonderte Gruppe von Riechstoffen behandelt wurden. Sie werden inzwischen aus verschiedenen Gründen aus pflanzlichen Rohstoffen durch geeignete chemische Veränderungen hergestellt. So verwendet man als Grundstoff für die Herstellung von **Ambra** die aus verschiedenen Pflanzenarten isolierten Verbindungen Manool, Larixol oder Sclareol und wandelt sie in einen Ringether am Dekalinsystem um, wobei unter anderem Ambroxan® (8α,12-Oxido-13,14,15,16-tetranorlab-an) entsteht (K. BRUNS: Ambra-Riechstoffe – Struktur und Geruch. *Henkel-Referate* **25**:118-126 [1989]).

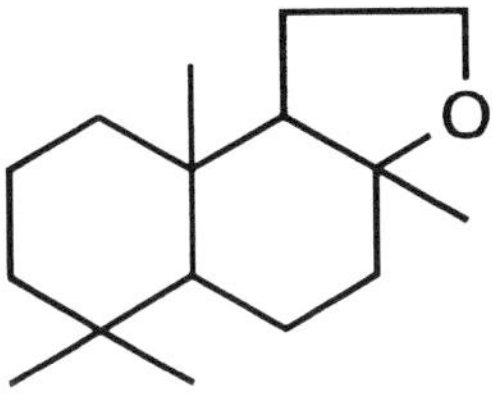

Ambroxan

kräftige Ambra-Note

9.2 Wirkungsweise der Riechstoffe

Der Geruchseindruck ist das Ergebnis einer Wechselwirkung zwischen Riechstoffmolekülen und deren Rezeptoren in der Nasenschleimhaut. Die Bindung am Rezeptor löst in der zugehörigen Nervenzelle ein elektrisches Signal aus, das zum Vorderhirn weitergegeben und in den höheren Zentren des Gehirns verarbeitet wird. Die Nachricht wird dort „entziffert" und gleichzeitig mit weiteren Erkennungsmustern verglichen. Beim Menschen stehen rund 10 bis 20 Millionen Rezeptoren zur Geruchsempfindung zur Verfügung.

Während Gerüche auch als Warnsignal empfunden werden und geeignete Abwehrmaßnahmen auslösen können - z. B. nach Wahrnehmung von ätzenden, beißenden oder anderen unangenehmen Gerüchen - erzeugt der Geruchssinn auch Gefühle der Entspannung oder des Wohlbefindens. Die Auslösung der Geruchsempfindung bei der Wechselwirkung zwischen dem Riechstoff und seinem Rezeptor, hängt von der Molekülform und der Verteilung elektrischer Ladungen auf dem Riechstoff-Molekül ab, wobei Riechstoff und Rezeptor wie „Schlüssel und Schloss" komplementäre Strukturen aufweisen müssen. Nach der Bindung am Rezeptor werden von der Riechstoffzelle Signale ausgesandt, die auch bei anderen Sinneswahrnehmungen eine Rolle spielen, z. B. bei der Übertragung der Lichtreize auf die Netzhaut im Auge. Am Ende der biochemischen Signalkette entsteht in der Zelle ein elektrisches Potential, das über die Axone der Geruchsnerven in das Gehirn weitergeleitet wird [+]).

Um die Rezeptoren der Geruchsnervenzellen reizen zu können, muss der Riechstoff einen nennenswerten Dampfdruck besitzen und daher **flüchtig** sein.

[+]) H. BREER, H. RAMING and J. KRIEGER: Signal recognition and transduction in olfactory neurons. *Biochimica et biophysica Acta* **1224**:277-287 (1994).

Andernfalls kann er nicht mit der Atemluft bis in die Riechzonen im Nasendach gelangen. Einen messbaren Dampfdruck besitzen bei Zimmertemperatur nur solche Stoffe, die ein kleines Molekulargewicht haben und nur in geringem Umfang Wasserstoff-Brückenbindungen bilden. Aus diesem Grunde hat keiner der Riechstoffe ein höheres Molekulargewicht als 300, so dass Riechstoffmoleküle durchschnittlich 12 C-Atome enthalten. Die Flüchtigkeit der Riechstoffe, ihre Zusammensetzung (aus einem schwach hydrophilen und einem stark hydrophoben Molekülteil) und der Gehalt der Riechstoffe in der Dampfphase bilden die physikalischen Grundlagen der Parfümerie.

Die Wechselwirkungen der Riechstoffmoleküle miteinander, mit der Schleimhaut in der Riechzone sowie mit der Hornhaut werden durch verschiedene Parameter beeinflusst:

- Anziehungskräfte zwischen den Riechstoffmolekülen
- Anziehungskräfte zwischen den Riechstoffen und dem Lösungsmittel
- Temperatur
- Art der Oberfläche, z. B. Einfluss der Kapillaraktivität der Haut
- Luftfeuchtigkeit und Feuchtigkeit der Haut
- Viskosität und Oberflächenspannung der Riechstoff-Zubereitung

Daher erzeugt jedes Parfüm auf der Haut eine andere Wahrnehmung, weil die Haut verschiedener Personen unterschiedliche Kapillaraktivität, Temperatur und Feuchtigkeit besitzt.

Manchmal sind Riechstoffe chemisch reaktionsfähige Verbindungen. So können einige Aldehyde, z. B. Citronellal, oder auch Limonen und andere ungesättigte organische Verbindungen wegen ihrer chemischen Instabilität die Ranzidität von Seifen beschleunigen. Allerdings besteht zwischen der chemischen Reaktivität eines Moleküls und seinen Riechstoffeigenschaften kein direkter Zusammenhang.

Riechstoffe können meist bereits in sehr geringer Konzentration wahrgenommen werden. Die Grenze der geruchlichen Wahrnehmbarkeit wird durch den **Geruchsschwellenwert** markiert, der vom Alter und von körperlicher oder geistiger Ermüdung abhängig ist. Frauen haben im allgemeinen eine höhere Geruchsschärfe als Männer. Bei beiden Geschlechtern nimmt die Geruchswahrnehmung deutlich ab, wenn das 70. Lebensjahr überschritten ist. Starkes Rauchen beeinträchtigt das Riechvermögen. Bei wenigen Menschen besteht ein partieller Ausfall der Geruchswahrnehmung, so dass man von einer spezifischen Geruchsblindheit oder **Anosmie** spricht, die etwa mit der Farbenblindheit vergleichbar ist. Aufgrund der Tatsache, dass man bis heute etwa 100 definierte verschiedene Anosmietypen kennt, schließt man, dass es mindestens 100 verschiedene Geruchsrezeptoren geben muss.

Unter **Geruchsadaption** versteht man den zeitlich begrenzten Verlust der Riechfähigkeit als Folge einer Desensibilisierung der Geruchsrezeptoren nach „Überbeanspruchung“. Dabei unterscheidet man zwischen einer Kurzzeitgewöhnung, durch die man ein Parfüm kurz nach dem Auftragen nicht mehr riecht, und einer Langzeitgewöhnung, wodurch ein Parfüm, das über eine längere Zeit regelmäßig verwendet wurde, nur noch schwach oder überhaupt nicht mehr wahrgenommen wird, obwohl eine andere Person den Duft deutlich registriert.

9.3 Duftgruppen und Duftfelder

1. Blumig-frisch
2. Blumig
3. Blumig-aldehydisch
4. Chypre
5. Orientalisch
6. Blumig-süß

Es gibt verschiedene Möglichkeiten, die Durftgruppen von Parfüms einzuteilen. Ein Beispiel einer professionellen Klassifizierung ist die Genealogie von Haarmann und Reimer, in der bei den Damen-Noten die nebenstehend aufgeführten Felder unterschieden werden. Jüngeren Datums ist die Einteilung in 13 Felder, die sieben Duftfamilien zugeordnet werden (Tab. 9.2).

Die **Grün-Noten** bestehen vorzugsweise aus synthetischen Riechstoffen, die frisch und „sportlich" duften. Sie entwickeln einen Kräuter-, Blätter- oder Wiesengeruch. Zu den **Blumigen Noten** zählen die Riechstoffe von Rose, Jasmin, Flieder, Maiglöckchen oder anderen Blüten, die häufig mit holzigen oder fruchtigen Nuancen kombiniert werden. Die Bezeichnung **Aldehyd-Noten** hängt damit zusammen, dass es sich bei den zugrundelieenden Riechstoffen vornehmlich um synthetische Fettaldehyde handelt, die in verdünnter Form lieblich und blumig duften, z. B. Laurinaldehyd (mit 12 C-Atomen). **Chypre-Noten** duften intensiv nach Blüten, besitzen Citrusfrische und entwickeln gleichzeitig würzige und herbe Noten. Häufig wird ihr Duft mit „moosig-frisch" bzw. „moosig-fruchtig" beschrieben. Die **Orientalischen Noten** sind schwer und süß. Bei diesen Kompositionen ist die Grundnote (siehe Abschn. 9.4) stark betont. **Tabak/Leder-Noten** und **Fougère-Noten** repräsentieren maskuline Duftrichtungen und werden mit „süßlich-animalisch" oder „moosig-krautig" charakterisiert.

J. S. Jellinek hat den Versuch unternommen, eine für den Verbraucher nützliche Klassifizierung von Parfüms zu konstruieren, die als Orientierungshilfe dienen soll. Sie wird von ihm als „Landkarte des Parfüms" bezeichnet und enthält an den vier Polen der „Himmelsrichtungen" Nord-Süd und Ost-West nur noch die vier Bezeichnungen kühl/warm und nicht blumig/blumig (Abb. 9.3).

9.4 Die Parfümkomposition

Die Kunst des Parfümeurs besteht darin, aus den Duftnoten eine ästhetisch ansprechende Komposition zusammenzustellen. Hierzu gehört auch, dass ein gutes Parfüm zwar lang auf der Haut haften, aber gleichzeitig nicht aufdringlich sein soll. Ein Parfüm besteht aus 40 bis 100 Bestandteilen. Nach praktischen Gesichtspunkten definiert man folgende Bausteine eines Parfüms:

Tab. 9.2 Die sieben Parfümfamilien und ihre 13 Duftfelder. Die beiden letzten Familien oder Felder werden auch als maskuline Duftnoten zusammengefasst

1. FamilieGrün-Noten	Feld 1 frisch, balsamisch
2. Familie Blumige Noten	Feld 2 fruchtig-frisch Feld 3 blumig-frisch Feld 4 blumig Feld 5 blumig-süß
3. Familie Aldehyd-Noten	Feld 6 aldehydig-blumig Feld 7 holzig-pudrig
4. Familie Chypre-Noten	Feld 8 aldehydig-frischmoosig Feld 9 blumig-moosig-animalisch Feld 10 moosig-fruchtig
5. Familie Orientalische Noten	Feld 11
6. Familie Tabak- und Ledernoten	Feld 12
7. Familie Fougère-Noten	Feld 13

Grundnote (Fond, Basis, Nachgeruch, Fixateur). Sie besteht aus schwer flüchtigen etherischen Ölen (z. B. Sandelholzöl), aus Harzen (z. B. aus Benzoeharz, das leicht vanilleartig riecht), aus Eichenmoos-Extrakten (die holzig-erdigen Charakter haben) oder aus synthetischen (naturidentischen) Duftstoffen (wie Moschus oder Ambra). In zunehmendem Maße werden auch vollsynthetische Fixateure verwendet, z. B. Polyethylenglycol (siehe Abschn. 4.2). Diese Stoffe haben die Aufgabe, die unterschiedliche Flüchtigkeit von Riechstoffen auszugleichen, damit die Riechstoffe in der Parfümkomposition gleichmäßig verdampfen und die Geruchscharakteristik des Parfüms über einen längeren Zeitraum erhalten bleibt.

Herznote (Mittelnote). Sie bildet zusammen mit der Grundnote den jeweiligen Typus des Parfüms und besteht aus mittelflüchtigen Riechstoffen, z. B. Blumenölen, wie die Düfte von Rosen, Jasmin oder Orangenblüten.

Kopfnote (Spitze, Angeruch). Sie besteht meist aus leichter flüchtigen Riechstoffen, die den zuerst merkbaren „Duftton" bilden, der in der Regel leicht oder unauffällig ist. Als Kopfnoten werden Agrumenöle (z. B. Bergamottöl), Aldehyde, Grünnoten oder Fruchtaromen herangezogen. Mit zunehmender Tragzeit des Parfüms geht die Kopfnote verloren: die Duftnote wird „dunkler" und die Herznote wird frei. Für die Parfümierung eines funktionellen Kosmetikums ist nur die „Kopfnote" wichtig, da der Duft nur unmittelbar bei der Entnahme aus dem Behälter wahrgenommen werden soll. Ein „Nachgeruch" ist nicht nur unnötig, sondern häufig auch unerwünscht (z. B. im Lippenstift).

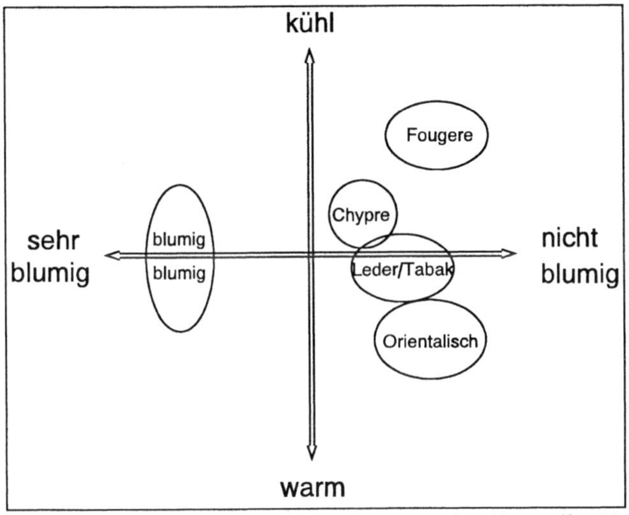

Abb. 9.3 „Die Landkarte des Parfüms" (J. S. JELLINEK: Eine Verbraucher-orientierte Klassifizierung der Parfüms, *Parfümerie und Kosmetik* **71**:6-17 [1990]).

Als **Parfüms** oder **Extraits** gelten Duftpräparate, welche den höchsten Parfümgehalt aufweisen. Meist liegt die Konzentration des Parfümöls bei 18 %, aber auch Parfüms mit bis zu 30 % Parfümöl sind beschrieben worden (Tab. 9.3). Das **Eau de Parfum** enthält zwischen 10 - 15 % Parfümöl, während im **Eau de Toilette** der Gehalt etwa 5 - 10 % beträgt. Eau de Toilette enthält in der Regel eine erfrische Kopfnote und wirkt daher leichter. Das **Eau de Cologne** oder **Kölnisch Wasser** wird meist mit einem Parfümanteil von 4 % hergestellt. In der Regel benötigen die Riechstoff-Zubereitungen eine manchmal mehrmonatige Lager- und Reifezeit, um die Duftnote zur völligen Entfaltung zu bringen. Die Parfüms sind so komponiert, dass wenige Tropfen für eine vier- bis achtstündige Duftwolke ausreichen. Ein Eau de Parfum enthält rund doppelt so viel Parfümöle wie ein Eau de Toilette, so dass die Riechstoffe zwei- bis dreimal langsamer verfliegen als aus einem Eau de Toilette.

Die Stabilität eines Parfüms wird durch verschiedene Faktoren beeinflusst. So löst Luft, begünstigt durch Licht und Metallspuren, oxidative Veränderungen an den Riechstoffen aus. Aus diesem Grund werden Parfüms möglichst in dunklen Gefäßen aufbewahrt. Niedrige oder hohe pH-Werte verursachen Umesterungen und Verseifungen von Estern und beschleunigen weitere chemische Reaktionen. Der pH-Wert kann sich beispielsweise durch die oxidative Umwandlung von Aldehyden in Carbonsäuren erniedrigen. Ungeöffnet halten Eau de Parfum und Eau de Toilette mindestens drei Jahre lang, während die Stabilität offener Parfümzubereitungen wesentlich geringer ist.

Tab. 9.3 *Gehalt an Riechstoffen und Lösungsmitteln in verschiedenen Riechstoff-haltigen Zubereitungen*

Typ	Konzentration des Parfümöls	Konzentration des Lösungsmittels
Parfüm (Extrait)	15 - 30 %	90 - 96 %iger Ethanol
Eau de Parfum	10 - 15 %	90 - 95 %iger Ethanol
Eau de Toilette	5 - 10 %	80 - 90 %iger Ethanol
Eau de Cologne	2 - 4 %	70 - 85 %iger Ethanol
Gesichtswasser[1)]	0 - 1 %	
für unreine Haut		bis 30 % Ethanol
für normale Haut		5 - 15 % Ethanol[2)]
für trockene Haut		0 - 5 % Ethanol[2)]

[1)] enthalten je nach Verwendungszweck Befeuchtungsmittel, hautglättende, reizlindernde oder andere Wirkstoffe, s. auch Abschnitt 6.5

[2)] müssen konserviert werden

9.5 Fragen zur Selbstkontrolle

9-1 Was versteht man unter etherischen Ölen?

9-2 Können etherische Öle über die Haut in den Blutkreislauf gelangen?

9-3 Welche Methoden zur Gewinnung von etherischen Ölen kennen Sie?

9-4 Welche Eigenschaften sind allen Riechstoffmolekülen gemeinsam?

9-5 Nennen Sie die drei Grundbausteine einer Parfümkomposition.

10. WEITERFÜHRENDE LITERATUR

Grundbegriffe der Chemie

ARNI, ANOLD: *Verständliche Chemie für Basisunterricht und Selbststudium*, Wiley-VCH Verlagsgesellschaft mbH, Weinheim, 1998.

ATKINS, P. W., und J. A. BERAN: *Chemie, einfach alles,* VCH Verlagsges., Weinheim, 1996.

HOLZNER, DIETER: *Chemie für Technische Assistenten in der Medizin*, 3. Auflage, VCH Verlagsgesellschaft mbH, Weinheim, 1995.

Chemische Reaktionen und anorganische Verbindungen

DICKERSON, R. E. und I. GEIS: *Chemie - eine lebendige und anschauliche Einführung,* VCH Verlagsgesellschaft mbH, Weinheim, 1990.

LAUBER, K.: *Chemie im Laboratorium,* 4. Aufl., S. Karger, Basel, 1983.

Kosmetisch wichtige organische Verbindungen

ATKINS, P. W.: *Moleküle. Die chemischen Bausteine der Natur* (aus d. Amer. übersetzt von L. Träger), Verlag Spektr. d. Wissensch., Heidelberg, 1988.

FEY, O. und I. OTTE: *Wörterbuch der Kosmetik,* 3. Aufl., Wiss. Verlagsgesell. mbH, Stuttgart, 1991.

INDUSTRIEVERBAND KÖRPERPFLEGE- UND WASCHMITTEL E.V.: *Kosmetika – Inhaltsstoffe – Funktionen,* Frankfurt, 1998.

WENNINGER, J. A., und G. N. MCEWAN: *International Cosmetic Ingredient Dictionary.* 5. Aufl., The Cosmetic, Toiletry, and Fragrance Association, Washington, 1993.

Aufbau und biologische Leistungen der Haut

RAAB, W.: *Hautfibel, Medizinische Kosmetik*, 2. Aufl., Gustav Fischer Verlag, Stuttgart, 1979.

SCHÜTZ, E. und K. E. ROTHSCHUH: *Bau und Funktionen des menschlichen Körpers*, 17. Aufl., Urban & Schwarzenberg, München, 1982.

Die kosmetischen Präparate

KOSSWIG, K. und H. STACHE (Hgb.): *Die Tenside*, Carl Hanser Verlag, München, 1993.

RAAB, W. und U. KINDL: *Pflegekosmetik, ein Leitfaden*, Gustav Fischer Verlag, Stuttgart, 1991.

Wirkstoffe in kosmetischen Zubereitungen

BRAUN, H. und D. FROHNE: *Heilpflanzenlexikon*. Gustav Fischer-Verlag, Stuttgart, 1994.

Lichtschutzmittel

RAAB, W.: *Lichtfibel. Sonne - Bräunung - Pigmentstörungen*, 2. Aufl., Gustav Fischer Verlag, Stuttgart, 1990.

RAAB, W. und U. KINDL: *Pflegekosmetik, ein Leitfaden*, Gustav Fischer Verlag, Stuttgart, 1991.

Riechstoffe

HALL, R., D. KLEMME und J. NIENHAUS: *H & R Lexikon Duftbausteine. Die natürlichen und synthetischen Komponenten für die Kreation von Parfums*, Glöss Verlag, Hamburg, 1985.

OHLOFF, G.: *Riechstoffe und Geruchssinn. Die molekulare Welt der Düfte*, Springer-Verlag, Heidelberg, 1990.

PÜTZ, J. und C. NIKLAS: *Betörende Parfums – heilende Düfte: Rezepte zum Genießen und Verführen*. vgs Verlagsgesellschaft, Köln, 1993.

11. ANTWORTEN ZU DEN FRAGEN ZUR SELBSTKONTROLLE

2-1 Ein chemisch **reiner Stoff** besteht aus identischen Molekülen (oder im Fall der Edelgase aus identischen Atomen). Er enthält keine weiteren Stoffe, die sich mit einem physikalischen Verfahren abtrennen lassen. Gegensatz zum reinen Stoff: **Gemisch**.

2-2 Da **Eisen** magnetisch ist, werden die Eisen-haltigen Teile des Pulvers an einem Magnet gebunden. **Schwefel** haftet nicht an dem Magneten.

2-3 Die genannten Elemente bilden die Gruppe der **Salzbildner** oder **Halogene**, da sie typischerweise mit Elementen der 1. bis 3. Gruppe des Periodensystems Ionenverbindungen bilden, von denen das Koch**salz** namensgebend ist.

2-4 Die Atome der Edelgase außer Helium.

2-5 Sie ähneln sich chemisch, weil sie die gleiche Anzahl an Außenelektronen besitzen.

2-6 Die Verdampfung von festem Jod oder festem Kohlendioxid (Trockeneis) ohne Übergang über einen flüssigen Aggregatzustand bezeichnet man als **Sublimation**. Es können praktisch alle Stoffe sublimieren, jedoch ist im Fall von Jod und Trockeneis die Sublimationsgeschwindigkeit sehr hoch.

2-7 Ionenverbindungen dissoziieren in Wasser unter Bildung der hydratisierten Kationen und Anionen. Sie werden auch als **Elektrolyte** bezeichnet; sie unterscheiden sich von den Nichtelektrolyten, wie Ethanol, Glycerin, Triglyceride usw., die nicht aus Ionen zusammengesetzte Moleküle bilden.

2-8 1 **mol** eines jeden beliebigen reinen Stoffes besteht aus $6{,}022 \times 10^{23}$ Teilchen. Die molare Masse in g pro mol eines Stoffes ergibt sich aus der Summe der Atommassen der einzelnen im Molekül enthaltenen Atome, so dass für H_2O die molare Masse 18 g pro mol beträgt. 18 g Wasser bestehen aus $6{,}022 \times 10^{23}$ Wassermolekülen. Ebenso bestehen 1 mol = 32 g Sauerstoffgas aus $6{,}022 \times 10^{23}$ Sauerstoffmolekülen, oder 1 mol = 44 g Trockeneis aus $6{,}022 \times 10^{23}$ CO_2-Molekülen.

2-9 Die chemischen Eigenschaften eines Atoms werden fast ausschließlich von den Elektronen der äußersten Schale festgelegt (**Valenzelektronen**).

2-10 Zu den Bausteinen der Atomkerne gehören vor allem die positiv geladenen **Protonen** p^+ und die elektrisch neutralen **Neutronen** n^o. Die Zahl der Protonen im Kern entspricht der Zahl der Elektronen auf allen Atomschalen.

2-11 Atome versuchen, durch Auffüllung der äußersten Schale eine **„edelgasähnliche" Konfiguration** zu erreichen, mit der sie dann in einen chemisch reaktionsträgen Zustand übergehen.

2-12 **Hydrophobe** Moleküle sind nicht aus Ionen zusammengesetzt und gehen keine Wasserstoff-Brückenbindungen ein. Aus diesem Grunde besteht keine Neigung, mit Wasser Wechselwirkungen einzugehen. Da Wasser aufgrund der Dipolstruktur des Wassermoleküls und wegen der zahlreichen

Wasserstoff-Brückenbindungen selbst im flüssigen Zustand hoch geordnete Strukturen bildet, die hydrophobe Moleküle stören würden, sind hydrophobe Moleküle nicht in Wasser löslich, sondern bilden eine zweite Phase; z. B. schwimmt die hydrophobe Phase „Öl“ auf Wasser, weil Öl leichter als Wasser ist. Wenn man Öl mit Wasser durch Schütteln vermischt, trennen sich sehr schnell die beiden Phasen, d. h. die Dispersion „rahmt auf“, „bricht“ oder koalesziert.

2-13 **Polare** Moleküle sind aus Ionen zusammengesetzt und gehören zur Gruppe der Elektrolyte. Sie sind wasserlöslich, sofern das Molekül keine zu großen hydrophoben Strukturen aufweist und kein zu großes Molekulargewicht besitzt. So ist NaCl gut wasserlöslich, während Fettsäuresalze (Seifen) nur wenig wasserlöslich sind, weil der hydrophobe Teil des Fettsäuremoleküls (s. Abschnitt 4.8) die völlig Auflösung in Wasser verhindert.

2-14 Während **Leiter 1. Klasse** aus Metallen (oder Halbmetallen) bestehen, in denen ein Stromfluss durch Transport von Elektronen erfolgt, leiten **Leiter 2. Klasse** den elektrischen Strom durch Transport der Ionen zu den Elektroden, wobei der Stoff gleichzeitig gespalten wird (Elektrolyse).

2-15 Die **Wasserstoff-Brückenbindung** gehört zu den schwachen Wechselwirkungen zwischen geeigneten Molekülpaaren oder auch innerhalb eines größeren Moleküls. Diese Bindungsart ist für die Stabilisierung biologisch wichtiger großer Moleküle, wie Proteine, Polysaccharide und Nucleinsäuren, von außerordentlich großer Bedeutung. Wasserstoff-Brückenbindungen werden bereits durch Erwärmen auf 60 °C gespalten.

2-16 Emulsionen bestehen aus nicht mischbaren Flüssigkeiten. Suspensionen sind Aufschlämmungen fester Stoffe in einer Flüssigkeit.

3-1 Ein Oxidationsmittel **entzieht** dem zu oxidierenden Stoff **Elektronen**. Wenn als Oxidationsmittel Sauerstoff verwendet wird, bildet sich in der Regel ein **Oxid**, z. B. Kohlendioxid CO_2 oder H_2O. In anderen Fällen wird bei einer Oxidation Wasserstoff entzogen; diese Reaktion wird als **Dehydrierung** bezeichnet.

3-2 Bei der Oxidation wird das Oxidationsmittel stets reduziert. Das Oxidationsmittel (z. B. Sauerstoff) übernimmt die aus dem zu oxidierenden Stoff abgezogenen Elektronen. **Oxidation** und **Reduktion** verlaufen daher stets gleichzeitig, so dass man besser von **Redoxreaktionen** spricht. Bei der Redoxreaktion von Kohlenstoff mit Sauerstoff wird C oxidiert, während das Oxidationsmittel O_2 unter Bindung am Kohlenstoff reduziert wird.

3-3 Bei der vollständigen Oxidation von organischen Verbindungen, die aus C, H und O zusammengesetzt sind (z. B. von Kohlenhydraten, s. Abschn. 4.4) werden alle Bindungen der Ausgangsmoleküle gelöst, und es entstehen die Oxide Kohlendioxid und Wasser.

3-4 Durch Oxidation mit H_2O_2 werden Farbstoffe, z. B. die Pigmente der Haut und Haare (s. Abschn. 8.2), **oxidativ** gespalten. Die dabei entstehenden Oxidationsprodukte können nicht mehr das Licht absorbieren, so dass die Pigmente entfärbt sind.

3-5 Neutralisation, Oxidation, Dissoziation.

3-6 Bei der **Iontophorese** wird eine Ionenverbindung unter dem Einfluss eines sehr schwachen Gleichstroms gespalten, wobei eine der beiden Ionen – also entweder die Kationen oder die Anionen – in Abhängigkeit von der Polung der angelegten Elektroden in die Haut eingetragen werden. Der durch Iontophorese transportierte Stoff wird demnach während der Behandlung an den Elektroden chemisch gespalten. Nach dem Eindringen der Ionen in die Haut müssen sie dort nach Abschalten des elektrischen Stroms ein geeignetes Gegenion einfangen, das in der Regel nicht mit dem ursprünglich gebundenen Ion identisch ist.

3-7 Kohlenmonoxid (CO) konkurriert mit Sauerstoff um die Bindung am **Hämoglobin** (Hb). Da CO wesentlich fester am Hb gebunden wird als O_2, genügen bereits Spuren von Kohlenmonoxid, um die Sauerstoffversorgung der Organe und des Gehirns zu verschlechtern.

3-8 Starke Säuren: Salzsäure HCl, Schwefelsäure H_2SO_4, Salpetersäure HNO_3. Schwache Säuren: Phosphorsäure H_3PO_4, Milchsäure, Citronensäure, Palmitinsäure, Glutaminsäure.

3-9 Da der **pH-Wert** einer starken Säure bei einer Konzentration von 1 mol/L Null ist und jeweils bei einer 10fachen Verdünnung mit Wasser der pH-Wert um 1 ansteigt, hat eine starke Säure mit der Konz. 0,1 mol/L den pH-Wert 1, eine mit der Konz. 0,01 mol/L den pH-Wert 2 usw.

3-10 Der H^+-Gehalt ist bei pH 1 10000fach (10^4fach) höher als bei pH 5. Die Lösung mit pH 1 ist stärker sauer als die mit pH 5.

3-11 Als **Neutralisation** bezeichnet man den vollständigen Umsatz einer Säure mit der entsprechenden (äquivalenten) Menge an Lauge, wobei Salz und Wasser entstehen. Nach der Neutralisation einer starken Säure mit einer starken Base stellt sich der pH-Wert der Lösung auf pH 7,0 ein.

3-12 Die gesuchten **Salze** haben folgende Namen: Natriumhydrogensulfat und Natriumsulfat, Natriumhydrogencarbonat und Natriumcarbonat, Natriumlactat.

3-13 Wasser kann hydrophile Verbindungen, die also aus Ionen und/oder Wasserstoff-Brückenbindungen-bildenden Molekülteilen aufgebaut sind, durch **Dipol**-Wechselwirkung und durch den Aufbau zahlreicher **Wasserstoff-Brückenbindungen** zur hydrophilen Verbindung auflösen.

3-14 Intrazellulare und interstitielle Flüssigkeit sowie Blutplasma.

3-15 Wenn ein **Elektrolyt** in Wasser gelöst wird, werden die Wassermoleküle aufgrund ihrer Dipolstruktur durch die jeweils entgegengesetzt geladenen Ionen angezogen und bilden um die Ionen eine **Hülle von Wassermole-**

külen. Durch diese Hülle werden gleichzeitig die elektrostatischen Kräfte zwischen den Ionen abgeschirmt.

3-16 Im **Hydrolipidmantel** der Haut kommen folgende schwachen Säuren vor: Milchsäure, Glutaminsäure, Pyroglutaminsäure, Palmitinsäure und weitere Säuren. Der für den Säureschutzmantel charakteristische Puffer wird in erster Linie durch eine Mischung aus Milchsäure und Natriumlactat gebildet.

4-1 **Paraffinöle** enthalten bis zu 18 C-Atome. **Vaseline** besteht aus einer Mischung von bis zu 51 C-Atome langen Kohlenwasserstoffketten.

4-2 **Squalen** entsteht in der Haut (und in anderen Organen, vor allem in der Leber) aus Essigsäure. Squalen enthält 6 Doppelbindungen sowie 6 seitliche (angulare) Methylgruppen, welche die Verzweigungsstellen in der linearen Kohlenwassersoffkette bilden. Squalen gehört daher zu den **Isoalkenen**.

4-3 **Alkohole** leiten sich von Kohlenwasserstoffen ab, in denen mindestens eine C–H-Bindung durch eine C–OH-Bindung ersetzt wurde. Einfachster Alkohol: das hochgiftige Methanol. Kosmetisch wichtige Alkohole: Ethanol, Isopropanol und die langkettigen **Fettalkohole** Cetylalkohol und Stearylalkohol. Auch Cholesterin ist ein Alkohol.

4-4 Während **einwertige** Alkohle nur 1 OH-Gruppe (Alkoholgruppe) enthalten, besitzen **mehrwertige** Alkohole mehrere OH-Gruppen. Wichtigste Vertreter: Glycerin (dreiwertiger Alkohol), Sorbit (6-wertig), Inosit (6-wertig).

4-5 Die **Wasserlöslichkeit** eines einwertigen Alkohols nimmt mit steigender Kettenlänge des Kohlenwasserstoff-Restes ab. Daher ist Methanol ausgezeichnet wasserlöslich, während Cetylalkohol und die übrigen Fettalkohole wasserunlöslich sind. Die mehrwertigen Alkohole Glycerin, Sorbit und Inosit sind ausgezeichnet wasserlöslich. Sorbit, Inosit, Cholesterin und die Fettalkohole sind bei Zimmertemperatur fest.

4-6 Aus Alkoholen entstehen durch **Dehydrierung** (Oxidation) **Aldehyde**, die durch erneute Oxidation schließlich in **Carbonsäuren** übergehen. Zu den kosmetisch wichtigen Aldehyden gehören der **Formaldehyd** und die **Kohlenhydrate**. Die wichtigsten Carbonsäuren: Essigsäure, Propionsäure, Laurinsäure, Myristinsäure, Palmitinsäure, Stearinsäure, Citronensäure.

4-7 **Polysaccharide** werden als hydrophile Konsistenzgeber und Befeuchtungsmittel verwendet. Wichtige Vertreter: Cellulose, Hyaluronsäure, Pektine, Alginate.

4-8 Polysaccharide bestehen aus langen Ketten, deren Kettenglieder als **Monosaccharide** (oder Monosen) bezeichnet werden. Wichtige Monosen: Glucose, Fructose, Galactose, Mannose, *N*-Acetylglucosamin.

4-9 **Polypeptide** bestehen aus Ketten, deren Kettenglieder als **Aminosäuren** bezeichnet werden. Die Ketten falten sich unter Bildung von räumlich kompakten oder schraubenförmigen stabilen Strukturen. Für die Biosynthese der Polypeptide stehen 20 verschiedene Aminosäuren zur Verfügung; neun Aminosäuren kann der Körper nicht selbst bilden, weshalb sie mit der Nahrung aufgenommen werden müssen (**essentielle** Aminosäuren). Die Aminosäuren sind in der Polypeptidkette durch **Peptidbindungen** miteinander verknüpft.

4-10 Ein **Eiweiß** (Protein) ist nur dann biologisch aktiv, wenn es in der ungestörten (**nativen**) **Tertiärstruktur** vorliegt. Wenn durch physikalische Kräfte oder im Verlauf von chemischen Reaktionen die Tertiärstruktur gestört wird (z. B. durch **Entfaltung** des ursprünglich kompakten Moleküls), verliert das Eiweiß die Fähigkeit, seine normale biologische Aktivität aufrechtzuerhalten: es wird **denaturiert**.

4-11 Durch kovalente Bindungen wird das Rückgrat (Polypeptidkette) zusammengehalten. Die Sekundär- und Tertiärstruktur wird durch (kovalente) Di-Schwefel-Brücken sowie durch Wasserstoff-Brückenbindungen und Ionenbindungen stabilisiert.

4-12 **Enzyme** sind (fast immer) Eiweißmoleküle, die eine bestimmte chemische Reaktion beschleunigen, so dass die Produkte deutlich schneller entstehen als in Abwesenheit eines Enzyms (**Katalysator**wirkung der Enzyme). Die kosmetisch wichtigen Enzyme gehören zur Gruppe der **Hydrolasen**, die mit Hilfe von Wasser jeweils bestimmte Bindungen spalten. Alle Enzyme besitzen eine sehr hohe **Wirkspezifität** (d. h. sie beschleunigen nur eine bestimmte chemische Reaktion) und meist eine hohe **Substratspezifität** (d. h. sie akzeptieren nur bestimmte Reaktionspartner, deren Umsetzung sie beschleunigen). Beispiele: Eiweiß-spaltendes Trypsin oder Papain, Fett-spaltende Lipasen, Phospholipid-spaltende Phospholipasen. In der systematischen Nomenklatur enden die Bezeichnungen aller Enzyme mit der Silbe **-ase**.

4-13 **Kollagen** ist ein außerordentlich zugfestes, aber flexibles (biegbares) sehr großes Protein, das aus drei Ketten besteht, die jeweils rund 1000 Aminosäuren enthalten und in einer Dreifach-Schraube (**Tripelhelix**) umeinander gewunden sind. Kollagen wird von den Fibrocyten gebildet und in den Interzellularraum ausgeschieden, wobei es die mechanisch festen Strukturen des Bindegewebes bildet. **Elastin** ist für die reversible Dehnbarkeit der Gewebe verantwortlich. Beide Proteine weisen einen hohen Anteil an den Aminosäuren **Glycin** und **Prolin** auf und verlieren mit zunehmendem Lebensalter durch die Bildung von Querbrücken ihre Flexibilität bzw. Elastizität.

4-14 Kollagen und Elastin haben sich in Hautpflegemitteln als langwirkende **Befeuchtungsmittel** bewährt.

4-15 **Ungesättigte Fettsäuren** besitzen mindestens eine Doppelbindung im Kohlenwasserstoff-Anteil des Moleküls. Wichtige Vertreter: Ölsäure (1fach ungesättigt), Linolsäure (2fach), Linolensäure (3fach), Arachidonsäure (4fach). Die mehrfach ungesättigte Fettsäure Linolsäure gehört zur Gruppe der **essentiellen Fettsäuren**.

4-16 Ölsäure, die durch Hydrierung in Stearinsäure übergeht.

4-17 a) und b): Ester (flüssiges Wachs); c): Triglycerid (fettes Öl); d): Phospholipid; e): Alkohol; f): Isoalken.

4-18 Fettsäuren werden durch hydrolytische Spaltung von Fetten gewonnen. Dabei entstehen aus einem Molekül Triglycerid drei Moleküle Fettsäuren und ein Molekül Glycerin. Der Vorgang wird entweder als **Lipolyse** bezeichnet (weil diese Reaktion bei der Spaltung = Lyse von Fetten = Lipiden in unseren Fettspeichergeweben erfolgt, wobei die Fettsäuren in das Blut abgegeben werden), oder der Vorgang wird **Verseifung** genannt, weil die Na^+- oder K^+-Salze der Fettsäuren den Hauptbestandteil der klassischen Seife bilden.

5-1 Die elastischen Fasern bestehen aus zugelastischem **Elastin** und ermöglichen die reversible Dehnbarkeit der Lederhaut.

5-2 Die Nährstoffe verlassen das Blutgefäßsystem in der Lederhaut durch **passive Diffusion**, durchqueren die Hyaluronsäure-haltige Grundsubstanz der Lederhaut, passieren die Basallamina der Epidermis und werden schließlich durch einen Energie-verbrauchenden Transport von den Keratinocyten (und weiteren Zellen der Epidermis) aufgenommen.

5-3 Die **Barriereschicht** im Bereich der **Lipidlamellen** und der Glanzzellschicht (Stratum lucidum) verhindert den Einstrom nennenswerter Mengen an Wasser von außen in tiefere Schichten der Epidermis. Gleichzeitig behindert diese Schicht den Verlust von Wasser aus den unteren Zell-Lagen. Die Barriere ist allerdings nicht völlig dicht, denn der Mensch verliert über die gesamte Körperoberfläche rund 400 mL Wasser pro Tag durch „unmerkliches Schwitzen“ (Perspiratio insensibilis).

5-4 Der Hydrolipidmantel bindet das Wasser vor allem mit Hilfe von **Harnstoff** und **Pyroglutaminsäure**. Für die Wasserbindung sind auch die zu den natürlichen Befeuchtungsfaktoren NMF zählenden Kationen K^+ und Na^+ wichtig.

5-5 Der Säureschutzmantel stabilisiert den pH-Wert der Haut bei rund pH 5,5 mit Hilfe einer **Puffermischung**, die aus Milchsäure, Fettsäuren und anderen Säuren zusammen mit den jeweiligen Salzen dieser Säuren besteht. Dadurch werden optimale Bedingungen für den Bewuchs der Haut mit nichtpathogenen Mikroorganismen (z. B. mit *St. epidermidis*) geschaffen. Die Besetzung der Haut mit diesen Symbionten verhindert oder verlangsamt das **Wachstum von Anflugkeimen**, zu denen auch Krankheitserreger zählen.

5-6 Die **Lipidlamellen** in der Barriereschicht bestehen vorzugsweise aus Ceramiden, Cerebrosiden, Gangliosiden und anderen **komplexen Lipiden** sowie aus Cholesterin. Sie bilden zusammen mit Proteinen die **Kittsubstanzen**.

5-7 Die W/O-Emulsion des Hydrolipidmantels wird vor allem durch Cholesterin sowie Glycerinpartialester stabilisiert.

5-8 Die Lipide des Hydrolipidmantels stammen in erster Linie aus den Talgdrüsen. Ein kleiner Teil wird von den Keratinocyten nach deren Zerfall freigesetzt (epidermale Lipide, Lipidlamellen).

5-9 Vorzugsweise aus Ceramiden, Cholesterin und freien Fettsäuren.

6-1 Öl sowie die darin gelösten Stoffe sind hydrophob und gehen daher mit Wasser so wenige Wechselwirkungen ein, dass keine homogene Mischung entstehen kann. Aufgrund der hohen **Grenzflächenenergie** „drängt" Wasser die hydrophoben Stoffe aus der wässrigen Phase und stellt damit sicher, dass im Wasser weiterhin eine möglichst große Zahl an schwachen Wechselwirkungen (Dipolkräfte und Wasserstoff-Brückenbindungen) bestehen bleibt. Daher bilden Öl und Wasser getrennte Phasen, und auf einer fettigen Unterlage verbleiben kugelförmige Wassertropfen.

6-2 Nur solche Moleküle wirken als **Tenside** oder **Emulgatoren**, die im gleichen Molekülteil sowohl hydrophile als auch hydrophobe Strukturen aufweisen und daher **amphiphil** sind. Während in den **ionogen** Tensiden die hydrophile Gruppe aus einem Ion besteht (z. B. in den anionischen Tensiden, wie Seife), enthalten **nichtionogene** Tenside meist Alkoholgruppen oder andere Molekülgruppen, die Wasserstoff-Brückenbindungen bilden können.

6-3 Tenside verringern die **Grenzflächenspannung** des Wassers und ermöglichen dadurch die Bildung kleiner Tröpfchen, die aus der jeweiligen inneren Phase in der zusammenhängenden äußeren Phase bestehen und nicht mehr zusammenfließen (**koaleszieren**), sondern mit Wasser abgespült werden können.

6-4 Weil herkömmliche Seifen Salze schwacher Säuren sind, erhöhen sie in Wasser den **pH-Wert**. Dadurch kommt es zu einer **Eiweiß-Denaturierung** einschließlich Quellung der Epidermis. Außerdem wird die natürliche Hautflora nachhaltig in ihrem Wachstum gehemmt. Schließlich bilden Seifen mit den in hartem Wasser enthalten Ca^{++}-Salzen unlösliche **Kalkseifen**, die auf der Haut einen feinen, hautreizenden Niederschlag bilden.

6-5 Die zeitabhängige Wiederherstellung des sauren pH-Wertes der Haut nach einer Seifenwäsche oder der Behandlung mit alkalischen Lösungen wird als **Alkali-Neutralisationsfähigkeit** bezeichnet. Gesunde Haut benötigt höchstens 30 min. für die Regeneration des Säureschutzmantels.

6-6 **Rückfettungsmittel** bieten einen vorübergehenden Ersatz der während der Körperreinigung abgetragenen Lipide des Hydrolipidmantels. Damit soll eine rasche Austrocknung der Epidermis verhindert werden.

6-7 **Metallseifen** sind Fettsäureverbindungen mit Magnesium, Calcium und Aluminium. Sie sind wasserunlöslich, haben keine Seifenwirkung und werden zur Verbesserung der Gleiteigenschaften den mineralischen Pudergrundlagen zugemischt.

6-8 Der **HLB-Wert** ist ein Maß für die „Aktivität" der hydrophilen Strukturen eines Tensides im Vergleich zu den hydrophoben Molekülbereichen. Bei einem hohen HLB-Wert überwiegen die hydrophilen Eigenschaften. Der HLB-Wert eines Tensides legt den Emulsionstyp fest, der bei der Herstellung einer Emulsion mit diesem Tensid resultiert. Die Tensidmenge ist lediglich für die Tröpfchengröße der inneren Phase (und einiger weiterer Eigenschaften der Emulsion) verantwortlich. Ein Emulgator mit hohem HLB-Wert kann grundsätzlich nur zur Herstellung einer O/W-Emulsion verwendet werden, während Tenside mit einem HLB-Wert unter 8 ausschließlich für die Bildung von W/O-Emulsionen geeignet sind.

6-9 Die kosmetisch wichtigen Emulsionen enthalten in der äußeren Phase entweder Wasser (O/W-Emulsionen) oder Öl (W/O-Emulsionen).

6-10 **Liposomen** bestehen aus kleinen Vesikeln, die von einer Doppelmembran aus Phospholipiden oder synthetischen Tensiden begrenzt werden und im Inneren hydrophile Stoffe enthalten können. Es gibt auch Liposomen mit mehreren zwiebelartig geschichten Membranen. Mit Liposomen ist es möglich, hydrophile Wirkstoffe tiefer in die Epidermis einzutragen.

6-11 Wegen der geringen Eigenbewegung der auf die Haut aufgetragenen Verbindungen und des hohen Transportwiderstandes der Hautschichten können hydrophile Stoffe nur in sehr geringem Maß bis in tiefere Schichten der Epidermis eindringen. Darüber hinaus sind die Epidermiszellen (wie viele andere Epithelzellen des Körpers) polar aufgebaut, d. h. bei den mehr oder wenig kubisch geformten Zellen erlaubt nur die untere, zur Keimzellschicht gerichtete Plasmamembran eine Nährstoffaufnahme (z. B. von Glucose, Aminosäuren und anderen hydrophilen Verbindungen), während an den „oberen und seitlich liegenden" Bereichen der Plasmamembranen nur eine Stoffabgabe erfolgt. Daher ist keine „**Ernährung**" der Keratinocyten von der Hautoberfläche her möglich.

6-12 **Konservierungsstoffe** verhindern das Wachstum von Anflugkeimen in der wässrigen Phase kosmetischer Zubereitungen und stabilisieren somit die Kosmetika gegen den mikrobiellen Abbau. Anti-Oxidantien schützen dagegen die Inhaltsstoffe vor dem chemischen Verderb, der durch Sauerstoff und andere Oxidationsmittel ausgelöst wird.

7-1 Die **Resorption** (= systemische Aufnahme) von Wirkstoffen aus kosmetischen Zubereitungen entspricht der Aufnahme von Arzneimitteln über die Haut und wird daher durch das Lebensmittel- und Bedarfsgegenstände-Gesetz als nicht zulässig ausgeschlossen. Kosmetika können nach Resorption Nebenwirkungen entfalten, die einer ärztlichen Kontrolle bedürfen. Gefährliche Nebenwirkungen können z. B. nach der Verwendung von **Vitamin A-Säure**-(Retinsäure)-haltigen Hautpflegemitteln auftreten.

7-2 **Vitamin A** normalisiert eine Hyperkeratose und verhindert die Komedonenbildung.

7-3 Vitamine der Gruppen B und C.

7-4 Neben der antioxidativen Wirkung, mit der ungesättigte Fettsäuren in den fetten Ölen der kosmetischen Zubereitungen stabilisiert werden, mildert **Vitamin E** außerdem Hautreizungen und -entzündungen, die durch UV-Strahlen ausgelöst werden.

7-5 Keratoplastische Wirkstoffe erweichen die Hornhaut durch Lockerung der oberen Hautschicht einschließlich der interzellulären **Kittsubstanzen**. Wichtigste Vertreter: Harnstoff, Salicylsäure, Resorcin. Keratolytische Wirkstoffe erweichen dagegen das Keratin über die reduktive Spaltung der Dischwefelbrücken.

7-6 Im wesentlichen sind α-Bisabolol und Chamazulen für die entzündungshemmende Wirkung verantwortlich. Auch das halbsynthetisch aus Guajokholz gewonnene Guajazulen wirkt entzündungshemmend.

8-1 Die **Energie elektromagnetischer Wellen** ist umso größer, je kürzer die Wellenlänge der Strahlen ist. Deshalb sind UV-B-Strahlen wesentlich energiereicher als langwellige UV-A-Strahlen.

8-2 Wegen der geringeren Wechselwirkung mit den Komponenten der **Epidermis** können UV-A-Strahlen tief in die Lederhaut eindringen, während UV-B-Strahlen zu mehr als 90 % innerhalb der Epidermis ihre Energie abgeben und dabei die Bestandteile dieser Hautschicht verändern.

8-3 **Ozon** absorbiert die sehr kurzwelligen und energiereichen UV-C-Strahlen. Wenn große Dosen dieser Strahlen bis zur Erdoberfläche gelangen, erleiden Menschen, Tiere und Pflanzen Strahlenschäden. Eine gesteigerte Exposition mit UV-C-Strahlen erhöht die Wahrscheinlichkeit, an Hautkrebs und anderen bösartigen Hautveränderungen zu erkranken.

8-4 UV-B-Strahlen liefern die Energie für die Bildung von Cholecalciferol (Vitamin D) aus 7-Dehydrocholesterin in den Keratinocyten. Anschließend wird Vitamin D zunächst in der Leber (und in anderen Organen) und dann in der Niere in das Hormon **Calcitriol** umgewandelt, das zusammen mit anderen Hormonen die Calciumaufnahme und -verwertung steuert. Außerdem greift Calcitriol regelnd in die immunologischen Reaktionen bei der Abwehr von Infektionen ein und steuert das Keratinocyten-Wachstum.

8-5 Die **Lichtschwiele** erweist sich im Vergleich zum Hautpigment Melanin als besserer Lichtfilter für UV-B-Strahlen.

8-6 Die stärkere Pigmentierung dunkelhäutiger Menschen entsteht durch die höhere Aktivität der **Melanocyten**, während die Zahl der Melanocyten in der Haut bei allen menschlichen Rassen gleich groß ist.

8-7 Lichtschutzmittel unterscheiden sich u. a. durch den vom Hersteller garantierten **Lichtschutzfaktor** LSF. Bei der Auswahl sind vor allem der Pigmentierungstyp, die Vorbräunung und die zu erwartende UV-Strahlenbelastung zu berücksichtigen.

9-1 **Etherische Öle** sind flüchtige Verbindungen pflanzlichen Ursprungs, die in bestimmten Drüsen- sowie Sekretzellen gebildet und in Hohlräumen und Kanälen der Pflanzen gespeichert werden. Sie bestehen häufig aus mehr als hundert verschiedenen, leicht flüchtigen lipophilen Verbindungen, die verschiedenen organischen Verbindungsklassen angehören können.

9-2 Wegen ihrer hydrophoben Strukturanteile werden etherische Öle relativ gut von der Haut resorbiert und können in nennenswertem Umfang bis in das Blutgefäßsystem gelangen. Die Passage durch die Haut lässt sich durch Einreiben (Massage) verstärken.

9-3 Etherische Öle werden vorzugsweise durch **Wasserdampfdestillation** oder durch **Extraktion** mit organischen Lösungsmitteln (Hexan, Heptan) oder mit verflüssigten Gasen (Kohlendioxid, Butan) aus pflanzlichen Geweben gewonnen. Citrusöle werden vorwiegend durch **Kaltpressen** der Fruchtschalen isoliert. Wichtige und wertvolle Öle: Anisöl, Fichtennadelöl, Neroliöl, Patchouliöl, Petitgrainöl, Rosenöl, Sandelholzöl, Bergamottöl.

9-4 Riechstoffmoleküle sind niedermolekulare, flüchtige hydrophobe Verbindungen mit einem schwach hydrophilen Strukturanteil. Ihr Molekulargewicht ist nicht größer als 300, so dass die meisten Riechstoffmoleküle nicht mehr als 12 C-Atome besitzen. Sie gelangen mit der Luft in die Nasenschleimhaut, wo sie an Rezeptoren gebunden werden, welche die Riechstoffe anhand ihrer Struktur und sonstigen molekularen Eigenschaften erkennen. Durch die Besetzung der Rezeptoren werden Riechnerven stimuliert, wonach das elektrische Signal im Gehirn mit entsprechenden Erkennungsmustern verglichen wird.

9-5 Die drei Bausteine eines Parfüms bezeichnet man als Grundnote (oder Basis), Herz- oder Mittelnote und Kopfnote (Spitze). Der Typ des Parfüms wird durch Grund- und Herznote gebildet. Die Basis soll außerdem die in der Mittelnote enthaltenen Riechstoffe binden und damit das Geruchsmuster stabilisieren, das sich aus den Beiträgen der einzelnen, unterschiedlich flüchtigen Riechstoffe zusammensetzt. Die Inhaltsstoffe der Basis bezeichnet man auch als Fixateure. In der Kopfnote sind hochflüchtige Riechstoffe enthalten. Funktionelle Kosmetika werden nur mit Riechstoffen parfümiert, die nach ihrem Charakter den Inhaltsstoffen einer Kopfnote entsprechen.

12. Erklärung von Fachausdrücken

Absorptionsmaximum: Wellenlänge des einfallenden Lichtes, bei der das Licht maximal absorbiert wird

Adstringentien: auf der Haut zusammenziehend wirkende Verbindungen, wie Ethanol oder Gerbstoffe. Ztw: adstringieren

Aerosol: Dispersion aus sehr kleinen, flüssigen oder festen Stoffen und einem Gas (meist Luft). Bei Druckgaspackungen wird der Inhalt nach Ventilöffnung als Schaum oder Dampf abgegeben

Affinität: Die beim Kontakt zwischen zwei Molekülen bestehende Anziehungskraft. Sie ist besonders von den komplementären Strukturen der Moleküle abhängig

Akne: Hauterkrankung mit Komedonenbildung (unreine Haut). Andere Akneformen gehen mit Papel-, Pustel- und Abszessbildungen einher, die dermatologisch behandelt werden müssen

amphiphil: Eigenschaft von Verbindungen, die im gleichen Molekülteil sowohl hydrophile als auch hydrophobe Strukturbereiche aufweisen (wie in Tensiden)

amphoter: Eigenschaft von Tensiden mit sowohl positiv als auch negativ geladenen Gruppen im gleichen Molekülteil. Beispiel: Betaine, wie Cocoamphodiacetat

Anion: negativ geladenes Ion

Antistatica: verhindern die elektrische Aufladung der Haare beim Kämmen, z. B. PEG-Derivate von Fettalkoholen

apolar (nicht polar): Eigenschaft von Stoffen, die nicht aus Ionen aufgebaut sind, keinen Dipol besitzen und keine Wasserstoff-Brückenbindungen bilden

atopisch: allergisch (Überempfindlichkeit vom Typ I)

atrophisch (in diesem Zusammenhang): Zustand der Haut nach Verringerung der Anzahl und der Größe der Hautzellen, meist durch altersbedingte Verschlechterung der Hauternährung ausgelöst, z. B. durch eine verschlechterte Durchblutung

bakteriostatisch: Eigenschaft von Wirkstoffen, die das Bakterienwachstum (reversibel) hemmen; dagegen haben bakterizide Verbindungen eine abtötende Wirkung

Basallamina (Basalmembran): keine Membran, sondern eine Schicht aus Proteinen, Glycoproteinen und Proteoglycanen an der Basis von Epithelgeweben

Berloque-Dermatitis: durch Bergamottöl nach UV-A-Bestrahlung ausgelöste Entzündung und Pigmentierung der Haut, die durch die UV-sensibilisierende Wirkung von Furocumarinen entstehen

Chelatbildner: binden in Kosmetika Metalle, die die Stabilität oder das Aussehen der Kosmetika beeinflussen

Chromatographie: physikalisch-chemisches Trennverfahren von Substanzgemischen aufgrund der unterschiedlichen Verteilung der einzelnen Stoffe zwischen einer unbeweglichen (stationären) und einer beweglichen (mobilen) Phase

cyclisch: ringförmig
Dehydratation: Entzug von Wasser
Derivat: Abkömmling; durch eine chemische Reaktion aus einem anderen Stoff hergestellte Verbindung mit ähnlicher Struktur; so ist Seife ein Derivat von Fettsäuren oder Vitamin A ein Derivat von β-Carotin
Dermatosen: Sammelbegriff für Hauterkrankungen
Desquamation: Abschuppung
Destillation: Trennung der verschiedenen Bestandteile einer homogenen Lösung aufgrund der unterschiedlichen Siedepunkte der Einzelstoffe. Die durch Erhitzen entstandenen gasförmigen Verbindungen werden in einem Kühler wieder verflüssigt und getrennt aufgefangen (fraktionierte Destillation)
Detergentien (lat. detergere: reinigen): grenzflächenaktive Substanzen, zu denen die waschaktiven Substanzen (WAS, mit hohem HLB-Wert) und die Tenside (HLB 2 bis 16) gehören, die außer zum Reinigen auch zur Herstellung von stabilen Dispersionen (Emulsionen) und Schäumen sowie als Lösungsvermittler verwendet werden
Differenzierung: verschiedenartige Entwicklung einzelner Teile eines Organismus unter Spezialisierung der Zellen; so durchlaufen die Keratinocyten nach ihrer Teilung in der Keimzellschicht eine ausgeprägte funktionelle Differenzierung, bis sie auf der Oberseite der Epidermis als tote Keratinocyten abschilfern
Diffusion: Wanderung von Molekülen oder Ionen entlang ihrem Konzentrationsgefälle. Ztw.: diffundieren
Dioxan: cyclischer Di-Ether. Ausgezeichnetes Lösungsmittel, mit dem andere (z. B. giftige) Stoffe in die Haut eindringen können, so dass Dioxan-haltige Kosmetika in Abhängigkeit von der Dauer, mit der sie auf der Haut verbleiben, gesundheitsschädigend sind
Dispersion: sehr feine Verteilung von nicht miteinander mischbaren Stoffen, die also Phasen bilden, wie Emulsionen (mit zwei flüssigen Phasen), Suspensionen (fest in flüssig) oder Rauch (feste Phase in gasförmiger Phase)
Dissoziation (im engeren Sinn): Trennung einer ionischen Verbindung in Kationen und Anionen in Gegenwart von Wasser
Elastizität: Eigenschaft von Stoffen, eine durch äußere Kräfte erzeugte Verformung wieder rückgängig zu machen, wenn die Kräfte nicht mehr einwirken
Elektrophorese: Trennung eines Gemisches aus Stoffen, die aus Ionen zusammengesetzt sind und im elektrischen Feld unterschiedlich schnell wandern
Eluieren: herauslösen
Embryogenese: Entwicklung der befruchteten Eizelle bis zur Organbildung, was der menschlichen Embryonalentwicklung bis zur 8. Schwangerschaftswoche entspricht. Danach folgt die Entwicklung des Feten
Emission: Aussendung von elektromagnetischen Wellen oder Abgabe von Stoffen in die Luft. Ztw.: emittieren
Emulgator s. Tensid

Energie, potentielle: Energieform, die durch die Lage eines Körpers oder Moleküls in einer bestimmten Umgebung oder durch die Struktur und die Art der Bindungen eines Moleküls bestimmt wird. Bestimmte Verbindungen weisen z. B. energiereiche Bindungen auf, die zum Antrieb von energieabhängigen Reaktionen gespalten werden
Enzym: chemische Katalysatoren, die (fast immer) aus einem Protein bestehen, das jeweils bestimmte Reaktionen beschleunigt (Wirkspezifität), meist nur bestimmte Substanzen umsetzt (Substratspezifität) und aus der Reaktion unverändert hervorgeht
Epithel: oberste Zellschicht, welche die Körperoberfläche bildet (Haut) oder die Körperhöhlen auskleidet (Schleimhaut)
Erythem: Entzündung der Haut unter Rötung (Primäreffloreszenz)
Erythemschwelle: UV-B-Strahlendosis, bei der eine Rötung der Haut einsetzt. Hängt von der Strahlenenergie, Bestrahlungsdauer sowie der Dicke und Vorbräunung der Haut ab
essentiell (in diesem Zusammenhang): Eigenschaft eines lebensnotwendigen Stoffes, der mit der Nahrung aufgenommen werden muss, weil er im Stoffwechsel des Körpers nicht gebildet wird
Extraktion: Herstellung eines Auszuges aus einem Stoffgemisch oder aus pflanzlichem oder tierischem Gewebe mit Hilfe von Lösungsmitteln, wie Wasser, Ethanol, Butan, Hexan, Heptan oder verflüssigtem Kohlendioxid. Ztw.: extrahieren
Feuchthaltesubstanzen (Befeuchtungsmittel): Verbindungen, die Wasser binden und allmählich an die angrenzende Hautschicht wieder abgeben
Fibroblasten: Vorläuferzellen der im Bindegewebe vorkommenden **Fibrocyten**, die Kollagen, Elastin und andere Bindegewebsfasern synthetisieren und ausscheiden
fraktionieren: durch geeignete Trennverfahren ein Stoffgemisch in die einzelnen Bestandteile auftrennen
fungizid: pilzabtötende Wirkung, z. B. von Sorbinsäure und anderen Konservierungsstoffen
Gemisch: Mehrstoffsystem aus verschiedenen chemischen Verbindungen, die entweder miteinander mischbar sind (homogenes Gemisch, z. B. echte Lösungen bilden), oder die wegen ihrer Unlöslichkeit ineinander mehrere Phasen bilden (heterogenes Gemisch, z. B. Emulsionen, Suspensionen, Aerosole)
globulär: kugelförmig
Granulation (in diesem Zusammenhang): Bildung von jungem, gefäßreichem Gewebe, z. B. im Verlauf der Wundheilung
Helix: schraubenförmige Struktur, z. B. die α-Helix der Proteine oder die Doppelhelix der Desoxyribonucleinsäure
heterogen: uneinheitlich, aus nicht ineinander löslichen Stoffen zusammengesetzt. Gegensatz: homogen
homogen: gleichartig, gleichmäßig verteilt
Hydrathülle: Bindung von Wasser an elektrisch geladenen Molekülteilen (Ionen), an Dipol-Strukturen (z. B. an Aminoxiden) oder an Stoffen, die Wasserstoff-Brückenbindungen bilden

Hydratisierung (Hydratation): lockere Anlagerung von Wasser unter Bildung einer Hydrathülle
Hydrierung: Anlagerung von Wasserstoff, z. B. bei der Umwandlung von ungesättigten Fettsäuren in die gesättigten bei der Fetthärtung
Hydrolyse: Spaltung einer Bindung unter Beteiligung von Wasser, z. B. werden die Nährstoffe im Darm hydrolytisch gespalten
hydrophil: Eigenschaft von Stoffen, mit Wasser gut mischbar zu sein bzw. Wasser gut zu binden
hydrophob: wasserabstoßend, mit Wasser nicht (oder nur sehr wenig) mischbar; häufig auch als lipophil bezeichnet, weil solche Stoffe in Fetten, Ölen und anderen apolaren Lösungsmitteln löslich sind
hygroskopisch: wasseranziehend, z. B. ist Glycerin stark hygroskopisch
Hyperkeratose: Hornhautverdickung, z. B. bei der Lichtschwiele, meist aufgrund einer vermehrten Keratinocytenbildung
Hyperpigmentierung: verstärkte Melaninbildung, z. B. bei Berloque-Dermatitis
inert: chemisch reaktionsträge, z. B. Stickstoff oder die Edelgase
interzellulär: zwischen den Zellen
intrazellulär: innerhalb der Zelle
Iontophorese: Einschleusung von Ionenverbindungen in die Haut. Dabei erfolgt eine Elektrolyse, d. h. das eingeschleuste Molekül wird in seine beiden entgegengesetzt geladenen Ionen gespalten und nur eines der beiden Ionen tritt (in Abhängigkeit von der Richtung des Gleichstroms) in die Haut, wo es sich ein neues Gegenion einfängt
irreversibel: nicht umkehrbar
Irritation: Reizung
Kapillaraktivität (in diesem Zusammenhang): Bindung von Substanzen mit geringer Oberflächenspannung an den engen Strukturen und Verzweigungen auf der Oberseite der Epidermis
Katalysator: Eine Substanz, die eine Reaktion beschleunigt, ohne selbst dabei verbraucht zu werden. Biochemische Katalysatoren nennt man Enzyme
keratolytisch: Keratin-auflösend, z.B. wirkt Thioglycolsäure keratolytisch
keratoplastisch: hornhauterweichende Verbindungen, z. B. Harnstoff und Salicylsäure, s. auch Peeling
Komedo: Mitesser (Mehrz.: Komedonen), durch Hyperkeratose der Haarfollikel und vermehrte Talgabsonderung entstehend
komplementär: Eigenschaft von Stoffen, räumlich zueinander zu passen (Schlüssel-und-Schloss-Prinzip). Dadurch können zwischen den Stoffen besonders viele Wechselwirkungen entstehen, so dass die (nichtkovalente) Bindung zwischen den Stoffen mit hoher Affinität erfolgt
Komplexbildner (Sequestrierungsmittel): Stoffe mit der Eigenschaft, bestimmte andere Verbindungen meist sehr fest zu binden; z. B. werden an EDTA Schwermetalle „komplexiert“

komprimieren: zusammenpressen, verdichten, z. B. wird das Gas Kohlendioxid unter Druck verflüssigt
Konfiguration (von Molekülen): räumliche Anordnung der einzelnen Atome in einem Molekül
Konsistenz: Oberbegriff für die Beschaffenheit eines Stoffes, die unter anderem durch die Viskosität (s. d.) beeinflusst wird, z. B. weiche, gelartige, wachsartige, spröde Konsistenz
Konsistenzgeber: Gruppe von kosmetischen Hilfsstoffen, die zur Verdickung oder Erweichung der Grundstoffe einer kosmetischen Zubereitung zugesetzt werden
labil: leicht zerfallend, nicht stabil
Lacton: innerer Ester zwischen einer Carboxlgruppe und eine Alkoholgruppe, z. B. gehört Cumarin zu den Lactonen (s. S. 186)
lipophil s. hydrophob
Luftfeuchtigkeit, relative: Grad der Sättigung der Luft mit gasförmigem Wasser, beträgt im Sommer mittags meist 50 - 75 %, kann nachts auf 100 % ansteigen, ist also kein Maß für den tatsächlichen Gehalt an gasförmigem Wasser
Makromolekül: große Moleküle, meist aus mehr als 1000 Atomen zusammengesetzt, z. B. Eiweiß, Hyaluronsäure, Stärke
Monomer: Grundeinheit von Makromolekülen, z. B. sind Aminosäuren die Monomere der Proteine, Monosaccharide die Monomere der Polysaccharide
Monoterpene: Gruppe von Verbindungen mit insgesamt 10 C-Atomen, die zu den Hauptinhaltsstoffen von etherischen Ölen gehören
nativ (in diesem Zusammenhang): dem natürlichen Zustand entsprechend, z. B. sind biologisch aktive Proteine nativ
Niederschlag: besteht aus meist feinverteilten unlöslichen Stoffen; bei einer chemischen Reaktion können vorher lösliche Verbindungen einen unlöslichen Niederschlag bilden
Nuclid: Atomart, die im Kern eine bestimmte Anzahl von Protonen und Neutronen enthält. Die meisten Elemente bestehen aus einer Mischung von verschiedenen Nucliden
Okklusion: Abdeckung, Abdichtung der Haut, z. B. durch Lipogele oder W/O-Emulsionen und -Salben, um eine bessere Durchfeuchtung der Hornschicht zu erreichen
oral: zur Mundhöhle gehörend; meist im Zusammenhang mit der Nahrungsaufnahme über den Magen-Darm-Trakt verwendet
Osmose: Wanderung des Lösungsmittels einer Lösung durch eine halbdurchlässige Membran in eine stärker konzentrierte Lösung; dabei entsteht ein **osmotischer Druck**, der dem Durchgang des Lösungsmittels entgegenwirkt und ihn schließlich völlig verhindert, wenn die Osmose in einem geschlossenen System erfolgt
pathogen: krankmachend, krankheitserregend, pathogene Mikroorganismen sind infektiös
Peeling (Schälkur): Entfernung der stark verhornten obersten Schicht der Epidermis durch mechanische Behandlung (Abrasiva) , Enzyme oder Keratoplastika (s. Abschn. 7.3)
Penetration: Wanderung einer Substanz durch die Hornschicht

Peptid: Verbindung aus mindestens zwei über eine Peptidbindung verknüpften Aminosäuren
permeabel: durchlässig
Permeabilität: Durchlässigkeit
Permeation: Aufnahme einer Substanz durch die Epidermis bis in die Lederhaut (und in die Blutgefäße)
Phase: homogener Stoffbereich, der aus gleichartigen Stoffen zusammengesetzt ist, wobei die Einzelstoffe mit einfachen Methoden nicht erkennbar sind. So bildet Wasser mit den darin gelösten Stoffen eine wässrige Phase, von der sich eine damit nicht mischbare Ölphase abtrennt
Phenol: Verbindung, die an einem aromatischen Ring eine OH-Gruppe (phenolische Gruppe) trägt. So sind Salicylsäure oder p-Hydroxybenzoesäure Phenole
Pigmente: Farbstoffe, die meist in organischen Lösungsmitteln unlöslich sind und mit dem zu färbenden Material keine chemischen Bindungen eingehen. Anorganische Pigmente: Kreide, Titandioxid, Ultramarin; organische Pigmente: Melanine
Plasmamembran: Begrenzung aller Zellen durch eine Doppelschicht aus Phospholipiden. Erhält ihre spezifischen Eigenschaften durch die Einlagerung bestimmter Proteine
polar: im engeren Sinne: aus Ionen aufgebaut. Häufig auch für Dipol-Verbindungen (wie Wasser) oder für solche Stoffe verwendet, die Wasserstoff-Brückenbindungen bilden
Polymerisation: Bildung von Makromolekülen aus den Monomeren. Ztw.: polymerisieren
Proteasen: Proteine, die Eiweiß unter Einbau von Wasser in die einzelnen Aminosäuren spalten, z. B. Papain, Pepsin, Trypsin
Protonisieren: Anlagerung von H^+-Ionen an negativ geladene Gruppen, z. B. bei der Bildung der undissoziierten Säuregruppe –COOH aus dem Carboxylatanion $-COO^-$ (in Carbonsäuren)
Puffer: Mischung einer schwachen Säure mit ihrem Salz. Hält den pH-Wert auch bei Zusatz weiterer Säuren oder Laugen weitgehend konstant („puffert“). Beispiel: Milchsäure/Lactat-Puffer im Säureschutzmantel der Haut
Radikal: Molekül(bruchstück) mit mindestens einem „einsamen“ Elektron. Radikale sind in der Regel äußerst reaktionsfreudig
Reaktion, chemische: Umsetzung von chemischen Verbindungen unter Auflösung einiger oder aller bestehenden Bindungen und Bildung neuer Stoffe (Derivate). Häufig verlaufen chemische Reaktionen bis zu einem Gleichgewicht, wonach die Hin- und Rückreaktion gleich schnell erfolgt
Regeneration: Wiederherstellung
Resorption: Summe der Stoffaufnahme aus Penetration, Permeation und Übertritt in die Gefäße. Ztw.: resorbieren
reversibel: umkehrbar. So beschreiben Gleichgewichtsreaktionen reversible Stoffumwandlungen
Rezeptor: Struktur, die bestimmte Stoffe meist mit sehr hoher Affinität bindet; so werden Riechstoffe durch Riechstoffrezeptoren erkannt und gebunden; das gleiche trifft für Hor-

mone und die zugehörigen Hormonrezeptoren zu. Die meisten biologischen Rezeptoren sind Proteine
Schleifmittel (Abrasiva): bestehen aus Körnchen mit definierter Härte und bestimmtem Durchmesser; werden zur Hautpflege verwendet, z. B. Weizen- oder Mandelkleie, Kunststoffpartikel oder Seesand/Mandelkleie-Mischungen
Seborrhoe: vermehrte Absonderung von Hauttalg durch gesteigerte Aktivität der Talgdrüsen. Man unterscheidet zwischen S. oleosa und S. sicca
Sebostase: verminderte Talgproduktion; führt zu trockener Haut
Sekretion: Ausscheidung aus Drüsen. Ztw.: sezernieren
Sesquiterpene: Gruppe von Verbindungen mit insgesamt 15 C-Atomen, die neben den Monoterpenen die wichtigsten Inhaltsstoffe der etherischen Öle bilden, z. B. Farnesol, Bisabolol usw.
Spreiten: Diffusion entlang einer Phasengrenzfläche oder Oberfläche. Wenn sich eine bestimmte Menge eines Stoffes auf einer besonders großen Fläche ausbreiten kann, ist dessen Spreitvermögen hoch. Beispiel: Isoparaffine, Siliconöle
steril: keimfrei
Stoff (Substanz): Bezeichnung für eine definierte chemische Verbindung
subcutan: unter der Haut
Substantivität: Fähigkeit bestimmter Stoffe, aus einer Lösung auf eine feste Unterlage aufzuziehen und dort zu verbleiben. So besitzt Hyaluronsäure eine hohe Substantivität auf der Hornschicht; ebenso haben zahlreiche Haarpflegemittel hohe Substantivität für die Haare (Haarkonditionierungsmittel)
Substitution (von Molekülen): Ersatz von Atomen oder Molekülteilen durch andere Atome oder Atomgruppen. Ztw.: substituieren
Suspension: Dispersion von festen Stoffen in flüssigen. Beispiel: Nagellack, Schüttelmixturen
Symbiont: Lebewesen, das auf oder zusammen mit einem anderen Lebewesen wächst, wobei beide Partner aus diesem Zusammenleben Nutzen ziehen (Symbiose).
Syndet: Abkürzung für synthetische Detergentien. Heute vorzugsweise für synthetische Tenside verwendet, die keine Kalkseifen bilden und den pH-Wert nicht erhöhen
Synthese: chemische Reaktion, in deren Verlauf ein neuer Stoff entsteht (synthetisiert wird)
Teleangiektasien: Verlängerung und Vermehrung oberflächlicher Hautgefäße
temporär: vorübergehend
Tensid: amphiphiles Molekül, das die Grenzflächenspannung herabsetzt und die stabile Dispersion von Öl- und Wasserphasen erlaubt (ältere Bezeichnung: Emulgator). Man unterscheidet je nach der elektrischen Ladung der Moleküle zwischen anionischen Tensiden (z. B. Seife), kationischen Tensiden (z. B. Quats), amphoteren Tensiden (z. B. Betaine) und nichtionogenen Tensiden (z. B. Polyglyceryl-diisostearat)
Tonisieren: Nachreinigen, Erfrischen und Desinfizieren der Haut, meist mit Hilfe von Gesichtswasser
toxisch: giftig. Toxizität: Giftigkeit

transepidermal: Passage über die Epidermis hinweg bis in die Lederhaut

Turgor: Gewebe-Innendruck, der im Gleichgewicht ebenso groß ist wie der (nach außen gerichtete) osmotische Druck der Zellen. Der Turgor kommt vor allem durch die begrenzte Dehnbarkeit der Plasmamembran zustande

Umesterung: Austausch der Alkohol- bzw. Säurekomponenten zwischen zwei verschiedenen Estern; erfolgt meist besonders schnell bei niedrigem pH

vegetatives Nervensystem (autonomes): besteht aus dem sympathischen und parasympathischen System und steuert die Eingeweidetätigkeit (Pupillen, Speicheldrüsen, Herz, Bronchien, Magen, Leber, Pankreas, Niere, Darm, Blase, Genitalien usw.)

Verbindung: einheitlicher Stoff, der aus mindestens zwei Atomen zusammengesetzt ist (Molekül)

Vesikel: Bläschen; meist membranbegrenzte Hohlräume, die in der Zelle besondere Aufgaben wahrnehmen, z. B. Lysosomen beim intrazellulären Stoffabbau, Golgivesikel für die Ausschleusung von Stoffen aus der Zelle. Liposomen sind synthetische Vesikel, die ebenfalls membranbegrenzt sind

Viskosität: Zähflüssigkeit, Fließfähigkeit

Weißöl, pharmazeutisches: Bezeichnung für hochgereinigte Paraffinöle

SACHREGISTER

Fett: Haupteintrag